"十四五"时期水利类专业重点建设教材
"大国三农"系列规划教材

工程经济学

主编　杜太生

中国水利水电出版社
www.waterpub.com.cn
·北京·

内 容 提 要

本教材是在工程教育专业认证背景下,立足涉农高校土木水利类专业人才培养特色,为适应"一流课程"和"一流专业"大类培养教学需求编写而成的。全书共分十章,内容涉及绪论、资金的时间价值及其基本折算公式、工程项目的费用与效益、工程经济分析方法、国民经济评价、综合利用工程的投资费用分摊、财务评价及敏感性分析、典型工程经济分析、工程项目的后评价、价值工程基础理论与方法,每章最后有一定数量的习题。

本教材可作为涉农高校土木水利类各专业大学生的通识必修课及选修课教材,也可作为水利、土木、建筑等专业在职人员的培训教材和参考工具书。

图书在版编目（ＣＩＰ）数据

工程经济学 / 杜太生主编. -- 北京 ：中国水利水电出版社，2022.11
"十四五"时期水利类专业重点建设教材 "大国三农"系列规划教材
ISBN 978-7-5226-0427-5

Ⅰ．①工… Ⅱ．①杜… Ⅲ．①工程经济学－高等学校－教材 Ⅳ．①F062.4

中国版本图书馆CIP数据核字(2022)第215841号

书　　名	"十四五"时期水利类专业重点建设教材 "大国三农"系列规划教材 **工程经济学** GONGCHENG JINGJIXUE
作　　者	主编　杜太生
出版发行	中国水利水电出版社 （北京市海淀区玉渊潭南路1号D座　100038） 网址：www.waterpub.com.cn E-mail：sales@mwr.gov.cn 电话：(010) 68545888（营销中心）
经　　售	北京科水图书销售有限公司 电话：(010) 68545874、63202643 全国各地新华书店和相关出版物销售网点
排　　版	中国水利水电出版社微机排版中心
印　　刷	清淞永业（天津）印刷有限公司
规　　格	184mm×260mm　16开本　15.75印张　383千字
版　　次	2022年11月第1版　2022年11月第1次印刷
印　　数	0001—2000 册
定　　价	**48.00**元

前　言

　　工程经济学的主要任务是对新建工程的投资与效益、工程经济分析论证方法、经济指标体系、经济效益进行具体分析与研究，对已建工程进行经济分析和后评价，研究进一步发挥工程经济效益的途径。它是研究建设项目是否可行的前提，从经济上对建设项目进行评价、工程方案进行选优，为项目建设方案决策和经济效益提升提供科学依据。现有的《工程经济学》教材主要面向工业工程专业，不适用于土木水利类专业人才培养。当前涉农高校的土木水利类和建筑类专业的工程经济课程较分散，不能很好地适应工程教育专业认证要求以及"一流课程"和"一流专业"有深度、有难度和有挑战度的大类培养教学需求。

　　本教材立足于满足工程教育专业认证要求，以社会主义核心价值观为引领，充分发挥涉农高校土木水利类专业人才培养特色，并融入了学科建设、产业发展和技术进步、教育教学改革的新成果。教材主要内容涵盖工程经济学的发展历程及其在工程建设与评价中的重要作用、资金的时间价值及其计算方法、工程的主要经济指标及其估算方法、工程效益计算方法、综合工程投资费用分摊方法、工程经济分析与评价方法、工程经济案例分析、工程建设项目后评价方法和价值工程理论与方法等。在教材编写过程中，着力深挖工程经济学中的思政元素及育人价值，融入价值观教育、创新创业教育，结合大量符合各专业特点的案例分析，并辅以习题与讨论等内容，以期提高土木水利类专业的学生遵循经济规律的核心价值观、知识应用与创新能力和应用多学科知识解决工程问题的能力，为培养新时代高素质工程技术人才服务。

　　本教材的编写分工如下：中国农业大学杜太生编写第一章、各章内容提要及附表，梁宗敏、李明编写第八章第五节；湖南农业大学王文萱编写第二章；宁夏大学王炳亮编写第三章；石河子大学唐艳娟编写第四章；内蒙古农业大学田雅楠编写第五章，王丽萍编写第九章；西北农林科技大学曹红霞编写第六章；塔里木大学赵成、蔡云梅编写第七章；河海大学邵光成与中国农业大学谭君位编写第八章第一至四节；东北农业大学周延编写第十章。本教材由杜太生主编和统稿，谭君位作为编写组秘书，承担了大量统稿和校对工作。武汉大学王修贵教授为本教材的编写提出了许多宝贵建议。

由于编者水平所限，本教材的错误和疏漏在所难免，恳请读者批评指正。

编者

2022 年 4 月

目 录

第一章 绪 论

内容提要：通过系统了解学科发展简史，提高工科学生对大历史观、思辨能力和继承与创新的深入认识；通过对课程特点、研究对象与任务的学习，让学生具备运用多学科专业知识解决实际问题的系统思维和严谨求实的态度。培养学生在工程建设与运行中尊重历史、尊重经济规律的意识和基本素养。

工程经济学以自然科学为基础、技术科学为手段、经济科学为指导，是研究工程技术实践活动经济效果的交叉性学科。它以工程项目为主体，以技术-经济系统为核心，研究如何通过工程技术手段有效利用资源和提高经济效益。工程经济学需要解答：如何在合适的时间建设一个合理可行的项目，使得项目性价比最高。

工程经济学的核心任务是对工程项目技术方案的经济决策，即对新建工程的投资与效益、工程经济分析论证方法、经济指标体系、经济效益进行具体分析与研究；对已建工程进行经济分析和后评价，研究进一步发挥工程经济效益的途径。工程经济学的目标是研究建设项目是否可行，从经济上对建设项目进行评价、对工程方案进行选优，为方案决策和项目建设提供科学的依据；而对已建工程，则强调加强经营管理，提高经济效益。

第一节 国内外工程经济学发展概况

一、国外工程经济学的发展概况

在 19 世纪初，工程和经济是各自独立的两个不同的概念。工程师们主要关心的是工程的设计和施工中的技术问题，而对工程中的经济问题，特别是工程建成以后管理运用中的经济效益问题大多很少关注。实际上，任何一项工程的兴建，不仅涉及技术问题，而且大量涉及经济问题。例如，工程的投资、费用和效益，资源的利用和开发的价值，资金的利息、利润和税收等，都是属于经济范畴的问题。

同样一个工程项目，在技术上可以规划和设计几种方案，而这些方案的费用和效益往往会有很大的差别，因此要求工程师们在研究工程技术问题的同时必须考虑经济问题。工程决策部门更应重视把经济因素作为决策的一个主要因素。

最早把工程和经济两者联系起来可以溯源到 1887 年，当时正是美国大规模修建铁路的时期，美国建筑工程师惠灵顿（A. M. Wellington）编写的《铁路位置的经济理论》（*The Economic Theory of the Location of Railways*）一书被认为是第一部关于工程经济学的著作。他发现很多工程师在布局决策时很少注意铁路工程所需要的投资和将来可能带来的经济收益，首次将成本分析方法应用于铁路的最佳长度和路线的曲率选择问题，并提出工程利息的概念，开创了工程领域中的经济评价工作。他将工程经济学描述为"一门少花钱多办事的艺术"，并指出：因铁路布局错误"可以使为数众多的镐、铲和机车干着徒劳无益的活"。

1915 年，斯坦福大学教授菲什（J. C. L. Fish）出版了专著《工程经济学》（*Engineering Economics*，1915 年第一版，1923 年第二版），首次提出了资金时间价值的概念。1920 年，戈尔德曼（O. B. Goldman）编写了《财务工程》（*Financial Engineering*），建议在决定比较价值时要考虑复利计算程序，提出用复利法来分析各个方案的比较值，并指出"工程师的最基本责任是分析成本，以达到真正的经济性，即赢得最大可能数量的货币，获得最佳的财务效益"。

1930 年，格兰特（E. L. Grant）出版的《工程经济原理》（*Principle of Engineering Economy*）提出了工程的评价准则，奠定了经典工程经济学的基础。该书历经半个多世纪，到 1982 年已再版 6 次，被公认为工程经济学的代表著作。在该书中，格兰特指出了古典工程经济学的局限性，以复利计算为基础，对固定资产投资的经济评价原理做了阐述，讨论了判别因素的重要性，以及短期投资的评估和考虑复利计算长期投资的常规比较方法等，同时强调人的经验判断在投资决策中具有重要作用。格兰特因为对投资经济分析理论的重大贡献而得到了社会的普遍认同，被誉为"工程经济学之父"。

1951 年，迪安（J. Dean）编著了《资本预算》（*Capital Budgeting*），他综合了各家的经济学说，进一步分析了市场供求状况对企业优先投资分配的影响。他指出："时间具有经济价值，所以近期的货币要比远期的货币更有价值。"正是由于这个道理，银行要向存款者支付利息，向借款者收取利息。对一项工程进行经济评价时，总要遇到不同时期、不同数量货币支出和货币收入的各种方案，要比较这些方案的优劣，就必须将资金的时间价值计入投资收益率中。具体的方法有很多，如年值法、现值法、内部回收率法等，但是不论哪种方法都表明经济收益尽可能提前、资金投入尽可能靠后是获得好的经济效果的基本思路。他在书中具体阐述了贴现法（即动态经济评价法）以及合理分配资金的一些方法在工程经济中的应用，提出了折现现金流量和资本分配的现代研究方法。随后，工程经济学得到不断的发展，并被应用于许多部门。如美国联邦河流流域委员会效益费用分会提出的"河流流域工程经济分析的建议方法"，可以说是把工程经济学应用于水利上的一个重要开端。

此后，出现了许多工程经济著作并被多次再版，如 1967 年德加莫（E. P. Degarmo）的《工程经济》（*Engineering Economy*），1971 年詹姆斯（L. D. James）和李（R. R. Lee）的《水资源规划经济学》（*Economics of Water Resources Planning*），1977 年怀特（J. A. White）等编著的《工程经济分析原理》（*Principles of Engineering Economic Analysis*）以及 1982 年里格斯（J. L. Riggs）编著的第二版《工程经济学》等，都是比较完整的著作。其主要内容包括：资金的时间价值、现金流量的复利计算方法、经济分析方法、财务分析方法、资金的管理运用、经济决策、盈亏分析、风险分析以及方案比较的现值法、益本比法、年金法和投资回收率法等。

早在 20 世纪 20 年代初，苏联在编制电气化计划时，利用实物等指标对不同方案进行经济比较，当时把工程效益与基本建设投资的比值称为"经济效率系数"，苏联国家计委将该指标定为 6％；30 年代中期以后，以劳动量作为价值的主要尺度；40 年代，利用价值指标对经济效果进行分析；50 年代初，对工程方案进行比较时，引进了抵偿年限法和年折算费用最小法，该阶段国家经济建设所需资金由国家无偿拨付，不考虑利息，不考虑资金的时间价值，方案比较采用静态分析方法；50 年代苏联就已开始研究水利经济学这一学科，如祖济科（Д. Т. Зузик）编著的《水利经济学》曾多次修订再版；60 年代初，国家计委、科技部颁布《确定基本建设投资和新技术效果的标准计算方法》；70 年代颁布了《标准方法》第二版，80 年代和 90 年代分别又颁布了《标准方法》第三版和第四版。1985 年出版的《水利经济学》，全面评述了水资源综合利用、水利在农业生产中的地位与作用，系统介绍了水利事业的组织机构、固定资产和流动资金、成本和生产费用等，阐述了水利部门推行经济核算、水利拨款、经济分析和经济论证的原理和方法。其与西方的工程经济相关著作相比较，具有明显的社会主义特点。

二、国内工程经济学的发展概况

1. 我国古代朴素的工程经济思想

公元前 256 年，战国时期秦国蜀郡太守李冰率众修建的都江堰水利工程，"工程所费折合稻米若干石，能灌溉农田若干亩，增产稻米若干石"，科学解决了江水自动分流、自动排沙、控制进水流量等工程问题，消除了水患，使川西平原成为"水旱从人"的"天府之国"。《史记·河渠书》中记述，公元前 246 年韩国派遣水工郑国，劝说其西邻秦国耗用大量国力去兴修大型灌渠，以免东征韩国。在兴修过程中，秦国发现其阴谋，但经分析利害，仍决定继续修建。结果在渠成之后（即郑国渠），"溉泽卤之地四万余顷，收皆亩一钟。于是关中为沃野，无凶年。秦以富强，卒并诸侯"。说明当时人们已认识到，修建大型灌渠要耗费大量人力、物力，但可从中取得更为可观的经济、社会和政治效益。

2. 我国近代工程经济学的发展

20 世纪 30 年代，我国著名经济学家冀朝鼎编著了《中国历史上的基本经济区与水利事业的发展》一书，该书可以说是我国第一本把水利与经济联系起来研究的专著。该书指出，发展水利事业或者建设水利工程，在中国实质上是国家的一种职能，其主要目的在于为增加农业产量和漕运创造便利条件。同时，历朝历代都把水利当作重要的政治手段和有力的武器，把对基本经济区的控制，看成是获得了一种成功的条件。只要控制了经济繁荣、交通便利的"基本经济区"，即可征服乃至统一全中国。我国历史上的四大"基本经济区"主要包括：①黄河流域：早期中华文明最重要的发祥地，治黄、引黄和农田灌溉等水利工程，为"持久农业"发展奠定了基础，使黄河中下游成为我国最早的基本经济区。②秦朝的郑国渠：与关中和汉朝的兴起有着密切的逻辑关系。秦朝灭亡之后，汉朝的创始者刘邦，全靠对关中的控制，才得以最终战胜强有力对手——楚国的项羽。③以都江堰为中心的灌溉系统：为川蜀和长江上游基本经济区的繁荣打下了重要基础。三国时期，成都平原成为蜀汉立国之地，与魏国和吴国相持近 50 年之久。④大运河：在中国历史上发挥了极其重要的作用，在唐朝、宋朝、元朝、明朝、清朝，它竟成了连接北方政治权力所在地与南方新基本经济区的生命线。但由于受当时社会制度的限制，工程经济未能引起决策部门和工程技术人员的重视，使其进一步发展，更未能形成一门把工程与经济有机结合在一起的学科。

随着生产技术的发展，工程经济的基本理论被广泛应用于各个水利工程的建设和管理部门，并相继出现了建筑工程经济、基本建设经济、农业经济、工业经济、技术经济、水利经济等学科，从而就把工程或技术与经济有机地结合起来，形成介于自然科学和社会科学之间的边缘学科。任何工程技术的实现都要消耗人力、物力和财力，都要受到社会经济条件的限制，因此，任何一门工程经济学的目的均是力求以最少的投入，达到一定的或最佳的产出，或是用一定的投入以达到最大的产出，使工程得到最大的经济效益。

1944 年 5 月，世界著名水坝专家、美国垦务局总工程师萨凡奇（John Lucian Sovage）博士应邀抵达重庆，查勘后，他提出了《扬子江三峡工程开发方案的初步研究》报告，他建议三峡水电站设计坝高 225m，总装机容量 1056 万 kW，兼有防洪、航运、灌溉之利。这个以发电为主的综合利用方案，当时被视为水利工程的一大创举。在该报告中，他按当时欧美的效益费用比和净效益等指标考虑资金时间价值进行动态经济分析，计算了三峡工程的防洪、发电、航运、灌溉、旅游等经济效益，并进行了投资分摊计算和贷款偿还计划等。

3. 我国现代工程经济学的发展

新中国成立后，我国开始大规模进行水利工程建设，当时水利工程的经济计算方法基本照搬 20 世纪 50 年代初期苏联的经验，广泛采用不考虑资金时间价值的静态经济分析方法，在工程方案比较计算中，采用抵偿年限法和年折算费用最小法，基本是照搬苏联的经验。

20 世纪 50 年代，我国开始工程经济的研究活动。当时的主要工作是培养建筑经济人才，同济大学、西安冶金建筑学院等高等院校先后开设了建筑经济专业，同时也有一批学者和专家编著了相应的建筑经济教材，并翻译了一些工程经济学著作。建筑经济初期的研究主要是从建筑新材料、新结构、新工艺、新设备的技术经济分析入手的。

20 世纪 60 年代，工程经济以建筑经济为主，相继开展了设计经济、技术定额、计划管理、劳动管理、施工组织、建筑工业化以及运筹学在建筑中的应用等方面的研究。在这一时期，着重开展的是建筑技术经济效果评价理论和方法的研究，并注重联系生产实际，为促进建筑技术的发展和提高建筑施工的组织管理水平服务。

20 世纪 70 年代初期起，建筑经济研究开始引进国外先进的企业现代化管理方法和信息化技术，如目标管理、行业管理、要素管理、预测方法以及决策方法等。1979 年末，中国建筑学会正式成立建筑经济学术委员会。1980 年 11 月，正式成立中国水利经济研究会。1981 年，在中国水利经济研究会的推动下，组织编写了《水利经济计算规程（讨论稿）》，并于年底举办了全国水利经济计算研讨班。1982 年，电力工业部颁发《电力工程经济分析暂行条例》，同年组织编写了《苏联水利经济计算方法》和《美国水利经济计算方法》。1983 年，国家计委发布《关于建设项目可行性管理办法》。1984 年，水利电力部水利水电建设总局颁发了《水力发电工程经济评价暂行规定》。1985 年，河海大学成立水利经济研究所。1985 年，国务院发布《水利工程水费核定、计收和管理办法》，明确规定水费标准应在核算供水成本的基础上，根据国家经济政策和当地水资源状况，对各类用水分别按不同盈余率核定。1987 年和 1993 年，国家计委、建设部先后颁布了《建设项目经济评价方法与参数》第一版和第二版。1994 年，水利部对《水利经济计算规程》进行了修订，更名为《水利建设项目经济评价规范》（SL 72—94）。2004 年，根据《中华人民共和国水法》和《中华人民共和国价格法》的有关规定，国家发展改革委和水利部联合制定了《水利工程供水价格管理办法》。2006 年，国家发展改革委、水利部颁布《建设项目经济评价方法与参数》第三版。2013 年，《水利建设项目经济评价规范》（SL 72—2013）替代 SL 72—94。

三、工程经济学的发展趋势

自 20 世纪 70 年代以来，工程经济学一直强调与资本投资决策等相关的内容，与突飞猛进的经济学相比处于相对停滞状态。在这期间，信息技术极大地促进了社会经济的发展，经济的基本模式经历着由农业经济向工业经济进而向知识经济发展的历程；产业结构发生了巨大的变化，服务业占比逐渐超过第一产业和第二产业；企业从传统的规模经济、标准化和重复生产转向集资本、技术、信息、能源和时间为一体的发展模式。起源于交通、水利、建筑等传统工程领域的投资理论和分析方法已逐步全面推广应用到第一产业、第二产业、第三产业的各个领域，工程经济学原理的应用已经不再局限于传统的工程领域。

企业创新活动的深入，使工程经济分析在"企业战略投资"方面也发挥着越来越重要的作用。美国国家科学基金会在 20 世纪 80 年代后期对本国经济项目的应用情况进行调查分析后指出，传统的项目把重点放在分析评价、报表决策等优化分析方面，而当前企业更关注的是生存策略，投资项目决策的本质是企业生存战略的决策。美国国家科学基金组织认为工程经济学未来的研究重点和发展趋势是：①用什么样的财务和非财务指标来正确判断企业的经营状况；②怎样更好地运用工程经济学的原理和方法解决项目的寿命期，以面对日益加速的产品更新换代问题；③成本管理系统能否准确衡量与项目规模、范围、实验、技术和复杂性有关的费用，该系统在项目概念和初步设计阶段能否通过改进资源配置来减少成本；④在多变的市场中如何进行投资决策才能保持项目在市场中的动态竞争力。

第二节　工程经济学的研究对象与特点

经济发展是人类社会发展的主要标志之一，经济发展依赖于科技进步。以较少的劳动消耗获得较多的劳动成果是人类在物质资料生产过程中摸索出并遵循的一条基本规律。经济是技术进步的动力与目的，技术是经济发展的手段。技术进步与创新促进了经济发展，经济发展给技术进步创造了条件。在技术和经济的关系中，经济占据支配地位。在工程活动中，人们不仅要关注技术层面的问题，更要关注经济层面的问题。为保证技术很好地服务于生产和经济活动，就需要研究在具体条件下采取哪一种技术方案才能实现建设目标，并取得较好的经济效益。随着科学技术的飞速发展，为了用有限的资源来满足人类社会的发展需求，经济学家绞尽脑汁去探讨如何最优统筹安排稀缺资源，充分发挥稀缺资源的功能，以期"人尽其才、物尽其用、货畅其流"。

一、工程经济学的研究对象

工程经济学横跨社会科学和自然科学两大科学分支之间，是将经济学的基本原理和一般计算方法具体应用到工程中的一门边缘学科，它强调的是技术可行基础上的经济分析，其评价与所处的客观环境关系密切，是对新技术各种可行方案的未来"差异"进行经济效果分析和比较的科学，所讨论的经济效果几乎都和"未来"有关。

工程经济学的研究对象是工程项目技术经济分析的最一般方法，即研究采用何种方法、建立何种方法体系，才能正确估价工程项目的有效性，才能寻求到技术与经济的最佳结合点。工程经济学为具体工程项目分析提供方法基础，而工程经济分析的对象则是具体的工程项目。

工程经济学需要回答以下几个问题：为什么要建设这个工程或做这个项目？为什么要以这样的方式或技术来建设这项工程或做这个项目？例如，某地区准备建设一个发电厂，如果从经济角度分析是不可行的，就没有必要建设了；如果在经济上是可行的，那采用什么样的建设方案是经济效果最佳的呢？一般来讲，可供选择的方案很多，是建设火力发电厂、水电站、风电还是核电？如果这几种方案在技术上都是可行的，但每一种方案的工程寿命、投资、运行费和发电规模等却可能有很大的差别，这就需要用工程经济学的方法进行分析比较。其目的就是以有限的资源获得最好的经济效益，从而选出投资少、效益高的方案。其实质是研究项目的不同方案在投资效益上的差别，基本思路是将投资最少的方案作为基准与其他方案进行比较，如果追加投资能够获得满意的经济效果，就采用投资较大的方案，否则不应投入更多资金。

可见，工程经济学是一门以投资项目的方案为研究对象，以如何有效利用项目资源获得满意经济效果为目的的，研究投资方案经济效果评价与比选的学问。工程经济学的任务不是创造和发明新技术，而是对成熟的技术和新技术的选用进行分析、比较和评价，从经济的角度检查技术方案的合理性，为决策提供依据。工程经济学也不去研究技术发展的规律性，它是在尊重客观规律的前提下，对工程方案的经济效益进行分析和评价。其具体内容包括工程项目的资金筹集、经济评价、优化决策、风险分析和不确定性分析等。工程经济学中的工程技术内涵是广义的，它不仅包括劳动者的技能，还包括一些取代这些技能的手段。因此，工程技术包括劳动工具、劳动对象等一切劳动的物质手段，以及体现为工艺、方法、程序、信息、经验、技巧和管理的非物质手段。工程技术的使用直接涉及生产或服务经营活动中的投入与产出。所谓投入，是指各种资源（包括机器设备、厂房、基础设施、原材料、能源等物质要素和具有各种知识与技能的劳动力）的消耗或占用；所谓产出，是指各种形式的产品或服务。工程技术属于资源的范畴，但它不同于日益减少的自然资源，是可以重复使用和再生的。但在特定时期内，相对于需求，工程技术在数量和质量上还是稀缺的。

二、工程经济学的特点

（1）综合性。工程经济学横跨自然科学和社会科学两大门类。工程技术学科研究自然因素运动和发展的规律，以特定技术为对象；经济学科是研究生产力和生产关系运动和发展规律的学科。工程经济学既从技术角度考虑经济问题，又从经济角度考虑技术问题。在实际应用中，工程经济的涉及面很广，一个部门、一个企业有工程经济问题，一个地区、一个国家也有工程经济问题。因此，工程技术的经济问题往往是多目标、多要素的，它所研究的内容既包括技术因素、经济因素，又包括社会因素与生态环境因素。

工程经济学的研究范围大致可归纳为宏观经济和微观经济两个方面：宏观经济的研究针对涉及面广、影响全局的战略性问题，如工程建设与国民经济发展、地区开发和社会发展的关系以及对自然环境及生态环境的影响，流域或地区工程建设的方针、政策、总体方案、工程规模、投资集资途径，工程规模及其对自然生态环境的影响，工程建设中的经济政策、法律法规、管理体制等问题；微观经济的研究针对局部的战术性的经济问题，如在流域规划下的单项水利工程（如灌溉、发电、防洪、供水等）的开发与经营，小型水利工程的经营与经济运行问题等。

（2）实践性。工程经济学研究的课题和分析的方案都来源于现实的社会经济活动，是技术和经济紧密结合的活动。其分析和研究的成果可直接用于现实，并通过实践来验证分析结果的正确性。工程经济学与经济的发展、技术的选择、资源的综合利用以及生产力的合理布局等关系非常密切。其使用的数据和信息资料来自社会经济活动的实践，研究成果通常以规划、计划或具体方案、具体建议形式呈现。

（3）定量性。工程经济的分析方法以定量分析为主。对于一些难以定量的因素，通常要进行一定的量化处理。通过对每个方案进行客观、合理、完善的评价，用定量分析结果为定性分析提供科学依据。如果不进行定量分析，技术方案的经济性就无法评价，经济效益的大小就无法衡量，在诸多方案中就无法进行比较和优选。因此，在工程经济分析和研究过程中，要用到一些数学方法和计算公式，要建立数学模型，借助计算机编程或软件进行计算。

（4）比较性。工程经济分析通过经济效果的比较，从许多可行的技术方案中选择最优方案或相对满意的可行方案。例如，某工程方案的技术经济指标是先进还是落后，需要通过比较来判断。

（5）预测性。工程经济分析是项目可行性分析的重要内容，是在项目实施之前进行的分析。因此，要对将要实施的技术政策、技术措施、技术方案进行预先的分析评估，进行技术经济效果预测。通过预测和优化，使技术方案更接近实际，避免盲目性。

（6）政策性。工程经济分析是一项工程分析论证、建设和运行的经济活动，具有很强的政策性，需要有机地融工程经济政策法规于工程经济学科理论和实践中。

第三节　工程经济学的研究任务

工程经济学是随着工程建设事业的发展而建立起来的一门新兴学科。为了提高工程的经济效益，还有许多理论和实际问题亟待研究解决：一方面要学习和引进国外工程经济方面的有用理论和方法；另一方面还必须紧密结合中国的国情，研究发展具有中国特色的工程经济学。因此，学习和研究工程经济学的总任务是，掌握客观经济规律，从各方面尽可能提高已建和新建的各项工程设施的经济效益。具体研究任务可概括为以下六个方面。

一、对新建工程的费用与效益进行分析与研究

新建工程，特别是对大中型水利、土木建筑工程更要加强工程投资前的分析研究工作，即进行可行性研究，也就是对该工程投资前的规划、设计、施工等各个阶段进行分析研究，提出不同规模、不同标准和不同设计的各种可比方案，应用工程经济学的原理和方法，做出费用效益分析，并从中选择最佳方案，以避免和减少浪费及损失。

二、对工程经济分析论证方法的研究

我国过去由于对工程经济效益,特别是对工程所产生的经济效益重视不够,因此对经济分析和论证方法的研究较少。因此,必须根据我国不同工程建设和管理的特点,研究一套较为实用的分析、计算方法和评价准则,并逐步发展形成具有中国特色的较为完整的工程经济学,这是当前我国工程经济工作者所面临的重要任务之一。

三、对工程经济指标体系的研究

工程经济指标用以明确国民经济各个部门、各个企业对设备、原材料和资源的利用状况及其效果。完整的技术经济指标体系可以反映某一部门或企业的生产技术水平、管理水平和经济效益。我国在工程的建设和管理中经常应用技术经济指标体系衡量和评价工程的技术经济效果,其概念清晰,计算方法简便。

由于工程建设种类繁多,各类工程都有自己的特点,而且管理体制也各有差别,因此按照各类工程的特点分析研究具有中国特色的技术经济指标体系,并将它作为衡量和评估各类工程规划、设计和管理运行的标准,具有重要的理论和实践意义。

四、对工程经济效益计算方法的研究

水利、土木和建筑工程与国民经济其他部门不同,准确评价工程设施的经济效益,需要进行大量的分析研究和试验工作。例如,灌溉效益,因年降雨量的不同、作物类型和品种的不同,以及肥料和土壤耕作条件的不同,其值会有很大的差异。又如,供水工程效益中的供水投资费用和工业投资费用应按相同的投资收益率计算,即考虑供水在各类工业生产中的地位及其分摊比例,以及其他有关工程设施,如防洪、除涝、水力发电、水土保持等的经济效益分析和计算。此外,对于工程中的附属效益、负效益和无形效益等应在何种情况下考虑,以及应如何计算或表述等,都需要深入分析研究。

五、对工程经济有关政策的分析研究

工程设施的建设、运行维护和产出标准、使用和管理等一般都有章可循,但是在具体实施中仍有很多困难。例如,供水成本的合理可行核算,各类工程的折旧年限、折旧计算方法以及大修理费、折旧费的提取,农业水利主体工程和配套工程投资的筹措和偿还等,都涉及工程经济法规和政策,均有待分析研究和探讨。

六、对已建工程经济运行和经营管理的分析和后评价

我国以往修建的许多工程,由于在规划和设计时大多没有进行经济分析论证,所以其实际的投资资料都很不齐全,而在长期的管理运用中,对其工程效益也缺乏分析研究,因此,当前应对已建工程的各种有关经济资料和数据进行收集整理,例如,对工程的实际投资进行全面的核实和计算,对短缺的资料应设法调查和补齐,对工程运用期间的实际年费用应进行统计整理,对工程历年提供的经济效益要做出客观的分析计算和后评价等。在对已建工程进行全面的经济分析和后评价时,一般应完成的具体任务如下:

(1)针对各种不同的工程设施,研究和分析其调度和运行方案,以提高其经营管理水平;同时,在保证工程安全和充分发挥其工程效益的前提下,尽最大可能增加企业和管理单位的财务收入。

（2）研究并找出各类工程经济效益不高的原因，其中包括规划、设计、施工和管理运用中的原因，进行经济分析和后评价，为今后工程的建设提供可借鉴的经验和教训，以促进和提高新的工程建设项目的效益。

（3）为满足工程管理与可持续运行的需要，对现有已建工程进行经济分析和后评价，可为今后该工程采用先进技术或扩建、改建提供决策依据。

总之，工程建设不仅直接关系到工农业生产的发展，而且会影响到整个国民经济的发展。因此，大力加强工程经济学的分析、研究、推广和应用，对提高工程的经济效益，促进工农业生产和国民经济的发展都具有非常重要的意义。

习 题 与 讨 论

1. 简述在国外工程经济学的发展史中有代表性的几位学者或工程师及其主要贡献。
2. 工程经济学的主要研究内容是什么？
3. 工程经济学有哪些特点？
4. 如何理解工程经济学课程的性质？

第二章 资金的时间价值及其基本折算公式

    内容提要：通过学习资金时间价值及资金流程图、计算基准年与衡量资金时间价值的利息、利率、单利计息、复利计息、名义利率、间断计息与连续计息等基本概念，熟悉工程经济学基本知识和方法步骤，掌握资金时间价值的定义并能熟练应用，熟悉单利与复利计算方法，并能用于推导12个基本折算公式，掌握和熟练运用一次性支付和等额支付序列6个最基本、最广泛应用的计算公式。培养学生严谨的工程价值观、举一反三的持续学习能力及逻辑思维和辩证思维能力。

第一节 资金的时间价值

    资金是一种投资参与社会生产过程循环时的货币，作为体现社会再生产价值的外在表现。将它投入生产与流通环节后，由于劳动者的工作，资金在生产与流通过程中获得一定的收益，因此资金在使用过程中产生了增值。如果资金没有投入使用，无论经过多长时间也不会增值。也就是说，资金不投入使用就相当于放弃了资金的增值，资金闲置就相当于付出了一定的代价。因此，资金的存在和发展都和时间密切联系在一起，都包含与体现着时间的价值。

一、资金时间价值的概念与意义

（一）资金时间价值的概念

    资金的时间价值，是指一定量资金在不同时点上的价值量的差额。也就是资金在投资和再投资过程中随着时间的推移而发生的增值。资金的增值过程是与生产和流通过程相结合的，资金只有投入到生产流通领域，参与社会生产过程的循环，才会产生增值，是资金所有者让渡资金使用权而参与社会财富分配的一种形式。资金的增值过程示意如图2-1所示。

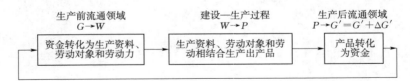

图 2-1 资金的增值过程示意图

    （注：G 为原始资金；W 为资金投入生产流通领域之后的表现形式；P 为投资生产得到的产品；G' 为增值后的资金；$\Delta G'$ 为原始资金在社会生产过程中产生的增值）

（二）影响资金时间价值的因素

    影响资金时间价值的因素很多，其中主要有以下几方面：

    （1）资金的使用时间。在单位时间的资金增值率一定的条件下，资金使用时间越长，则资金的时间价值越大；使用时间越短，则资金的时间价值越小。

（2）资金的数量。在其他条件不变的情况下，资金数量越大，资金的时间价值就越大；反之，资金的时间价值则越小。

（3）资金投入和回收的特点。在总资金一定的情况下，前期投入的资金越多，资金的负效益越大；反之，后期投入的资金越多，资金的负效益越小。在资金回收额一定的情况下，离现在越近的时间回收的资金越多，资金的时间价值就越大；反之，离现在越远的时间回收的资金越多，资金的时间价值就越小。

（4）资金周转的速度。资金周转越快，在一定的时间内等量资金的时间价值越大；反之，资金的时间价值越小。

（三）资金时间价值的意义

资金时间价值在生产实践过程中有广泛的应用。其意义主要表现在两个方面：

（1）促进合理有效地利用资金。当决策者认识到资金具有时间价值时，就会努力使资金流向更加合理和易于控制，从而达到合理有效利用资金的目的。如工程项目建设过程中，企业必须充分考虑资金时间价值，千方百计缩短建设周期，加速资金周转，提高资金的使用效率。

（2）促进科学的投资决策。任何一个工程建设项目从规划、建设到投入使用均需要经过一段时间，尤其是大型建设项目，投资数额大，建设周期长，在进行投资决策时必须考虑资金的时间价值，才能做出科学的决策。

二、现金流量图

在实际工程中为了正确进行经济核算，必须考虑资金的时间价值。为此，在工程建设期和生产期的各个阶段，都需要知道资金数量的多少和运用这些资金的具体时间。由于各年资金的收支情况比较复杂，在工程建设期内需要逐年投入资金，但各年投资的数量并不相等，一般规律是建设开始时投资较少，后来逐年增多，在建设后期投资又逐渐减少，至基建结束。当工程项目完全达到设计要求时，工程项目进入正常运行期，即生产期。在生产期内，工程已全部发挥效益，一般收入大于支出（现金流入大于现金流出）。由于各阶段资金收支情况变化较多，可用现金流量图示意说明。现金流量图一般以横坐标表示时间，时间的进程方向为正，反方向为负；以纵坐标表示资金的数量，收入或效益为正，支出或费用为负。根据上述规定，即可作出现金流量图，如图 2-2 所示。

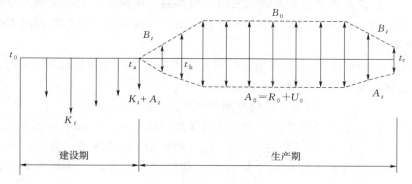

图 2-2 现金流量图

图 2-2 中，建设期从 t_0 开始，至 t_b 为止，在此期间，主要支出为投资 K_t；生产期为 $t_a \sim t_c$，其中 $t_a \sim t_b$ 阶段称为试运行期，部分工程陆续投入运行，因而收入 B_t 逐年增加，但支出费用 $K_t + A_t$ 也逐年增加，其中工程投资 K_t 与该年配套工程量成正比例，年费用 A_t（包括年运行费 U_t 及还本付息费 R_t 两部分，即 $A_t = U_t + R_t$）则随着工程投入运行逐年增多而相应增加。在 $t_b \sim t_c$ 阶段，由于工程已全部建成，不再投资，一般假设年费用 $A_0 = R_0 + U_0 = $ 常数，年效益 $B_0 = $ 常数。另有一种意见认为：在生产期的最后几年，由于部分工程已在生产期内先行投入生产，而各工程的经济寿命均相同，这部分先行投入运行的工程，须相应提前退出运行，因此在生产期的最后几年（其年数等于 $t_b - t_a$），年效益 B_t 与年费用 A_t 均相应逐渐减少。大型工程项目生产期较长，无论在整个生产期（$t_a \sim t_c$）内假设 $B_0 = $ 常数、$A_0 = $ 常数，还是在最后几年 B_t 与 A_t 逐渐减少，经过动态经济分析，两种折现后的计算结果极为接近。生产期的年数 $n = t_c - t_a$，一般认为等于工程的经济寿命。

三、计算基准年

由于资金收入与支出的数量在各个时间均不相同，因而存在着如何计算资金时间价值的问题。为了统一核算，便于综合分析与比较，常需引入计算基准年的概念，相当于进行图解计算前首先确定坐标轴及其原点。计算基准年（点）可以选择在建设期第一年的年初 t_0，也可以选择在生产期第一年的年初 t_a，甚至可以任意选定某一年作为计算基准年。计算基准年的选取完全取决于计算习惯与方便，对工程经济评价的结论并无影响。一般建议选择建设期的第一年年初作为计算基准年（点）。应注意，在整个计算过程中计算基准年（点）一经确定后不能随意改变。此外，在若干方案进行经济比较时，虽然各方案的建设期与生产期可能并不相同，但必须选择某一年（初）作为各方案共同的计算基准年（点）。

四、衡量资金时间价值的尺度

衡量资金时间价值的尺度有两种：其一是绝对尺度，即利息、盈利或收益；其二是相对尺度，即利率、盈利率或收益率。

（一）利息

利息（interest）的定义有狭义和广义之分，狭义的利息是指占用资金所付出的代价（或放弃使用资金所得到的补偿），广义的利息是指资金投入到生产和流通领域中所获得的资金增值部分。因此利息既包括存款（贷款）所得到（所付出）的报酬额，也包括投资所产生的净收益或利润。工程经济学中的利息通常指广义的利息。利息通常用 I 表示。

（二）利率

利率（interest rate）是资金在单位时间内所产生的增值（利息或利润）与投入的资金额（本金）之比，通常以百分数的形式表示：

$$\text{利率} = \text{单位时间的利息}/\text{本金} \times 100\% \qquad (2-1)$$

用于表示计算利息的时间单位，称为计息周期（number of interest periods，通常用 n 表示），有年、季、月、日等不同的计息长度。因计息周期的不同，表示利率时应注明时间单位，如年利率、月利率等，其中年利率通常以"%"表示，月利率通常以"‰"表示。利率通常用 i 表示。

在工程经济分析中，利息与盈利、收益，利率与盈利率、收益率是不同的概念。在分析资金信贷时通常使用利息和利率的概念，而在研究某项投资的经济效果时，则使用收益（或盈利）和收益率（或盈利率）的概念。项目投资通常要求其收益大于应该支付的利息，即收益率必须大于利率。

第二节 计息方式与利率

一、计息方式

利息的计算有单利计息和复利计息两种方式。

1. 单利计息

单利是指仅以本金为基数计算利息，利息不再产生利息。

设贷款资金为 P，年贷款利率为 i，贷款年限为 n，贷款的本金与利息之和（简称本利和）为 F，则计算单利的公式推导过程见表 2-1。

表 2-1   单利计息公式推导过程

年序	年初欠款	年末欠利息	年末欠本利和
1	P	Pi	$P+Pi=P(1+i)$
2	$P(1+i)$	Pi	$P(1+i)+Pi=P(1+2i)$
3	$P(1+2i)$	Pi	$P(1+2i)+Pi=P(1+3i)$
$\vdots$	$\vdots$	$\vdots$	$\vdots$
n	$P[1+(n-1)i]$	Pi	$P[1+(n-1)i]+Pi=P(1+ni)$

由表 2-1 可知，单利的本利和公式为

$$F=P(1+ni) \tag{2-2}$$

单利的利息计算公式为

$$I=P(1+ni)-P=Pni \tag{2-3}$$

【例 2-1】 假设以单利借入一笔资金 10000 元，规定年利率为 10%，借款年限为 5 年，5 年末偿还，试计算各年利息及本利和。

解：计算过程见表 2-2。

表 2-2   单利利息计算表

年序	借款本金/元	利息/元	本利和/元	偿还额/元
0	10000			
1		10000×10%=1000	11000	0
2		10000×10%=1000	12000	0
3		10000×10%=1000	13000	0
4		10000×10%=1000	14000	0
5		10000×10%=1000	15000	15000

2. 复利计息

复利是指以本金和累计利息之和为基数计算利息的方法，也就是通常所说的"利滚利"的方法。

假设以复利借入一笔资金 P，年利率为 i，借款年限为 n，本利和为 F，则每年应计利息及本利和见表 $2-3$。

表 2-3 复利计息公式推导过程表

年序	借款本金	利　息	本　利　和
0	P		
1		Pi	$P+Pi=P(1+i)$
2		$P(1+i)i$	$P(1+i)(1+i)=P(1+i)^2$
3		$P(1+i)^2 i$	$P(1+i)^2(1+i)=P(1+i)^3$
$\vdots$		$\vdots$	$\vdots$
n		$P(1+i)^{n-1}i$	$P(1+i)^{n-1}(1+i)=P(1+i)^n$

由表 $2-3$ 可知，复利计息的本利和公式为

$$F=P(1+i)^n \tag{2-4}$$

复利计息的利息公式为

$$I=P(1+i)^n-P \tag{2-5}$$

【例 2-2】 假设以复利借入一笔资金 10000 元，规定年利率为 10%，借款年限为 5 年，5 年末偿还，试计算各年利息及本利和。

解： 计算过程见表 $2-4$。

表 2-4 复 利 利 息 计 算 表

年序	借款本金/元	利息/元	本利和/元	偿还额/元
0	10000			
1		$10000\times10\%=1000$	11000	0
2		$11000\times10\%=1100$	12100	0
3		$12100\times10\%=1210$	13310	0
4		$13310\times10\%=1331$	14641	0
5		$14641\times10\%=1464.1$	16105.1	16105.1

【例 2-3】 某企业新建一厂房，拟向银行借款 1000 万元，年利率为 10%，借款年限为 5 年，第 5 年年末一次性还本付息，试分别按单利和复利计算第 5 年年末应偿还的资金数额。

解： （1）单利计息方式：

$$F=P(1+ni)=1000\times(1+5\times10\%)=1500（万元）$$

（2）复利计息方式：

$$F=P(1+i)^n=1000\times(1+10\%)^5=1610.51（万元）$$

从［例 2-3］可以看出，同一笔资金，在年利率和计息年限相同的情况下，用复利计息计算出来的本利和比用单利计息计算出来的本利和数目大，且本金越大，利率越高，计息时间越长的情况下，两者之间的差距就会越大。因为在复利计息中，本金产生的利息作为资金也具有时间价值，也可以继续产生新的利息，而在单利计息中，忽略了利息本身的时间价值，因此复利计息更能体现出全部资金的时间价值。在工程建设项目中，资金总是在不断地周转、循环和增值，为更好地反映资金时间价值，准确地评价项目经济效果，通常采用复利计息的方式进行项目经济评价。

二、名义利率与实际利率的概念

在实际应用中，并不一定以一年为一个计息周期，可以按半年计息一次，也可以是每季度计息一次，或每月计息一次。在国外如伦敦、纽约、巴黎的金融市场上，短期利率通常以日计算。因此相同的年利率，因计息周期的不同，相同的本金将产生不同的利息，从而产生了名义利率和实际利率的区别。

如现有本金 P 为 1000 元，给定的年利率为 10%，假设有两种计息周期：一种是以半年为单位计算利息，即一年内计算两次利息；另一种是以年为单位计算利息，即一年内计息一次。试计算两种计息方式在一年内产生的利息额及实际产生的利率。

（1）半年计息一次，其中半年的利率为 $\dfrac{10\%}{2} = 5\%$，则利息额为

$$I = 1000 \times (1 + 5\%)^2 - 1000 = 102.5 \text{（元）}$$

根据利率定义，实际计算出的年利率为

$$\frac{102.5}{1000} \times 100\% = 10.25\%$$

（2）每年计息一次，则利息额为

$$I = 1000 \times 10\% = 100 \text{（元）}$$

根据利率定义，实际计算出的年利率为

$$\frac{100}{1000} \times 100\% = 10\%$$

当计息周期是以小于一年的时间为单位时，实际计算出的年利率会大于给定的年利率，这时就会产生名义利率和实际利率的差别，其中 10% 称为名义利率，5% 称为计息周期实际利率，10.25% 称为年实际利率。当计息周期是以一年为单位时，实际计息的周期和给定利率的计息周期相同，则名义利率等于年实际利率，均为 10%。

名义利率就是挂名的利率、非有效利率，是指当计息周期小于一年，按单利计算的年利率，时间单位为"年"。而实际利率，即有效利率，是指当计息周期小于一年，按复利计算的年利率，通常是以"年"为时间单位。当一年内的计息次数 m 超过 1 次（$m > 1$）时，此时的年利率即为名义利率。周期利率，是指以计息期为时间单位的实际利率。

三、名义利率与实际利率的换算关系

设名义利率为 r，一年中计息次数为 m，周期利率为 c，年实际利率为 i。则有

$$c = r/m \tag{2-6}$$

$$i = \frac{P(1+r/m)^m - P}{P} = (1+r/m)^m - 1 \qquad (2-7)$$

名义利率与实际利率之间的关系式为

$$i = (1+r/m)^m - 1 \qquad (2-8)$$

名义利率和实际利率两者对资金时间价值的反映程度不同，实际利率较全面地反映了资金的时间价值。当计息周期为一年，即计息周期以"年"为单位、且一年内的计息次数为 1 时，名义利率、实际利率和周期利率三者相等；计息周期短于一年时，名义利率小于实际利率，名义利率越大，计息周期越短，名义利率与实际利率的差值越大。

【例 2-4】 现设名义利率 r 为 10%，试计算计息周期为年、半年、季、月和日的年实际利率。

解： 年实际利率计算见表 2-5。

表 2-5   年 实 际 利 率 计 算 表

名义利率 r	计息周期	年计息次数 m	计息周期利率 c （$c=r/m$）	年实际利率 i
10%	年	1	10%	10%
	半年	2	5%	10.25%
	季	4	2.5%	10.38%
	月	12	0.833%	10.46%
	日	365	0.0274%	10.51%

可以看出，一方面，每年计息次数 m 越大，i 与 r 相差越大；另一方面，名义利率为 10%，按季度计息时，按季度利率 2.5% 计息与按年利率 10.38% 计息，二者是等价的。所以，在工程经济分析中，如果各方案的计息期不同，就不能简单地使用名义利率来评价，而必须换算成实际利率进行评价，否则会得出不正确的结论。

四、间断计息与连续计息

当 $m=1$ 和 $m>1$ 时，其计息周期都有一定的时间间隔，称此为间断计息。当复利计息的时间间隔趋于 0 时，或者对无穷短的时间间隔进行复利计息，即 $m \rightarrow \infty$ 时，称此为连续计息。当 $m=1$ 时，$i=r$；当 $m>1$ 时，$i>r$；当 $m \rightarrow \infty$ 时，其实际利率为

$$i = \lim_{m \to \infty}\left[\left(1+\frac{r}{m}\right)^m - 1\right] = \lim_{m \to \infty}\left[\left(1+\frac{r}{m}\right)^{\frac{m}{r}}\right]^r - 1 = e^r - 1 \qquad (2-9)$$

式中：e 为常数，约等于 2.71828。

【例 2-5】 若名义利率为 8%，请以连续复利计息方式计算实际年利率。

解： 在以连续复利计息方式下，实际年利率为

$$i = e^r - 1 = e^{0.08} - 1 = 0.083 = 8.3\%$$

第三节　资金的等值计算

资金等值是指在考虑资金时间价值因素后，不同时点上数额不等的资金在一定的利率条件下具有相同的价值。由于资金时间价值的存在，因此不同时点上发生的现金流量不能直接加以比较，而必须通过资金等值计算，将不同时点上的现金流量换算到同一时点才能进行比较分析。资金等值计算，是指将一个时点发生的资金金额换算成另一时点的等值金额的过程。影响资金等值计算的因素有三个：资金额的大小、资金发生的时点以及利率。

在进行资金等值计算，需要掌握以下几个基本概念：

（1）折现（discounting）。折现也叫贴现，是指把将来某一时点的资金金额换算成现在时点的等值金额。折现时所用的利率称为折现率或者贴现率。

（2）现值（present value）。现值是指资金"现在"的价值。现值是一个相对的概念，如将 $t+k$ 个时点上发生的资金折现到第 t 个时点，所得的等值金额就是 $t+k$ 个时点上的资金额在 t 时点的现值。通常用 P 表示。

（3）终值（future value）。终值也叫未来值，是指现值在未来时点上的等值资金。通常用 F 表示。

（4）等额年金（annual value）。等额年金也叫年金或等年值，是指分期等额收支的资金额。通常用 A 表示。折旧、租金、利息等通常都采取年金的形式。年金有普通年金、预付年金和延期年金之分。普通年金是指每期期末收款、付款的年金；预付年金是指每期期初收款、付款的年金；延期年金是指距今若干期以后发生的每期期末收款、付款的年金。

资金的等值计算主要采用复利方式。下面分一次性支付和等额分付两种类型进行介绍，并在其基础上，介绍等差和等比两种特殊情况下的变额现金流量序列。

一、一次性支付复利公式

一次性支付又称为整付，是指项目的现金流入和现金流出仅发生一次的情况。一次性支付复利公式包括复利终值公式和复利现值公式。

1. 一次性支付复利终值公式（已知 P 求 F）

一次性支付复利终值公式是等值计算的基本公式，与复利计息的本利和式（2-4）是一样的，它的现金流量图如图 2-3 所示。

一次性支付复利终值公式为

$$F = P(1+i)^n \quad (2-10)$$

式中：$(1+i)^n$ 称为一次性支付复利终值系数，可用 $(F/P,i,n)$ 表示，故式（2-10）又可写成

$$F = P(F/P,i,n) \quad (2-11)$$

在 $(F/P,i,n)$ 这类符号中，括

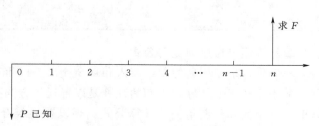

图 2-3　一次性支付复利终值现金流量图

17

号内斜线上的符号表示所求的未知数，斜线下的符号表示已知数，符号 $(F/P,i,n)$ 表示在已知 i、n 和 P 的情况下求解 F 的数值。

为计算方便，通常按照不同的利率 i 和计息周期 n 计算出 $(1+i)^n$ 的数值，并列于表中（见附表）。在计算 F 的数值时，只要从复利表中查出相应的复利系数再乘以本金即可。

> **【例 2 - 6】**　某企业从银行借款 100 万元，年利率为 10％，复利计息，试问第 5 年年末连本带利一次偿还所需支付的资金额是多少？
>
> **解：** $F = P(1+i)^n = 100(1+10\%)^5 = 161.05$（万元）
>
> 也可以通过附表先查出一次性支付复利终值系数，再使用 $F = P(F/P,i,n)$ 计算。其中 $(F/P,10\%,5) = 1.6105$，代入式（2 - 11）得
> $$F = 100(F/P,10\%,5) = 100 \times 1.6105 = 161.05（万元）$$

2. 一次性支付复利现值公式（已知 F 求 P）

已知终值 F 求现值 P 的等值公式，是一次性支付复利终值公式的逆运算，其现金流量图如图 2 - 4 所示。

一次性支付复利现值公式可由式（2 - 10）直接导出：

$$P = F \times \frac{1}{(1+i)^n} \quad (2 - 12)$$

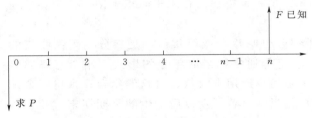

图 2 - 4　一次性支付复利现值现金流量图

式中 $\dfrac{1}{(1+i)^n}$ 称为一次性支付复利现值系数，可用 $(P/F,i,n)$ 表示，故式（2 - 12）又可写成：

$$P = F(P/F,i,n) \qquad (2 - 13)$$

> **【例 2 - 7】**　如果银行年利率为 10％，假定按照复利计息，为在 5 年后获得 10000 元款项，现在应存入银行多少资金？
>
> **解：** $P = F(1+i)^{-n} = 10000(1+10\%)^{-5} = 6209$（元）
>
> 也可以通过附表先查出一次性支付复利现值系数，再使用 $P = F(P/F,i,n)$ 计算。其中 $(P/F,10\%,5) = 0.6209$，代入式（2 - 13）得
> $$P = 10000(P/F,10\%,5) = 10000 \times 0.6209 = 6209（元）$$

二、等额分付序列复利公式

等额分付是指项目的现金流入和现金流出是以年金的形式出现。年金有普通年金、预付年金和延期年金之分，它们的计算是以普通年金为基础的，通过普通年金的计算可以推算出预付年金和延期年金的计算公式。现以普通年金为例，介绍等额分付序列复利公式。等额分付序列复利公式包括等额分付序列复利终值公式、等额分付序列偿债基金公式、等

额分付序列复利现值公式以及等额分付序列资本回收公式。

1. 等额分付序列复利终值公式（已知 A 求 F）

等额分付序列复利终值公式也称
年金终值公式，其含义是：在利率为 i
且复利计息的情况下，连续每年年末
支出（收入）一笔等额的资金 A，求
n 年后各年的本利和累计而成的总额
F。即已知 A、i、n，求 F。其现金流
量图如图 2-5 所示。

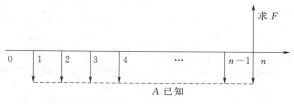

图 2-5 等额分付复利终值现金流量图

各期期末的年金 A，相对于第 n 期期末的本利和见表 2-6。

表 2-6 普通年金复利终值计算表

期数	1	2	3	…	$n-1$	n
各期末年金	A	A	A	…	A	A
n 期末年金终值	$A(1+i)^{n-1}$	$A(1+i)^{n-2}$	$A(1+i)^{n-3}$	…	$A(1+i)$	A

由表 2-6 可得

$$F = A(1+i)^{n-1} + A(1+i)^{n-2} + A(1+i)^{n-3} + \cdots + A(1+i) + A$$

$$F = A \times \frac{(1+i)^n - 1}{i} \qquad (2-14)$$

式中 $\dfrac{(1+i)^n - 1}{i}$ 称为等额分付序列复利终值系数，可用 $(F/A, i, n)$ 表示，故式

（2-14）又可写成

$$F = A(F/A, i, n) \qquad (2-15)$$

规则：已知 A 求 F，所求 F 发生在最后一个 A 的同一个计息期。

【例 2-8】 某客户为孩子存入教育基金，从现在起连续 5 年每年年末存入银行
10000 元，问第 5 年年末能一次性从银行提取多少教育基金？假若从现在起连续 5 年每
年年初存入银行 10000 元，问第 5 年年末能一次性从银行提取多少教育基金？设年利率
为 6%。

解：（1）从现在起连续 5 年每年年末存入银行 10000 元，第 5 年年末一次性从银行
取出教育资金：

$$F = A(F/A, i, n) = 10000(F/A, 6\%, 5) = 10000 \times 5.637 = 56370(元)$$

（2）从现在起连续 5 年每年年初存入银行 10000 元，第 5 年年末一次性从银行取出
教育资金：

$$F = A(F/A, i, n)(1+i) = 10000(F/A, 6\%, 5)(1+6\%) = 59752.2(元)$$

在本例题中应区分普通年金和预付年金换算成与其等值的终值的区别。其中预付年金换算成 n 年后与其等值的 F 的计算公式为

$$F = A \times \frac{(1+i)^n - 1}{i} \times (1+i) = A(F/A, i, n)(1+i) \qquad (2-16)$$

2. 等额分付序列偿债基金公式（已知 F 求 A）

等额分付序列偿债基金公式是等额分付复利终值的逆运算，其含义是：在利率为 i 且复利计息的情况下，已知 n 年后要支出一笔总额为 F 的资金，则从现在起连续 n 年每年年末应等额存入银行的资金额，即已知 F、i、n，求 A，其现金流量图如图 2-6 所示。

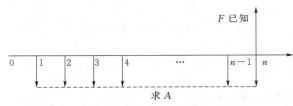

图 2-6　等额分付偿债基金现金流量图

由式（2-14）可以直接得出等额分付序列偿债基金公式：

$$A = F \times \frac{i}{(1+i)^n - 1} \qquad (2-17)$$

式中 $\dfrac{i}{(1+i)^n - 1}$ 称为等额分付序列偿债基金系数，可用 $(A/F, i, n)$ 表示，故式（2-17）又可写成：

$$A = F(A/F, i, n) \qquad (2-18)$$

【例 2-9】　已知某水电站 20 年后需要更新机组设备，其费用 $F = 1000$ 万元，如果 $i = 10\%$，假定按照复利计息，问从现在起连续 20 年每年年末应提存多少基本折旧基金 A？

解：$A = F(A/F, i, n) = 1000(A/F, 10\%, 20) = 1000 \times 0.01746 = 17.46$（万元）

3. 等额分付序列复利现值公式（已知 A 求 P）

等额分付序列复利现值公式其含义是：在利率为 i 的情况下，连续在每个计息期的期末收入（支出）一笔等额的资金 A，求基准点与其等值的现值 P。即已知 A、i、n，求 P。其现金流量图如图 2-7 所示。

图 2-7　等额分付复利现值现金流量图

各期期末的年金 A，相对于基准点的现值见表 2-7。

表 2-7　　　　　　　　　　普通年金复利现值计算表

期数	1	2	3	…	$n-1$	$n-1$
每期末年金	A	A	A	…	A	A
基准点的现值	$A(1+i)^{-1}$	$A(1+i)^{-2}$	$A(1+i)^{-3}$	…	$A(1+i)^{-(n-1)}$	$A(1+i)^{-n}$

由表 2 - 7 可得

$$P = A(1+i)^{-1} + A(1+i)^{-2} + A(1+i)^{-3} + \cdots + A(1+i)^{-(n-1)} + A(1+i)^{-n}$$

$$P = A \times \frac{(1+i)^n - 1}{i(1+i)^n} \tag{2-19}$$

式中 $\dfrac{(1+i)^n - 1}{i(1+i)^n}$ 称为等额分付序列复利现值系数，可用 $(P/A, i, n)$ 表示，故式 (2-18) 又可写成：

$$P = A(P/A, i, n) \tag{2-20}$$

规则：已知 A 求 P，所求 P 发生在第一个 A 的前一个计息期。

【**例 2 - 10**】　某设备经济寿命为 8 年，预计年净收益为 20 万元，残值为 0，若投资者要求的收益率为 10%，问投资者最多愿意出多少资金购买该设备？

解：这一问题等同于在银行利率为 10% 的条件下，若存款者连续 8 年每年年末从银行取出 20 万元，采用复利计息，则现在应该存入银行多少资金？

$$P = A(P/A, i, n) = 20(P/A, 10\%, 8) = 20 \times 5.335 = 106.7 (万元)$$

所以投资者最多愿意出 106.7 万元购买此设备。

4. 等额分付序列资本回收公式（已知 P 求 A）

等额分付序列资本回收公式是等额分付复利现值公式的逆运算，其含义是：在收益率为 i 且复利计息的情况下，在基准点投资现值 P，在 n 年内等额分期回收全部资金，求每年年末应回收的资金额。即已知 P、i、n，求 A。其现金流量图如图 2-8 所示。

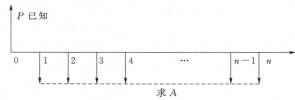

图 2-8　等额分付资金回收现金流量图

由式（2-19）可推知等额分付序列资本回收公式：

$$A = P \times \frac{i(1+i)^n}{(1+i)^n - 1} \tag{2-21}$$

式中 $\dfrac{i(1+i)^n}{(1+i)^n - 1}$ 称为等额分付序列资本回收系数，可用 $(A/P, i, n)$ 表示，故式 (2-21) 又可写成：

$$A = P(A/P, i, n) \tag{2-22}$$

【**例 2 - 11**】　若某企业现在投资 1000 万元，年回报率为 8%，每年年末等额获得收益，10 年内收回全部本利，则每年应收回多少资金？

解：$A = P(A/P, i, n) = 1000(A/P, 8\%, 10) = 1000 \times 0.149 = 149 (万元)$

三、等差支付序列复利公式

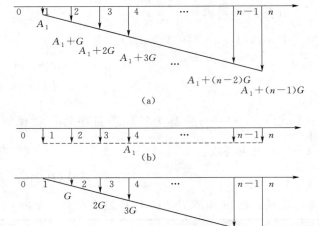

在许多工程经济问题中，现金流量每年均有一定数量的增加或减少，如维修费用的逐年增加。当逐年增加或减少的数额是等额的，则称该现金流量为等差支付序列现金流量。其现金流量如图 2-9 所示。

图 2-9 (a) 为一等差递增序列现金流量，该图可简化为两个支付序列，一个是等额支付序列 [图 2-9 (b)]，另一个是由 G 组成的等额递增序列 [图 2-9 (c)]。

图 2-9　等差支付递增现金流量图

在计算图 2-9 (a) 现金流量等值的终值（现值）时，可直接使用图 2-9 (b) 现金流量等值的终值（现值）加上图 2-9 (c) 现金流量等值的终值（现值）。

1. 等差支付序列复利终值公式（已知 G 求 F）

根据图 2-9 (c) 现金流量，求与其等值的终值 F_G：

$$F_G = G(1+i)^{n-2} + 2G(1+i)^{n-3} + \cdots + (n-2)G(1+i) + (n-1)G \qquad (2-23)$$

在式 (2-23) 两边同时乘以 $(1+i)$ 得

$$F_G(1+i) = G(1+i)^{n-1} + 2G(1+i)^{n-2} + 3G(1+i)^{n-3} + \cdots$$
$$+ (n-2)G(1+i)^2 + (n-1)G(1+i) \qquad (2-24)$$

将式 (2-24) 和式 (2-23) 相减得

$$F_G i = G(1+i)^{n-1} + G(1+i)^{n-2} + G(1+i)^{n-3} + \cdots$$
$$+ G(1+i)^2 + G(1+i) + G - nG \qquad (2-25)$$

整理式 (2-25) 得

$$F_G = \frac{G}{i} \times \left[\frac{(1+i)^n - 1}{i} - n \right] \qquad (2-26)$$

式中 $\dfrac{1}{i} \times \left[\dfrac{(1+i)^n - 1}{i} - n \right]$ 为等差支付序列复利终值系数，用符号 $(F/G, i, n)$ 表示，则式 (2-26) 可表示为

$$F_G = G(F/G, i, n) \qquad (2-27)$$

则与图 2-9 (a) 现金流量等值的终值 F 为

$$F = A_1 \times \frac{(1+i)^n - 1}{i} + \frac{G}{i} \times \left[\frac{(1+i)^n - 1}{i} - n \right] \qquad (2-28)$$

2. 等差支付序列复利年金公式（已知 G 求 A）

根据图 2-9 (c) 现金流量，求与其等值的年金 A_G。

根据等额分付序列偿债基金公式和等差支付序列复利终值公式即可推导出等差支付序

列复利年金公式：

$$A_G = F_G(A/F, i, n) = \frac{G}{i} \times \left[\frac{(1+i)^n - 1}{i} - n\right] \times \frac{i}{(1+i)^n - 1}$$

$$= G\left[\frac{1}{i} - \frac{n}{(1+i)^n - 1}\right] \qquad (2-29)$$

式中 $\left[\dfrac{1}{i} - \dfrac{n}{(1+i)^n - 1}\right]$ 为等差支付序列复利年金系数，用符号 $(A/G, i, n)$ 表示，则式（2-29）可表示为

$$A_G = G(A/G, i, n) \qquad (2-30)$$

则与图 2-9（a）现金流量等值的终值 A 为

$$A = A_1 + G \times \left[\frac{1}{i} - \frac{n}{(1+i)^n - 1}\right] \qquad (2-31)$$

3. 等差支付序列复利现值公式（已知 G 求 P）

根据图 2-9（c）现金流量，求与其等值的终值 P_G。

根据等差支付序列复利终值公式和一次性支付复利现值公式即可推导出等差支付序列复利现值公式：

$$P_G = F_G(P/F, i, n) = \frac{G}{i(1+i)^n} \times \left[\frac{(1+i)^n - 1}{i} - n\right] \qquad (2-32)$$

式中 $\dfrac{1}{i(1+i)^n} \times \left[\dfrac{(1+i)^n - 1}{i} - n\right]$ 为等差支付序列复利现值系数，用符号 $(P/G, i, n)$ 表示，则式（2-32）可表示为

$$P_G = G(P/G, i, n) \qquad (2-33)$$

则与图 2-9（a）现金流量等值的终值 P 为

$$P = A_1 \times \frac{(1+i)^n - 1}{i(1+i)^n} + \frac{G}{i(1+i)^n} \times \left[\frac{(1+i)^n - 1}{i} - n\right] \qquad (2-34)$$

注意：等差是从第二个计息期开始的，而所计算的现值发生在期初。因此，等差现值发生在等差开始的两个计息期之前。但计算公式中计算期 n 应从等差开始的基准年算起，即从 G 为 0 起开始计算。

【例 2-12】 某项目的现金流量图如图 2-10 所示，设 $i = 10\%$，复利计息，试计算其现值、终值和年金。

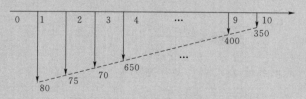

图 2-10 ［例 2-12］现金流量图（单位：万元）

解：（1）与图 2-10 现金流量等值的现值为

$$P = 800 \times \frac{(1+10\%)^{10}-1}{10\%(1+10\%)^{10}} - \frac{50}{10\%(1+10\%)^{10}} \times \left[\frac{(1+10\%)^{10}-1}{10\%} - 10 \right]$$

$$= 3771.13 \text{(万元)}$$

（2）与图 2-10 现金流量等值的终值为

$$F = 800 \times \frac{(1+10\%)^{10}-1}{10\%} - \frac{50}{10\%} \times \left[\frac{(1+10\%)^{10}-1}{10\%} - 10 \right]$$

$$= 9781.34 \text{(万元)}$$

（3）与图 2-10 现金流量等值的年金为

$$A = 800 - 50 \times \left[\frac{1}{10\%} - \frac{10}{(1+10\%)^{10}-1} \right] = 613.74 \text{(万元)}$$

四、等比支付序列复利公式

在某些工程经济问题中，现金流量每年以某一固定的百分比 q 逐年递增或递减，其现金流量图如图 2-11 所示。

1. 等比支付序列复利终值公式（已知 q 求 F）

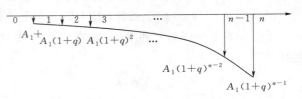

图 2-11 等比支付序列现金流量图

$$F = A_1(1+i)^{n-1} + A_1(1+q)(1+i)^{n-2} + \cdots + A_1(1+q)^{n-2}(1+i) + A_1(1+q)^{n-1}$$

$$(2-35)$$

在式（2-35）两边同时除以 $(1+i)^{n-1}$ 得

$$\frac{F}{(1+i)^{n-1}} = A_1 + A_1\frac{(1+q)}{(1+i)} + \cdots + A_1\frac{(1+q)^{n-2}}{(1+i)^{(n-2)}} + A_1\frac{(1+q)^{n-1}}{(1+i)^{(n-1)}} \quad (2-36)$$

对式（2-36）进行整理得

（1）当 $i = q$ 时

$$F = nA_1(1+i)^{n-1} \tag{2-37}$$

（2）当 $i \neq q$ 时

$$F = A_1 \times \frac{(1+i)^n}{i-q}\left[1 - \left(\frac{1+q}{1+i}\right)^n \right] \tag{2-38}$$

2. 等比支付序列复利年金公式（已知 q 求 A）

（1）当 $i = q$ 时

$$A = F(A/F, i, n) = \frac{nA_1(1+i)^{n-1}i}{(1+i)^n-1} \tag{2-39}$$

（2）当 $i \neq q$ 时

$$A = F(A/F, i, n) = A_1 \times \frac{1}{i-q}\left[1 - \left(\frac{1+q}{1+i}\right)^n\right] \times \frac{i(1+i)^n}{(1+i)^n - 1} \qquad (2-40)$$

3. 等比支付序列复利现值公式（已知 q 求 P）

（1）当 $i = q$ 时

$$P = \frac{F}{(1+i)^n} = nA_1(1+i)^{-1} \qquad (2-41)$$

（2）当 $i \neq q$ 时

$$P = \frac{F}{(1+i)^n} = \frac{A_1}{i-q}\left[1 - \left(\frac{1+q}{1+i}\right)^n\right] \qquad (2-42)$$

【例 2 - 13】 某项目的现金流量图如图 2 - 12 所示，设 $i = 10\%$，复利计息，试计算其现值、终值和年金。

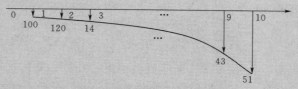

图 2 - 12 ［例 2 - 13］现金流量图（单位：万元）

解：（1）与图 2 - 12 现金流量等值的现值为

$$P = \frac{100}{10\% - 20\%} \times \left[1 - \left(\frac{1+20\%}{1+10\%}\right)^{10}\right] = 1387（万元）$$

（2）与图 2 - 12 现金流量等值的终值为

$$F = 100 \times \frac{(1+10\%)^{10}}{10\% - 20\%} \times \left[1 - \left(\frac{1+20\%}{1+10\%}\right)^{10}\right] = 3598（万元）$$

（3）与图 2 - 12 现金流量等值的年金为

$$A = 100 \times \frac{1}{10\% - 20\%} \times \left[1 - \left(\frac{1+20\%}{1+10\%}\right)^{10}\right] \times \frac{10\%(1+10\%)^{10}}{(1+10\%)^{10} - 1} = 226（万元）$$

五、资金等值计算的应用

资金时间价值原理和等值计算公式广泛应用于工程建设领域。通过以下几个例题，可以加深对资金时间价值和资金等值计算的理解。

【例 2 - 14】 某企业拟建一个工业项目，第 1 年、第 2 年、第 3 年年初的投资分别是 100 万元、150 万元和 180 万元；第 3 年至第 10 年获得收益，其中每年的营业收入为 200 万元，经营成本为 80 万元，不考虑税收缴交，投资者希望的年收益率为 20%。

问企业投资该项目是否合算?

解：拟建项目的现金流量图如图 2-13 所示。

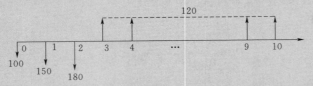

图 2-13　[例 2-14] 拟建项目现金流量图（单位：万元）

方法一：将投资和收益换算成现值之后进行比较。

（1）该项目投资的现值为

$$P_1 = 100 + \frac{150}{1+20\%} + \frac{180}{(1+20\%)^2} = 350（万元）$$

（2）该项目收益的现值为

$$P_2 = 120 \times \frac{(1+20\%)^8 - 1}{20\% \times (1+20\%)^8} \times \frac{1}{(1+20\%)^2} = 320（万元）$$

上述计算结果表明，若按照 20% 的年收益率进行计算，获得这样的收益只需要 320 万元，而实际投资 350 万元，因此表明此项投资不合算，企业不应投资该项目。

方法二：将投资和收益换算成终值之后进行比较。

（1）该项目投资的终值为

$$F_1 = 100 \times (1+20\%)^{10} + 150 \times (1+20\%)^9 + 180 \times (1+20\%)^8 = 2167（万元）$$

（2）该项目收益的终值为

$$F_2 = 120 \times \frac{(1+20\%)^8 - 1}{20\%} = 1980（万元）$$

上述计算结果表明，收益的终值小于投资的终值，表明此项目的投资没有达到 20% 的年收益率，故企业投资该项目是不合算的。

【例 2-15】　某建筑企业拟购买一大型设备，预计该设备的使用年限为 5 年，在寿命期内每年能产生净收益 50 万元，若该企业要求的最低年收益率为 15%，问该企业能接受的设备价格是多少?

解：建筑企业能接受的设备价格实际上就是投资额，该项投资在 5 年内每年产生的净收益是 50 万元。绘制现金流量图，如图 2-14 所示。

图 2-14　[例 2-15] 现金流量图

为保证获得 15％ 的年收益率，则企业能够接受的最高价格为

$$P = 50 \times \frac{(1+15\%)^5 - 1}{15\% \times (1+15\%)^5} = 168(万元)$$

【例 2－16】 某企业拟投资某一项目，预计项目的建设期为 3 年，其中第 1 年年初投资 200 万元，第 2 年年初投资 300 万元，第 3 年年初投资 200 万元，第 4 年起开始获得收益，每年获取的净收益均相同，项目的收益年限为 6 年，若该企业要求的最低年收益率为 12％，问企业每年应至少收益多少？

解： 绘制项目现金流量图，如图 2－15 所示。

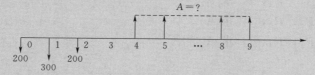

图 2－15 ［例 2－16］现金流量图

(1) 该项目投资的现值为

$$P_1 = 200 + \frac{300}{1+12\%} + \frac{200}{(1+12\%)^2} = 627(万元)$$

(2) 该项目收益的现值为

$$P_2 = A \times \frac{(1+12\%)^6 - 1}{12\% \times (1+12\%)^6} \times \frac{1}{(1+12\%)^3} = 627(万元)$$

(3) 在 12％ 的收益率下，项目投资的现值等于收益的现值，即

$$A \times \frac{(1+12\%)^6 - 1}{12\% \times (1+12\%)^6} \times \frac{1}{(1+12\%)^3} = 627(万元)$$

$$A = 214 \ 万元$$

可见企业每年的净收益至少为 214 万元，才能保证企业获得 12％ 的收益率。

习 题 与 讨 论

1. 什么是资金的时间价值？资金为什么具有时间价值？

2. 什么是名义利率和实际利率？它们之间的联系与区别是什么？

3. 试证明：

(1) $(P/A, i, n) = (P/A, i, n-1) + (P/F, i, n)$。

(2) $P(A/P, i, n) - L(A/F, i, n) = (P-L)(A/P, i, n) + Li$。

4. 已知年利率为 10%，某企业向金融机构贷款 100 万元。

（1）5 年后一次性还本付息，则第 5 年年末应偿还的资金总额是多少？

（2）若 5 年内每年年末偿还当年产生的利息，第 5 年年末偿还所欠本金及当年产生的利息，则 5 年内偿还的本金和利息的总额是多少？

（3）若 5 年内每年年末等额偿还本金以及当年产生的利息，则 5 年内偿还的本金和利息的总额是多少？

（4）若 5 年内每年年末以相等的金额偿还贷款，则 5 年内偿还的本金和利息的总额是多少？

5. 考虑资金时间价值后，总的现金流出等于总的现金流入，试根据图 2-16 所示现金流量，用各种资金等值计算公式，用已知项表示未知项。

（1）已知 A_1，A_2，P_1，i，求 P_2。

（2）已知 A_1，P_1，P_2，i，求 A_2。

（3）已知 A_2，P_1，P_2，i，求 A_1。

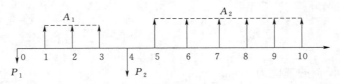

图 2-16 习题 5 现金流量图

6. 某工程 1 年建成投产，寿命期为 10 年，每年预计净收益 20 万元，若期望投资收益率为 8%，恰好能够在寿命期内收回初始投资。问该工程初始投入的资金是多少？

7. 某项目贷款 200 万元，银行 4 年内等额收回全部贷款，已知贷款利率为 10%，那么项目每年的净收益不应少于多少？

8. 某学生在大学 4 年学习期间，每年年初从银行借款 5000 元用以支付学费，若按年利率 6% 计复利，第 4 年年末一次归还全部本息需要多少钱？

9. 某企业欲积累一笔福利基金，用于 4 年后建造职工俱乐部。此项投资总额为 300 万元，银行利率为 12%，问每年年末至少要存款多少？

10. 每年年末等额存入 10000 元，连续 5 年，准备在第 3 年、第 6 年、第 9 年年末支取 3 次，每次支取的金额相等，若年利率为 12%，复利计息，求每次支取金额为多少？

11. 某人从 50 岁起至 59 岁，每年存入养老金 10000 元，若年利率为 12%，复利计息，则他在 60～69 岁间每年可以等额取出多少钱？

12. 某项目第 1 年年初贷入 500 万元，第 2 年年初贷入 800 万元，从第 3 年起分 4 年等额偿还银行贷款。已知贷款年利率为 10%，每年复利计息一次，那么每年应偿还多少资金额？

13. 某家庭拟购买一套 120m² 住宅，单价为 7500 元/m²，银行可为其提供 20 年期的按月等额还款的住房抵押贷款，贷款年利率为 6%，抵押贷款价值比例最大为 70%。问该家庭抵押贷款的月还款额是多少？若该家庭在第 6 年年初一次性提前偿还本金 10 万元，该家庭抵押贷款的月还款额为多少？

14. 某公司发行的股票目前市值每股 100 元，第一年股息 6%，预计以后每年股息增加 1 元，假设 10 后股票能以原值的 1.5 倍卖出，若 10 年内希望达到 10% 的投资收益率，问目前购进该股票是否合算？

15. 设某水库建成 40 年后于 2016 年开始年效益按 $q=10\%$ 的等比数逐年减少，假设 $G_1=100$ 万元（2015 年年末），年利率 $i=10\%$，问 2016—2025 年总效益现值 P 等于多少？设 $q=15\%$，$i=10\%$，则 P 等于多少？

第三章 工程项目的费用与效益

内容提要： 通过学习工程项目中投资、成本和费用、效益、收入、利润和税金的基本概念及计算方法；理解建设项目投资的构成、年运行费的内容及流动资金的组成；掌握建设项目年运行费的估算方法和折旧费的计算方法，培养学生理解建设项目经济要素基本概念及其内涵外延的工程素养，着重提升分析和计算项目经济要素的能力。

第一节 建设项目投资及形成的资产

工程项目经济分析通常需要借助现金流量。构成现金流量的基本要素是项目的投资、成本、收入、税金和利润。弄清项目的投资、成本、收入、税金和利润的基本概念，确定它们的基本数据，是工程项目经济分析的前提。

一、投资及其资金来源

投资（investment）的概念有广义和狭义之分。广义的投资是指人们的一种有目的的经济行为，即以一定的资源投入某项计划，以获取所期望的报酬的过程。如提供咨询、提供劳务、投资办企业、银行存款、发放贷款等获得收益的活动都可以称为投资。狭义的投资是指人们在社会经济活动中为实现某种预定的生产、经营目标而预先垫付的资金。如建工厂、买股票、买债券等预先投入的资金都称为投资。

国内建设项目投资的资金来源可分为自有资金和债务资金。自有资金（equity capital）是指企业自己所拥有的资金，用于缴付出资额，它包括资本金、资本公积、提取的折旧与摊销以及未分配的税后利润等。资本金（registered capital）也就是注册资金，是指企业在工商行政管理部门登记注册的资金，它体现了投资者对企业或项目的所有权。我国《企业法人登记管理条例》规定，企业申请开业，必须具有符合国家规定并与其生产经营和服务规模相适应的注册资本。资本公积金（capital provident fund）是指投资者或他人投入到企业或项目，所有权归属于投资者，并且投入金额超过法定资本部分的资金。资本公积包括资本溢价、股票溢价、接受现金捐赠、接受捐赠的非现金资产设备、股权投资准备、拨款转入、外币资本折算差额、交易差价及其他资本公积。其中资本（或股本）溢价是指企业投资者投入的资金超过其在注册资本中所占份额的部分。

债务资金（liability capital）是指投资者通过举债（如借款、贷款、赊购等）方式取得的资金，包括长期负债、短期负债和流动负债。长期负债（long-term liabilities）是指偿还期在 1 年或者超过 1 年的一个营业周期以上的负债，包括长期借款、应付债券、长期应付款等。短期负债（short-term liabilities）包括有一定期限规定的短期借款、短期债券发行收入和短期内的应付货款等。流动负债（current liability）是指短期内的流动性应付账款。

　　为了让投资者有风险意识，国家对建设项目总投资中的自有资金的最低数额和比例都作出了规定，并且还规定资本金筹集到位的期限且在整个生产经营中资本金不得任意抽走。允许投资者以已有的固定资产和无形资产作为投资的出资额，但必须经过具有资质的单位评估作价，出具验资报告。无形资产的出资比例不得超过注册资金的 20%（但高新技术产业例外）。这些规定的目的就是要让投资者承担必要的风险，不搞无本经营或过度的负债经营，以保护国家和社会的利益。

　　建设项目总投资包括固定资产投资（fixed investment）、建设期贷款利息和流动资金投资。投资构成如图 3-1 所示。在 2000 年 1 月 1 日前，工程项目的总投资还包括固定资产投资方向调节税。所谓固定资产投资方向调节税是指国家对我国境内进行固定资产投资的单位和个人，就其固定资产投资的各种资金征收的一种税。固定资产投资方向调节税从 1991 年起征收，2000 年国务院发文暂停征收。2012 年 11 月 9 日，《中华人民共和国固定资产投资方向调节税暂行条例》被国务院废止。固定资产投资和建设期贷款利息最后形成固定资产、无形资产、递延资产和流动资金。

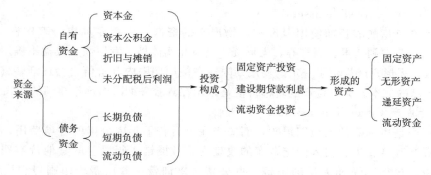

图 3-1　资金来源、投资构成与形成的资产构成图

　　对于水利建设项目而言，建设项目总投资是指水利工程达到设计效益时所需的全部建设费用（包括规划、设计、科研等必要的前期费用），既包括直接投入的资金，也包括集体和群众的间接投入（劳务、物料及未能赔偿的淹没、挖压占地、拆迁投资等），是反映工程规模的综合性指标。按工程性质区分，水利建设项目总投资可以分为永久性工程投资、临时性工程投资和其他投资三大部分。

　　（1）永久性工程投资包括主体工程建筑物、附属工程建筑物和配套工程的投资，以及设备购置和安装费用。如水利枢纽和相应的水库工程、灌溉和城镇供水的水源工程、堤防工程、水电站、输配水工程以及输变电工程等的投资。

　　（2）临时性工程投资，包括施工导流工程、施工交通工程、施工临时房屋建筑工程、施工场外供电线路工程和其他临时工程的投资。

　　（3）其他投资，包括移民安置、淹没和浸没、挖压占地赔偿的费用；处理工程的不利影响，保护或改善生态环境所需的投资；勘测、规划、设计和科学试验研究等的前期费用；生产用具的购置费用；建设单位的管理费用；职工的培训费用；以及预备费、不可预见费和其他必需的投资等。

二、投资形成的资产

1. 固定资产（fixed assets）

固定资产是指使用时间在 1 年以上，单位价值在规定标准以上，并且在使用过程中保持原有实物形态的资产，如房屋、设备、运输工具、构筑物等。其中固定资产单位价值的规定标准各行业有所不同。如高等学校大都规定单价在 500 元以上的一般设备和单价在 800 元以上的专用设备就是固定资产，高科技行业一般规定单价在 2000 元以上的专用设备就是固定资产，机械行业一般规定单价在 1000 元以上的专用设备就是固定资产。固定资产在使用过程中会逐渐磨损和贬值，其价值将逐步转移到新产品中去。固定资产这种磨损和贬值称为折旧。转移的价值就是通过折旧的形式计入产品的成本，它通过产品销售以货币形式收回。因此，固定资产具有如下特点：①使用时间长，单位价值大，且使用中能够保持原有实物形态；②循环周转慢；③更新投资的一次性，补偿的多次性；④价值补偿与实物补偿分别进行。

按照我国现行的工程造价费用构成划分，固定资产投资包括建筑安装工程费、设备及工位器具费、工程建设其他费和预备费。

2. 无形资产（invisible assets）

无形资产是指能够长期使用但没有实物形态的资产，包括专利权、著作权、商标权、土地使用权、非专利技术、商誉等。无形资产具有无实体性、专用性、收益不确定和寿命不确定等特点。无形资产规定了一定的使用期限，在使用期限内其价值也会逐渐转移到新产品中，计入产品的成本。无形资产的转移价值是采用在其服务期限内逐年摊销的方式计算的。

3. 递延资产（stretching assets）

递延资产是指不能计入当期损益，而应当在今后若干年内分摊的各项费用，包括开办费、固定资产改良支出、租入固定资产的改良支出及摊销 1 年以上的其他待摊费用，但主要是开办费，包括建设期人员的工资、办公费、培训费、差旅费、印刷费和注册登记费等。递延资产是一种过渡性的资产，而且常常在投资初期发生，因而它的特点具有过渡性。国家规定，递延资产在投入运营后按不低于 5 年的时间平均摊销，其摊销费计入产品的成本。

4. 流动资金（working capital）

流动资金是指在投资前预先垫付，在投资后的生产经营过程中用于购买原材料、燃料动力、备品备件，支付工人工资和其他费用，以及被在制品、半成品和其他存货所占用的全部周转资金，它是流动资产与流动负债的差额。流动资产包括现金、各种存款、应收款、预付货款及存货。流动负债主要指应付款。在项目的整个寿命期内，流动资金始终被占用，并且周而复始地运动着，只有到项目的寿命期结束时，流动资金才全部退出生产，以货币资金的形式被收回。

与固定资产相比，流动资金具有如下特点：①使用时间短，单位价值不固定；②流动性大，循环周转快；③使用中占用形态既相互转化又同时并存；④实物与价值的耗费和补偿同时进行；⑤占用资金的数量具有波动性。

三、建设项目投资估算方法

投资估算是指对拟建项目固定资产投资、流动资金和项目建设期贷款利息的估算。在国外，投资估算分机会研究阶段、初步可行性研究阶段和技术经济可行性研究阶段的投资估算。各阶段的估算方法有粗细程度之别。

1. 固定资产投资估算

在国内，对固定资产的投资估算主要分两阶段：①项目建议书阶段的投资估算，对固定资产投资主要采用指数估算法和系数估算法进行估算；②可行性研究阶段的投资估算，对固定资产投资一般采用概算指标估算法进行结算。概算指标法需按固定资产投资的建筑工程、设备购置、安装工程、其他费用，以及它们的具体费用项目进行估算。

投资估算的作用如下：

（1）项目建议书阶段的投资估算，是项目主管部门审批项目建议书的依据之一，并对项目的规划和规模起参考作用。

（2）项目可行性研究阶段的投资估算是项目投资决策的重要依据，也是研究、分析和计算项目投资经济效果的重要条件。

（3）项目投资估算对工程设计概算起控制作用，设计概算不得突破有关部门批准的投资估算，并应控制在投资估算额以内。

（4）项目投资估算可作为项目资金筹措及制定建设贷款计划的依据，建设单位可根据批准的项目投资估算额，进行资金筹措和向银行申请贷款。

（5）项目投资估算是核算建设项目固定资产投资需要额和编制固定资产投资计划的重要依据。

（6）项目投资估算是进行工程设计招标、优选设计方案的依据之一。它也是工程限额设计的依据。

2. 流动资金估算

项目建议书阶段的投资估算：对流动资金采用流动资金占产值、固定资金、成本等的比率进行估算。可行性研究阶段的投资估算：对流动资金除采用项目建议书的上述估算方法外，还可采用定额流动资金的测算方法。

流动资金估算的方法如下：

（1）扩大指标估算法。按建设投资的一定比例估算；按经营成本的一定比例估算；按年销售收入的一定比例估算；按单位产量占用流动资金的比例估算。

（2）分项详细估算法。对存货、现金、应收账款这三项流动资产和应付账款这项流动负债进行估算，流动资金等于流动资产减去流动负债。

流动资产包括现金、存货和应收账款。流动负债主要指应付账款。

3. 项目建设期贷款利息的估算

项目建议书阶段的投资估算，对建设期贷款利息可不予考虑。可行性研究阶段，项目建设贷款利息则通过借款偿还平衡表及财务平衡表进行结算。

第二节　成　本　与　费　用

成本（cost）和费用（expense）是两个不同的概念。成本是指企业为生产产品、提供劳务而发生的各种耗费，它是一种现金流出，是为了达到某个生产经营目的而预先流出的资金。费用是指企业为销售商品、提供劳务等日常活动所发生的经济利益的流出。

一、折旧与摊销

（一）折旧的概念

折旧（depreciation）是指在固定资产的使用过程中，随着资产损耗而逐渐转移到产品成本费用中的那部分价值。将折旧费计入成本费用是企业回收固定资产投资的一种手段。按照国家规定的折旧制度，企业把已发生的资本性支出转移到产品成本费用中去，然后通过产品的销售，逐步回收初始的投资费用。

确定固定资产的折旧范围是计提折旧的前提。根据我国财务会计制度的有关规定，计提折旧的固定资产范围包括：房屋、建筑物；在用的机器设备、仪器仪表、运输车辆、工具器具；季节性停用和在修理停用的设备；以经营租赁方式租出的固定资产；以融资租赁方式租入的固定资产。不计提折旧的固定资产有：未使用或不需要的机器设备、以经营租赁方式租入的固定资产；在建工程交付使用以前的固定资产；已提足折旧仍继续使用的固定资产；按规定单独作价作为固定资产入账的土地等。

我国将固定资产分为3大部分22类，按大类实行分类折旧。在进行工程项目的经济分析时，可分类计算折旧，也可综合计算折旧，要视项目的具体情况而定。

（二）折旧方法

固定资产折旧的实质是指在固定资产使用寿命内，按照确定的方法对应计折旧额进行系统分摊。在生产经营过程中，企业固定资产因使用或闲置产生的损耗导致其价值减少仅余一定残值，固定资产折旧总额应等于其原值与残值之差，或者应计折旧额是指应计提折旧的固定资产原值扣除其预计净残值后的金额。企业应当根据固定资产的性质和使用方法，合理确定固定资产的使用寿命和净产值率，结合技术进步、使用环境及其他因素，选择合理的固定资产折旧方法，作为计算折旧的依据。

在项目研究期内，折旧不是实际发生的现金流量，而是总成本费用的组成部分，用以估算税前利润和所得税。我国现行的固定资产折旧方法，一般采用年限平均法、工作量法或加速折旧法。以年限平均法计提折旧的固定资产，一般认为其各期损耗较为平均，且各期取得收入的比例比较接近，年折旧额是相等不变的。工作量法是根据实际工作量计提折旧额的一种方法，工作量越大提取折旧额越大，反之则越小。加速折旧法又称递减折旧法，是指在固定资产使用初期提取折旧较多，在后期提取较少，使固定资产价值在使用年限内尽早得到补偿的折旧计算方法。它是一种鼓励投资的措施，即国家先让利给企业，加速回收投资，增强还贷能力，促进技术进步。因此只对某些确有特殊原因的工程项目，才准许采用加速折旧法计提折旧。加速折旧的方法很多，主要有双倍余额递减法和年数总和法。此外，根据2014年9月24日的国务院常务会议确定的"所有行业企业持有的单位价值不超过5000元的固定资产，允许一次性计入当期成本费用在税前扣除"政策，由于其价值低，所以才可以一次性扣除。在工程项目的经济分析中，一般采用年限平均法通过"固定资产折旧费估算表"计算折旧费。

不同的折旧方法对纳税企业会产生不同的税收影响。首先，不同的折旧方法对于固定资产价值补偿和补偿时间会造成早晚不同。其次，不同折旧方法导致的年折旧额提取直接影响到企业利润额受冲减的程度，因而造成累进税制下纳税额的差异及比例税制下纳税义务承担时间的差异。企业正是利用这些差异来比较和分析，以选择最优的折旧方法，达到最佳税收效益。

从企业税负来看，在累进税率的情况下，采用平均年限法时企业承担的税负最轻，工作量法次之，加速折旧法最差。这是因为平均年限法使折旧平均摊入成本，有效地扼制了某一年内的利润过于集中（适用较高税率），使得纳税金额和税负都比较小。相反，加速折旧法把利润集中在后几年，必然导致后几年承担较高税率的税负。但在比例税率的情况下，采用加速折旧法对企业更为有利。因为加速折旧法可使固定资产成本在使用期限内加快得到补偿，企业前期利润少，纳税少；后期利润多，纳税较多，从而起到延期纳税的作用。

无论采用何种折旧方法，都必须考虑固定资产原值、预计净残率、折旧年限三个因素。

（1）固定资产原值可根据工程投资、预备费和建设期利息计算求得。

（2）预计净残值率是预计的固定资产净残值与固定资产原值的比率，根据行业会计制度规定，固定资产净残值率按照固定资产原值3％～5％确定。特殊情况，如净残值率低于3％或高于5％的，由企业自主确定，并报主管财政部门备案。在工程项目的经济分析中，由于折旧年限是根据项目的固定资产经济寿命期决定的，因此固定资产的残余价值较大，净残值率一般可选择10％，个别行业如港口等可选择高于10％的净残值率。

（3）折旧年限。国家有关部门对各类固定资产折旧的最短年限做出如下规定：房屋、建筑物为20年；火车、轮船、机械设备和其他生产设备为10年；电子设备和火车、轮船以外的运输工具以及与生产、经营业务有关的器具、工具、家具等5年。若采用综合折旧方法，项目的生产期即为折旧年限。在工程项目的经济分析中，对轻工、机械、电子等行业的折旧年限，一般可确定为8～15年，有些项目的折旧年限可确定为20年，对港口、铁路、矿山等项目的折旧年限可选择30年或30年以上。

下面分别介绍几种折旧方法。

1. 年限平均法

年限平均法亦称直线法，即根据固定资产的原值、估计的净残值率和折旧年限计算折旧。

其计算公式为

$$固定资产年折旧额 = \frac{固定资产应计折旧额}{固定资产预计使用年限} \tag{3-1}$$

$$固定资产年折旧率 = \frac{固定资产原值 - 预计净残值}{固定资产原值 \times 固定资产预计使用年限} \times 100\% \tag{3-2}$$

或
$$固定资产年折旧额 = \frac{1 - 预计净残值率}{固定资产预计使用年限} \times 100\% \tag{3-3}$$

$$固定资产月折旧额 = \frac{年折旧额}{12} \tag{3-4}$$

$$固定资产月折旧额 = 固定资产原值 \times 固定资产月折旧率 \tag{3-5}$$

2. 工作量法

交通运输企业和其他企业专用车队的客货运汽车，按照行驶里程计算折旧费，其计算公式如下：

$$单位工作量折旧额 = \frac{应计折旧额}{预计总工作量} \qquad (3-6)$$

或
$$单位工作量折旧额 = \frac{固定资产原值 \times (1 - 预计净产值率)}{预计总工作量} \qquad (3-7)$$

$$某项固定资产月折旧额 = 该项固定资产当月工作量 \times 单位工作量折旧额 \qquad (3-8)$$

3. 加速折旧法

（1）双倍余额递减法。以双倍余额递减法计提折旧的固定资产，一般认为其常年处于超强度损耗的，而在各期取得的收入也因此递减。双倍余额递减法是在不考虑固定资产预计残值的情况下，将每期固定资产的期初账面净值乘以一个固定不变的百分率，从而确定当期应提折旧的方法。资产账面价值随着折旧的计提逐年减少，而折旧率不变，因此各期计提的折旧额必然逐年减少。

其计算公式为

$$固定资产年折旧率 = \frac{2}{固定资产预计使用年限} \times 100\% \qquad (3-9)$$

$$固定资产月折旧率 = 固定资产年折旧率 \div 12 \qquad (3-10)$$

$$固定资产月折旧额 = 固定资产账面价值余额 \times 月折旧率 \qquad (3-11)$$

实行双倍余额递减法的固定资产，应当在其固定资产折旧年限到期前两年内，将固定资产净值扣除预计净残值后的净额平均摊销，即最后两年改用直线折旧法计算折旧。

【例3-1】 某企业一固定资产的原价为10000元，预计使用年限为5年，预计净残值200元，按双倍余额递减法计算折旧。

解： 双倍余额年折旧率＝2/5×100％＝40％

第1年应提的折旧额＝10000×40％＝4000（元）

第2年应提的折旧额＝（10000－4000）×40％＝2400（元）

第3年应提的折旧额＝（6000－2400）×40％＝1440（元）

从第4年起改按平均年限法（直线法）计提折旧。

第4、第5年的年折旧额＝（10000－4000－2400－1440－200）/2＝980（元）

（2）年数总和法。年数总和法也称为合计年限法，以年数总和法计提折旧的固定资产，一般认为其常年处于较高的易损条件下，或者其所在行业技术进步、产品更新换代较快。年数总和法是以固定资产原值扣除预计净残值后的余额作为计提折旧的基础，按照逐年递减的折旧率计提折旧的一种方法。

将固定资产的原值减去净残值后的净额乘以一个逐年递减的分数计算每年的折旧额，这个分数的分子代表固定资产尚可使用的年数，分母代表使用年数的逐年数字总和。采用年数总和法的关键是每年都要确定一个不同的折旧率。固定资产原值和净残值则各年相同，因此各年提取的折旧额必然逐年递减。

其计算公式为

$$固定资产年折旧率 = \frac{预计使用年限 - 已使用年限}{预计折旧年限 \times (预计折旧年限 + 1) \div 2} \times 100\% \qquad (3-12)$$

或
$$= \frac{\text{固定资产尚可使用年数}}{\text{固定资产预计使用年限的年数总和}} \times 100\% \tag{3-13}$$

固定资产月折旧率按式（3-10）计算。则固定资产月折旧额为

固定资产月折旧额＝（固定资产原值－预计净残值）×月折旧率　　（3-14）

仍以〔例3-1〕来说明，若采用年数总和法计算，各年的折旧额见表3-1。

表3-1　　　　　　　　采用年数总和法计算的各年折旧额

年序	尚可使用年限/年	折旧率	每年折旧额/元	累计折旧额/元
1	5	5/15	3266.7	3266.7
2	4	4/15	2613.3	5880
3	3	3/15	1960	7840
4	2	2/15	1306.7	9146.7
5	1	1/15	653.3	9800

（三）摊销

摊销（amortization）是指对除固定资产之外，其他可以长期使用的经营性资产按照其使用年限每年分摊购置成本的会计处理办法，与固定资产折旧类似。摊销费用计入管理费用中减少当期利润，但对经营性现金流没有影响。

常见的摊销资产如大型软件、土地使用权等无形资产和开办费，它们可以在较长时间内为公司业务和收入做出贡献，所以其购置成本也要分摊到各年才合理。

摊销期限一般不超过10年，与折旧一样，可以选择年限平均法和加速折旧法来摊销无形资产。从金额上看，一般情况下，摊销的费用相对于折旧费用要小很多，也就是说，大多数公司固定资产要远远大于无形资产，因此摊销和折旧一般会放在一起计算而不加区分。

二、总成本费用

（一）总成本费用构成

按生产过程分类，总成本费用（total cost expenses）包括制造成本和期间费用两部分。制造成本包括直接人工费用、直接材料费用和制造费用等。期间费用包括管理费用、财务费用和销售费用。按经济用途分类，总成本费用的构成如图3-2所示。

总成本费用＝外购原材料、燃料及动力费＋工资及福利费＋修理费＋折旧费＋摊销费
＋利息支出＋其他费用
（3-15）

制造成本（manufacturing cost）是指企业为生产经营商品和提供劳务等发生的各项直接支出，包括直接人工费用、直接材料费用、制造费用、商品进价以及其他直接支出。其中直接人工费用是指在生产过程中直接从事产品生产、加工而发生的工人的工资性消耗，它包括直接从事产品生产的人员的工资、补贴和奖金等。直接材料费用是指在生产过程中直接为产品生产而消耗的各种物

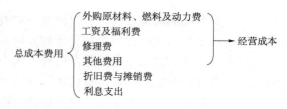

图3-2　总成本费用构成图

资，包括原材料、辅助材料、备品配件、外购半成品、燃料、动力、包装物等费用。制造费用是发生在生产单位的间接费用，指生产部门为组织产品生产和管理生产而发生的各项费用，包括生产单位管理人员的工资、职工福利费以及生产单位房屋建筑物和机械设备的折旧费、修理维护费、机械物资消耗费用、低值易耗费、取暖费、水电费、办公费、差旅费、运输费、保险费、设计制图费、试验检验费、劳动保护费等。

期间费用（period expenses）是指发生在生产期间，但又不计入成本的各种费用，包括销售费用、管理费用和财务费用。销售费用是指企业在销售商品过程中发生的费用，包括企业销售商品过程中发生的运输费、装卸费、包装费、保险费、展览费和广告费，以及为销售本企业商品而专设的销售机构（含销售网点、售后服务网点等）的职工工资及福利费、类似工资性质的费用、业务费等经营费用。管理费用是指企业为组织和管理企业生产经营所发生的费用，包括企业的董事会和行政管理部门在企业的经营管理中发生的，或者应当由企业统一负担的公司经费（包括行政管理部门职工工资、修理费、物料消耗、低值易耗品摊销、办公费和差旅费等）、工会经费、待业保险费、劳动保险费、董事会费、聘请中介机构费、咨询费（含顾问费）、诉讼费、业务招待费、房产税、车船使用税、土地使用税、印花税、技术转让费、矿产资源补偿费、无形资产摊销、职工教育经费、研究与开发费、排污费、存货盘亏或盘盈（不包括应计入营业外支出的存货损失）、计提的坏账准备和存货跌价准备等。财务费用是指企业为筹集生产经营所需资金等而发生的费用，包括应当作为期间费用的利息支出（减利息收入）、汇兑损失（减汇兑收益）以及相关的手续费等。

根据我国 2007 年 1 月 1 日新修订实施的《企业财务通则》成本核算采用制造成本法，即将与生产有密切相关的直接材料费用、直接人工费用和制造费用计入产品成本，而与生产没有直接关系的期间费用计入当期损益，从当期的收入中扣除。因此，上面的直接人工费用和直接材料费用直接计入产品成本。制造费用不是为生产某件产品发生的费用，而是为生产整批产品而发生的费用，因此必须经过分摊才能计入产品成本中。销售费用、管理费用和财务费用不能计入产品成本，而应计入企业当期损益，从当期的收入中扣除。

（二）几种常见的成本

1. 经营成本

经营成本（operation cost）也被称为年运行费，指工程项目建成正式投产后在正常运行期（生产期）内每年需要支出的各种经常性费用，其中包括材料和燃料动力费、工资及福利费、修理费（包括维修养护费和大修费）、行政管理费和其他费用，即

经营成本＝材料和燃料动力费＋工资及福利费＋修理费＋行政管理费和其他费用

$$(3-16)$$

（1）材料和燃料动力费。材料和燃料动力费消耗指标与各年实际运行情况有关，可参照类似工程项目的实际运行资料分析后采用，也可以根据规划设计资料按其平均值采用。

（2）维修养护费。维修养护费的费用大小与建筑物和设备的规模、类型、质量等因素有关，一般参照类似已建成项目的实际资料分析确定，可按工程投资的某一百分数计算。

（3）大修费。大修费是指工程设施及设备进行大修所需的费用。为了简化计算，通常将经济寿命期内所需的大修费总额平均分摊到各年，作为年运行费的一部分，每年可按一

定的大修理费率提取，即

$$年大修费 = \frac{预计经济寿命期内大修费总额}{固定资产原值 \times 经济寿命(年)} \times 100\% \qquad (3-17)$$

（4）行政管理费与其他费用。行政管理费可根据工程项目管理定员标准，结合有关部门和有关地区的规定或参考类似工程的实际开支费用分析后确定。其他费用包括为消除或减轻项目所带来的不利影响每年所需的补救措施费用，以及其他需要经常性开支的费用等。

在工程经济分析中，为了计算方便，从总成本费用中分离出一种经营成本（operation cost）。经营成本是指项目总成本费用扣除固定资产折旧费、无形资产及递延资产摊销费和利息支出以后的全部费用，因此，经营成本也可以表示为

$$经营成本 = 总成本费用 - 折旧费 - 摊销费 - 利息支出 \qquad (3-18)$$

为什么要减去折旧费、摊销费和利息支出呢？因为在工程经济分析中，其使用的现金流量图（或表）是反映项目在计算期内逐年发生的现金流入和流出的。总成本费用中的折旧费是对固定资产的折旧，摊销费是对递延资产和无形资产的摊销，而这 3 种资产的投资已在其发生的时间作为一次性支出计为现金流出，如果再以折旧和摊销的形式算作费用支出的话，将会造成重复计算。利息支出是指建设期投资贷款或借款在生产期发生的利息。在新的财务会计制度下，实行的是税后还贷，即借款的本金用税后利润和折旧来归还，而生产经营期间的利息可计入财务费用。在考察全部投资时，不分自有资金和借贷资金，把资金全部看作自有资金，这样还款就是还给自己，所以利息支出应算作收益，因而必须从总成本费用中扣除。

2. 固定成本和变动成本

产品成本按照其与产量的关系可分为固定成本和变动成本（包括可变成本和半可变成本）。

固定成本（fixed cost）是指在一定的生产规模内，不随产量变动而变动的成本。如生产单位固定资产的折旧费、修理费、管理人员工资及职工福利费、办公费和差旅费等。这些费用的总额不随产量的增加而增加，也不随产量的减少而减少。但当产量增加时，这些费用分摊到单位产品上的成本会减少；当产量减少时，分摊到单位产量上的成本会增加。因此，在生产规模内，应尽量增加产量，以减少单位产品的分摊成本。

可变成本（variable cost）是指随着产量变动而成比例变动的成本。如产量增加 1 倍，成本增加 1 倍；产量减少 1 倍，成本减少一半，但一定时期的单位产品成本是不变的。如产品生产中消耗的直接材料费用、直接人工费用、直接燃料动力费用、直接包装费用等均为可变成本。

半可变成本（semi-variable cost），也称为半固定成本，是指产品成本中随产量变动而变动但不成比例变动的成本。如制造费用中的运输费用，随产量的增加而增加，但前期增加的幅度小于后期的增加幅度。因为后期不仅需要运输原材料，还要运输产成品，因此运输费用大。

3. 沉没成本

沉没成本（sunk cost）是指不因决策而变动的成本，它是在投资决策前就已经支出或

者承诺将来必须支付的费用。例如，某企业现在有一个选择，是否接受一笔生产订单？那么在生产规模以内，原有的固定资产投资就是沉没成本，它不会因为是否接受生产订单而发生变化，它在建厂初期就已经发生了。沉没成本一旦形成就不可避免。因此，在决策过程中分清哪些是沉没成本非常重要。

4. 机会成本

机会成本（opportunity cost）是指资源用于某种用途后放弃了其他用途而失去的最大收益。在投资经济学中，常常假设资源是稀缺的（事实也是这样）或者有限的，资源只能投资到一些项目或部分项目。资源的稀缺性和替代性也要求将资源优化配置，即将有限的资源投入到最有价值和获利最大的地方，或者说将有限的资源投入到投资者付出代价最小的地方。这样，投资者就必然要放弃将资源投入到其他项目中。于是就出现了机会成本。机会成本是投资决策中经常采用的一种成本，尤其在项目的国民经济分析中经常采用。

第三节　项目收入与税金、利润

一、收入

收入（income）有广义和狭义之分。广义的收入是指企业在生产经营活动与非生产经营活动中能够导致企业净资产增加的所得，包括营业收入、投资收入和营业外收入。其中营业收入是企业主要的收入来源，是反映工程项目真实收益的经济参数，也是工程经济分析中现金流入的一个重要内容。狭义的收入仅指企业在生产经营活动中所取得的营业收入。按照我国《企业会计制度》，收入是指企业在销售商品、提供劳务及让渡资产使用权等日常活动中所形成的经济利益的总流入，包括主营业务收入和其他业务收入。经济利益是指直接或间接流入企业的现金或现金等价物。

根据企业会计准则，收入按照其性质可分为商品销售收入、劳务收入和提供他人使用本企业资产而取得的收入。商品销售收入主要是指取得货币资产方式的商品销售，以及正常情况下的以商品抵偿债务的交易等。这里的商品主要包括企业为销售而生产或购进的商品，企业销售的其他存货，如原材料、包装物等。劳务收入主要是指企业提供旅游、运输、广告、理发、饮食、咨询、代理、培训、产品安装等所取得的收入。其他使用本企业资产的收入是指企业让渡资产使用权所获得的收入，包括因他人使用本企业现金而收取的利息收入，因他人使用本企业的无形资产而形成的使用费收入，出租固定资本取得的租金收入等。

销售产品的收入的计算公式为

$$营业收入＝产品销售数量×产品单价 \tag{3-19}$$

产品价格一般采用出厂价格：产品出厂价格＝目标市场价格－运杂费。

对于提供劳务的计算比较复杂，如提供运输服务的营业收入计算公式为

$$营业收入＝运输里程×运输单价×运输重量$$

提供旅游、广告、理发、饮食、咨询、代理、培训、产品安装等所得收入的计算，一般没有固定的计算公式，大都按照提供劳务的数量计算。每个行业的收费标准不同，计算收入的方法不同。公式可以为

$$营业收入＝提供劳务的数量×劳务费单价 \qquad (3-20)$$

二、税金

税金（taxes）是指企业或纳税人根据国家税法规定应该向国家缴纳的各种税款。税金是企业和纳税人为国家提供资金积累的重要方式，也是国家对各项经济活动进行宏观调控的重要杠杆。税收是国家凭借政治权力参与国民收入分配与再分配的一种方式，具有强制性、无偿性和固定性的特点。国家对税收的管理是取之于民用之于民。

我国现行税收法律体系是在原有税制的基础上，经过 1994 年工商税制改革逐渐完善形成的，现共有 24 个税种。按其性质和作用大致分为 7 大类：流转税类、资源税类、所得税类、特定目的税类、财产和行为税类、农业税类、关税。其中农业税是国家对一切从事农业生产、有农业收入的单位和个人征收的一种税，延续千年，我国自 2006 年 1 月 1 日全面取消农业税。本章就工程经济学中经常涉及的税种作简要介绍。

（一）流转税类

流转税类是指以商品生产、商品流通和劳务服务的流转额为征收对象的各种税，主要在生产、流通或者服务业中发挥调节作用，包括增值税、消费税和营业税。我国于 1994 年 1 月 1 日起开始实施征收这 3 种税。

1. 增值税

增值税（value added taxes）是对销售货物或者提供加工、修理修配劳务以及进口货物的单位和个人就其实现的增值额征收的一个税种。实行增值税的优点是：有利于贯彻公平税负原则；有利于生产经营结构的合理化；有利于扩大国际贸易往来；有利于国家普遍、及时、稳定地取得财政收入。增值税的设置使得同一种产品，无论是全能厂家生产的，还是专业厂协作生产的，只要其售价相同，税收负担水平就基本相同，这就平衡了不同生产经营方式的税负。

增值税是一种价外税，是对购买者征收的一种税，销售价格中不含增值税款。因此，增值税既不计入成本费用，也不计入销售收入。从企业角度进行投资的项目，现金流量分析中可以不考虑增值税。

增值税的征收范围包括货物、应税劳务和进口货物。目前我国增值税税率分 3 档：基本税率 17％、低税率 13％和零税率。大多数的货物或劳务都适合 17％的税率；只有国家为了扶持其发展，才采用 13％的低税率或零税率。增值税的公式为

一般纳税人的应纳增值税额＝（当期销项税额－当期进项税额）×适合的增值税税率

进口货物的应纳增值税额

＝（关税完税价格＋关税＋消费税）×适合的增值税税率

【例 3 - 2】 某企业 2004 年产品销售收入为 8000 万元，本年度内购买原材料、燃料、动力等支出 2000 万元，试计算该企业全年应纳增值税额。

解：该企业全年的产品销售收入就是当期销项税额，而购买原材料、燃料、动力等的支出就是当期进项税额，该企业没有享受任何优惠税收政策，所以适合的增值税税率应为 17％。因此，该企业全年应纳增值税额为

$$（8000-2000）×17％ ＝ 1020（万元）$$

2. 消费税

消费税（consumption taxes）是对一些特定消费品和消费行为征收的一种税。在中华人民共和国境内生产、委托加工和进口某些消费品的单位和个人，为消费税的纳税义务人。征收消费税的消费品主要有烟、酒及酒精、化妆品、护肤护发品、贵重首饰及珠宝玉石、鞭炮焰火、汽油、柴油、汽车轮胎、摩托车、汽车等 11 种商品。消费税的税率在 3％～45％之间，有的实行比例税率，有的实行定额税率。与增值税不同，消费税是一种价内税，并且与增值税交叉征收，即对应消费品既要征收增值税，又要征收消费税。

3. 营业税

营业税（operation taxes）是对我国境内提供应税劳务、转让无形资产和销售不动产等业务的单位和个人的营业收入征收的一种税。营业税的计税依据是提供劳务的营业额，或转让无形资产和不动产的销售额，它是纳税人向对方收取的全部价款和在价款之外取得的一切费用，包括手续费、服务费和基金等。

营业税包括交通运输业、建筑业、金融保险业、邮电通信业、文化体育业、娱乐业、服务业、转让无形资产和销售不动产 9 个税目。不同行业采用的税率不同。交通运输业、建筑业、邮电通信业和文化体育业的税率为 3％，金融保险业、服务业、转让无形资产和销售不动产的税率为 5％，娱乐业的税率为 5％～20％。

营业税的计算公式为

$$应纳营业税额＝营业额×适用的营业税税率 \qquad (3-21)$$

增值税和营业税征收范围最广，是一种普遍征收的税，而消费税只针对规定的消费品征收。为了减少重复征税，只对产品或者服务的增值部分纳税，促使社会形成更好的良性循环，降低企业税，我国于 2011 年 11 月 17 日开始营业税改增值税试点（简称营改增）。2017 年 10 月 30 日，营业税被废止，并正式退出历史舞台，我国全面进入增值税的时代。

（二）资源税类

资源税（resource taxes）是指国家为了调节资源极差收入，对因开发和利用自然资源而征收的一种税。它体现了国家要求资源开发者对国有资源的有偿使用。同增值税、消费税和营业税一样，我国于 1994 年 1 月 1 日起开始实施征收资源税。资源税的纳税人是在中华人民共和国境内开采《中华人民共和国资源税暂行条例》规定的矿产品或者生产盐的单位和个人。资源税只对特定资源征税。应当征收资源税的矿产品和盐有 7 类资源：原油、天然气、煤炭、其他非金属矿原矿、黑色矿原矿、有色金属矿原矿和盐。

资源税实行差别税率，即不同的资源其税率不同。资源税税率按重量或体积计算，如原油的税率为 8～30 元/t，天然气的税率为 2～15 元/m³。

无论是自用或捐赠的资源，还是用于销售的资源，只要开采就必须按规定纳税。资源税的税额计算公式为

$$应纳资源税税额＝销售（或自用、捐赠）资源数量×资源税率 \qquad (3-22)$$

（三）所得税类

所得税（income taxes）是指以单位或个人在一定时期内的纯所得为征收对象的一类

税，主要是在国民收入形成后，对生产经营者的利润和个人的纯收入发挥调节作用，包括企业所得税、外商投资企业和外国企业所得税、个人所得税。

在工程经济分析中，常用的是企业所得税。企业所得税是指对中华人民共和国境内的一切企业（不包括外商投资企业和外国企业），就其来源于中国境内外的生产经营所得和其他所得而征收的一种税。企业所得税的税率有法定税率和优惠税率两种，优惠税率是指对应纳税所得额在一定额度之下的企业给予低税率的照顾。计算公式为

$$应纳所得税额＝应纳税所得额×适合的税率 \qquad (3-23)$$

（四）特定目的税类

特定目的税（special taxes）是指国家为了达到某种特定目的而对特定对象和特定行为征收的一类税，包括固定资产投资方向调节税、城市维护建设税、土地增值税。其中固定资产投资方向调节税已于 2000 年 1 月 1 日暂停征收，《中华人民共和国固定资产投资方向调节税暂行条例》也于 2012 年 11 月 9 日被国务院废止。

1. 城市维护建设税

城市维护建设税是对从事工商经营的缴纳增值税、消费税、营业税的单位和个人征收的一种税，我国于 1985 年 1 月 1 日开始征收。

城市维护建设税是一种附加税，其税率根据城镇规模设计。纳税人所在地在市区的，税率为 7%；纳税人所在地在县城、乡镇的，税率为 5%；纳税人所在地不在市区、县城或镇的，税率为 1%。城市维护建设税以纳税人实际缴纳的产品税、增值税、营业税税额为计税依据，分别与产品税、增值税、营业税同时缴纳。计算公式为

$$应纳城市维护建设税额＝实际缴纳的增值税、消费税、营业税税额×适合的税率$$

$$(3-24)$$

2. 土地增值税

土地增值税是对有偿转让国有土地使用权及地上建筑物和其他附着物产权、取得增值性收入的单位和个人征收的一种税，我国于 1994 年 1 月 1 日起开始征收。它同时具有增值税和资源税双重特点，是一种以特定的增值额为征收依据的土地资源税类。凡是转让国有土地使用权及地上建筑物和其他附着物产权、取得增值性收入的单位和个人都是纳税人。土地增值税的税率从 30%～60%，采用四级超额累进税率。第一级税率适用于增值额未超过扣除项目金额 50% 的部分，税率为 30%；第二级税率适用于增值额超过扣除项目金额的 50%，但未超过扣除项目金额 100% 的部分，税率为 40%；第三级税率适用于增值额超过扣除项目金额的 100%，但未超过扣除项目金额 200% 的部分，税率为 50%；第四级税率适用于增值额超过扣除项目金额 200% 的部分，税率为 60%。

土地增值税采用扣除法和评估法计算增值额。其中，转让房地产的增值额，是纳税人转让房地产的收入减除税法规定的扣除项目金额后的余额。

（五）财产和行为税

财产和行为税（property and behavior taxes）是指国家对财产使用和经营的单位和个人征收的一类税，主要目的是对某些财产和行为发挥调节作用，包括房产税、车船使用税、车船使用牌照税、车辆购置税、印花税、契税、筵席税、屠宰税等。由于车船使用税、车船使用牌照税、车辆购置税、印花税、契税、筵席税、屠宰税等的计算比较简单，

有些税不经常发生，有些税在工程经济分析中又不常用，因此，这里重点介绍房产税。

房产税是以城镇经营性房屋为征税对象，按房屋的计税余值或租金收入为计税依据，向产权所有人征收的一种财产税，我国从 1986 年 10 月 1 日开始征收。房屋的产权所有人、经营管理单位、承典人、房产代管人或者使用人，都是纳税义务人。

（六）关税

关税（tariff）是世界各国普遍征收的一个税种，是指一国海关对进出境的货物或者物品征收的一种税，我国于 1987 年 9 月 12 日开始按新的关税政策征收。关税由海关统一征税。它既是国家调节进出口贸易和宏观经济的重要手段，也是中央财政收入的重要来源。

关税分进口税和出口税两种。进口税是关税中最主要的一种。

关税的计算基础是进出口货物的完税价格。一般贸易中的进口货物是以海关审定的成交价格为基础的到岸价格作为完税价格；出口货物是以海关审定的货物售予境外的离岸价格扣除关税后作为完税价格。不同的进出口货物的税率不同。关税的计算公式为

$$应纳关税税额 ＝ 应税进出口货物数量×单位货物完税价格×适用的税率 \qquad (3-25)$$

在当代，关税成为国家调节经济发展与国际贸易的工具，其主要功能已不仅仅是增加政府的税收，更大的作用是在一定程度上抵挡国外商品的进入，保护国内市场和国内相关的产业。当一国经济发展落后，国际竞争力不强时，往往奉行贸易保护主义政策，防止过度进口对国内产业造成冲击。当关税税率提高时，会引起国际进口量的减少；而降低关税，意味着进口量增加，对本国相关行业产生冲击。

（七）税收附加

税收附加（additional taxes）包括教育附加费和文化事业建设费。其中教育附加费是投资项目建设中必须交纳的费用。教育附加费是以纳税人实际缴纳的增值税、消费税、营业税为计征依据而征收的一种专项附加费。征收的目的是多渠道筹集教育经费，改善中小学办学条件。凡是缴纳增值税、消费税和营业税的单位和个人，除缴纳了农村教育事业附加费的单位外，都是缴纳教育附加费的纳税义务人。

根据国家的相关规定，教育附加费以各单位和个人实际缴纳的增值税、消费税和营业税的税额为计征依据，分别与增值税、消费税、营业税同时缴纳。计算公式为

$$应纳教育费附加 ＝（增值税＋消费税＋营业税）×3\% \qquad (3-26)$$

教育附加费具有专款专用的性质。

文化事业建设费是国务院为进一步完善文化经济政策，拓展文化事业资金投入渠道而对广告、娱乐行业开征的一种规费，分别由税务局在征收广告服务业的增值税、娱乐业的营业税时一并征收。

三、利润

（一）利润的计算

利润（profits）是企业在一定的时期生产经营活动中的最终成果，是收入与费用配比相抵后的余额。企业利润既是国家财政收入的基本来源，也是企业扩大再生产的重要资金来源。利润指标能够综合反映出企业的管理水平和经营水平。企业利润有利润总额和净利润两种。如果收入大于费用，企业的净利润为正，说明企业盈利；如果收入小于费用，企业的净利润为负，说明企业亏损。

企业的利润总额包括营业利润、投资净收益以及营业外收支净额，即

$$利润总额＝营业利润＋投资净收益＋营业外收支净额 \qquad (3-27)$$

营业利润是指营业收入扣除成本、费用和各种流转税及附加税费后的数额。投资净收益是指投资收益扣除投资损失后的数额。营业外收支净额为营业外收入减去营业外支出后的数额。

$$营业利润＝营业收入－营业成本(或营业费用)－营业税金及附加－销售费用$$
$$－管理费用－财务费用－资产减值损失＋公允价值变动收益(损失为负)$$
$$＋投资收益(损失为负) \qquad (3-28)$$

式中，营业税金及附加是指企业经营活动发生的营业税、消费税、城市维护建设税、资源税、教育费附加、地方教育附加、投资性房地产相关的房产税和土地使用税等。

$$利润总额＝营业利润＋营业外收入－营业外支出 \qquad (3-29)$$

式中，营业外收入（或支出）是指企业发生的与其生产经营活动没有直接关系的各项收入（或支出）。其中，营业外收入包括固定资产盘盈、处置固定资产净收益、处置无形资产净收益、罚款净收入等。营业外支出包括固定资产盘亏、处置固定资产净损失、处置无形资产净损失、债务重组损失、罚款支出、捐赠支出、非常损失等。

$$净利润＝利润总额－所得税 \qquad (3-30)$$
$$应纳税额(所得税)＝应纳税所得额×使用税率－减免税额－抵免税额 \qquad (3-31)$$

（二）利润的分配

为了规范企业的经营管理，保证国家的税收来源，国家通过《企业财务通则》规定了企业利润的分配方式和分配方法。《企业财务通则》规定："企业发生的年度亏损，可以用下一年度的利润弥补；下一年度利润不足弥补的，可以在五年内用所得税前利润延续弥补。延续五年未弥补的亏损，用缴纳所得税后的利润弥补。企业的利润按照国家规定做相应的调整后，依法缴纳所得税。缴纳所得税后的利润，除国家另有规定者外，按照下列顺序分配：①被没收财物损失，违反税法规定支付的滞纳金和罚款；②弥补企业以前年度亏损；③提取法定公积金。法定公积金用于弥补亏损，按照国家规定转增资本金等；④取公益金。公益金主要用于企业职工的集体福利设施支出；⑤向投资者分配利润。企业以前年度未分配的利润，可以并入本年度向投资者分配。"

综合以上论述，收入、成本、费用和利润之间的关系如图3-3所示。

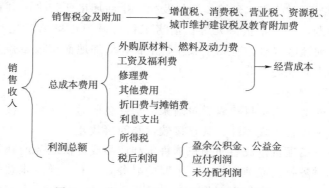

图3-3　收入、成本、费用和利润的关系

第四节　工程项目的效益

工程项目的效益是指项目给社会带来的各种贡献和有利影响的总称，它是以有、无建设项目对比所增加的收益或减少的损失来衡量。效益是评价工程项目有效程度及其建设可行性的重要指标。然而，不同类型的工程项目其效益的特点和计算方法各不相同，本节主要以水利工程项目为例，介绍工程项目效益的相关知识。

一、工程项目效益的分类

按分类角度不同，工程项目效益可分为以下若干类型。

1. 按效益发生的影响程度分类

（1）直接效益：指由工程项目本身产生，并由其产出物直接提供的经济价值，如水利建设项目建成后水电站的发电效益，减免的洪涝灾害损失，灌溉增加的农作物、树木、牧草等主、副产品的价值等。

（2）间接效益：指在项目直接效益中没有体现而对国民经济、社会发展、环境保护等做出贡献的那部分效益，它是由直接效益所引发的效益，因此又称为次生效益或外部效益。例如，在河流上游建设水利水电工程后增加的河流下游水电站出力和电量，以及由灌溉增产的农产品发展起来的加工工业等。

2. 按效益性质分类

（1）经济效益：指项目建成后给国民经济各方面所做出的贡献，即给全社会或企业核算单位增加的经济收入或减免的灾难损失。既有直接的经济效益，也有间接的经济效益。按考察层次可分为宏观经济效益或全社会经济效益（即国民经济效益）和微观经济效益或企业经济效益（即财务效益）。

（2）社会效益：指项目建成后对社会发展产生的有效结果和效益，包括对社会环境、社会经济和自然资源等方面产生的效益。社会效益主要有：减免洪、涝、旱灾害，为人们生产和生活创造安全、稳定的环境；促进地区经济发展；提供更多的就业机会；开发再生性水能资源，节省煤炭、石油等非可再生性能源；促进科学技术和文化教育事业发展等。

（3）生态环境效益：指项目建成后在维护和改善生态环境质量方面所获得的效益，在有、无项目对比情况下对改善水环境、气候及生产生活环境所带来的利益。例如，防洪工程可避免土地被冲毁，林、草被淹死等；治涝工程可避免土壤沼泽化和土地次生盐渍化等；灌溉工程可增加灌区水分，有利于农作物生长，增加地面植被覆盖率等；水电工程可节省火电煤耗，减少大气污染等。

3. 按效益考察角度分类

（1）国民经济效益：指项目建成后对国家、全社会所做的贡献，按有、无项目对比的方法，以影子价格和社会折现率计算其直接效益和间接效益。

（2）财务效益：指项目建成后向用户销售水利产品或提供服务所获得的按财务价格计算的收入，一般称财务收入或销售收入。主要的财务收入有：灌溉水费收入、工业及城乡生活供水水费收入、水力发电的售电收入，以及水产养殖、航运、水利旅游及其他多种经营等收入。不同功能的水利建设项目，其财务效益不同，防洪、治涝项目基本上无财务收入；农业灌溉项目有一定财务收入，但一般入不敷出；水电发电、城乡供水项目的财务效益相对较大。

用影子价格和社会折现率计算的国民经济效益，是水利建设项目进行国民经济评价的重要数据，用财务价格和财务基准收益率计算的财务效益，是水利建设项目进行财务评价的重要数据，两者必须区分清楚。有关影子价格与国民经济评价问题，详见第五章；有关财务价格与财务评价问题，详见第七章。

4. 按效益功能分类

不同的工程具有不同的功能，自然也会产生不同的功能效益。对水利工程而言，按照其功能可以划分为以下几类：

（1）防洪效益。防洪的国民经济效益是指采取防洪工程措施和防洪非工程措施后，可减免的洪水灾害损失及其不良影响。直接防洪经济效益即减免的直接经济损失，是指减免洪水淹没区内与洪水直接接触所造成的经济损失；间接防洪经济效益即减免的间接经济损失，是指减免洪水淹没区内虽没有与洪水直接接触，但受到洪水危害的经济损失，防洪工程间接经济效益一般可按防洪直接经济效益的20%～30%估算。

（2）治涝效益。治涝的国民经济效益以治涝工程可减免的涝灾损失计算。治涝效益主要指因修建治涝工程而减免的农作物损失，在大涝年份还包括减免林、牧、副、渔业的损失以及抢排涝水和救灾费用的支出等。间接治涝效益主要是指减免的灾区疾病传染和环境卫生条件恶化等，对于难于定量的减免损失，可用文字定性说明。在分析治涝效益时，还可考虑排除涝水而导致涝区地下水位下降所带来的治碱、治渍效益。治涝工程除提水排涝按排水量或涝区面积适当征收一定费用外，一般无财务收入。

（3）灌溉效益。兴建灌溉工程所带来的国民经济效益，主要反映在提高农作物的产量和质量所得的效益上。灌溉效益的确定，必须以大量的试验、调查资料为依据，由于各地的气候、土壤、作物品种和农业技术措施等条件的不同，灌溉效益的地区差别很大。在计算灌溉效益时，应考虑水利和农业技术措施对农作物增产的综合作用，可按有、无灌溉项目对比将农作物的总增产效益乘以灌溉效益分摊系数求出。我国西北干旱地区各种农作物灌溉效益分摊系数一般在0.6左右；南方湿润地区各种农作物灌溉效益分摊系数一般在0.4左右。

（4）城乡供水效益。通常包括居民生活、工业生产和公共事业等方面的水利工程供水效益，其国民经济效益一般将这三方面的供水效益合并计算。可采用最优等效替代法，即以兴建最优等效替代工程或实行节水措施替代城乡供水工程所需要的年费用，作为城乡供水的年效益。该方法比较合理，但计算工作量较大，尤其所选替代方案是否合理和最优均需做充分论证。城乡供水财务效益按供水量乘以单方计量水价计算，或按两部制水价计算，水价应按供水的总成本费用、税金和合理利润确定。

（5）水力发电效益。指水电建设项目向电网或用户提供电力容量和电量所获得的效益和利益，其国民经济效益应根据电力系统电力电量平衡分析后合理确定。当采用最优等效替代法计算水力发电效益时，一般选用火电作为最优替代方案。由于火电站检修时间长，厂用电多，事故率高，替代火电站的容量＝1.1×水电站容量，替代火电站的电量＝

1.05×水电站电量，这样使水电与火电方案等效，此时替代火电站的年费用即作为水电站的年效益。

水力发电财务效益包括电量效益和容量效益。对实行独立核算的电站，电量效益＝上网电量×上网电价，上网电量＝有效发电量×（1－厂用电率）－（配套输变电损失率）。容量效益＝必需容量×容量价格，容量价格可根据电站所在电网规定确定。

（6）航运效益。指水利建设项目提供或改善通航条件所获得的效益。例如水利枢纽工程建成后，上游水位太高，淹没碍航险滩，库区形成良好的深水航道；下游由于增加枯水期流量和水深，减小洪水期流速，因而延长河道通航里程，增加航道通过能力。但水利枢纽工程建成后也给航运带来一些不利影响，例如增加船舶过坝的环节和时间，电站日调节时产生下游不稳定流，都会影响坝下游一定范围内的船舶航行和港口作业等。

（7）水土保持效益。指在水土流失地区通过保护、改良和合理利用水土资源所获得的生态效益、经济效益和社会效益。生态效益是指保水保土效益，包括增加土壤入渗、拦蓄地表径流、减少土壤侵蚀和拦截坡沟泥沙，增加林草覆盖，减轻自然灾害所造成的损失。经济效益是指水土保持措施对地区所创造的经济财富，包括粮食、林木、草场、果园等种植业和产品加工业等效益。社会效益指实施水土保持措施后对社会进步所做的贡献，包括提高农民生产技能和管理水平，提高人民群众生活水平等。

按功能分类的效益还有水产养殖效益、河道整治效益、水利旅游效益、牧区水利效益和滩涂开发效益等。

二、工程项目的效益指标

工程项目的效益尽可能用定量指标表示，如难于定量的应做定性说明。主要有以下三类指标。

1. 效能型指标

效能型指标是以工程效益表示的效益指标，例如就水利工程而言，防洪标准达到多少年一遇，灌溉、供水量的保证率是多少，削减洪峰流量和调蓄的洪水量占多少百分比等。

2. 实物型指标

实物型指标是以实物表示的效益指标，例如水利工程建成后，灌溉增产粮食达到多少万公斤，工业供水量和城镇生活供水量各达到多少万立方米，水电站装机容量和保证出力各为多少万千瓦，年平均发电量为多少亿千瓦时，改善航运条件后增加货运量多少万吨，水产养殖年增加水产品多少万公斤等。

3. 货币型指标

货币型指标是以货币表示的效益指标，例如水利工程建成后减免洪涝灾害损失年平均达到多少万元，发展灌溉农民年平均增收多少万元，每年征收水费多少万元，每年销售电费多少万元等。

上述货币型指标中，以影子价格计算的国民经济效益和以财务价格计算的财务效益，是进行工程项目国民经济评价和财务评价的重要依据，便于衡量其经济合理性和财务可行性。

三、水利工程的效益

（一）水利建设项目效益的特点

水利建设项目效益与其他建设项目比较，具有如下特点。

1. 随机性

影响水利工程效益发挥的主要因素是降水、径流、洪水等自然因素，它们具有随机性，故水利工程效益也具有随机性。例如，防洪、治涝工程若遇大洪水和严重涝渍年份，调节洪水和排除涝渍的控制作用比较大，因而工程效益也就比较大，反之则小。又如灌溉工程，如遇多雨年份，需灌溉补充的水量少，因而其工程效益就比较小；反之如遇干旱年份，亟须灌溉补水，其工程效益也就比较大。

2. 可变性

水利工程效益是随时间而变化的。例如防洪工程在 20 世纪 50 年代建成时，由于当时农作物单位面积产量较低，道路桥梁、工厂企业的规模较小，遇到的大洪水经水库调蓄后所减少的淹没损失较小；但随着生产水平和人民生活水平的不断提高，社会财富不断积累，现在即使遭受相同的大洪水，经水库调蓄后所减少的淹没损失就比较大，水利工程防洪效益也相应增大。有些水利建设项目，由于水库和河道泥沙不断淤积，其控制洪水和调节径流的能力逐渐减小，其工程效益也随着逐年降低。

3. 复杂性

水利建设项目特别是大型水利工程涉及面很广，其效益在地区和部门之间既有一致，也有矛盾。例如水库上游地区工农业引水量多，就减少了入库水量，水库下游地区能引用的水量就相应减少了。综合利用水库多预留防洪库容，水库的防洪作用增大，防洪效益就相应增加，但兴利库容减小，灌溉、供水、发电等效益就会相应减少。因此必须全面分析、协调和处理好上下游、左右岸以及各地区、各部门之间的关系。

4. 公益性

水利是国民经济的基础设施和基础产业，水利建设项目一般具有防洪、灌溉、发电、航运等综合效益，这就对减少水旱灾害、提高农业和电力生产、促进交通运输、发展社会经济等均具有重要意义。而有些防洪、治涝工程，主要属于社会公益性质的水利建设项目，国民经济效益很大，但无财政收入，需政府或有关部门提供补贴。

（二）水利建设项目效益的估算方法

1. 水利建设项目的国民经济效益

国民经济效益按有、无项目对比可获得的直接效益和间接效益计算。根据工程具体情况和资料条件，可采用下列方法进行估算。

（1）增加收益法。按有、无项目对比可增加的国民经济效益估算，此法适用于灌溉工程、供水工程、水电工程等。

（2）减免损失法。按有、无项目对比可减免的灾害损失估算，此法适用于防洪工程、治涝工程等。

（3）替代工程费用法。以最优等效替代工程设施的年费用（投资年回收值和年运行费之和）作为项目的年效益，例如规划设计中常以最优等效替代火电站的年费用作为水电站的年效益。

2．水利建设项目的财务效益

财务效益一般根据项目提供的水利产品和现行价格计算，例如根据供水量和规定的水价计算水费收入，按照水电站上网电量和上网电价计算售电收入等。

习 题 与 讨 论

1．什么是项目或方案的投资？它由哪几部分内容构成？它的资金来源是哪些？它将形成哪些资产？

2．总成本费用由哪些成本费用构成？每种成本费用又包括哪些内容？为什么经营成本要减去折旧和摊销？

3．如何根据项目总投资确定固定资产、无形资产与递延资产？

4．固定资产为什么要进行折旧？折旧费如何计算？

5．项目（产品）的成本、销售收入、税金、利润之间的关系如何？

6．什么是工程的国民经济效益、财务效益和社会效益？有何区别？

7．建设项目固定资产投资估算与工程概算、预算以及决算之间有何差异，各有怎样的特点？

8．某固定资产原值为 300 万元，折旧年限为 10 年，预计净残值为 10 万元。分别采用年限平均法、双倍余额递减法和年数总和法计算各年折旧。

9．某企业 2019 年生产 A 产品，生产成本 150 万元/件，当年销售 8000 件，销售单价 220 元/件，全年发生管理费用 10 万元，财务费用 6 万元，销售费用为销售收入的 3％，销售税金及附加相当于销售收入的 5％，固定资产的折旧费为 3 万元，所得税税率为 33％，企业无其他收入，求该企业 2019 年的利润总额和税后利润是多少？

第四章 工程经济分析方法

内容提要：通过学习工程经济分析的目的和意义、方法以及工程经济评价指标体系，理解静态投资回收期、抵偿年限、借款偿还期、基准收益率、净现值、净年值、内部收益率、效益费用比等基本概念及其计算方法，重点掌握动态经济分析方法（包括净效益现值法、净效益年金法、效益费用比法、内部回收率法、投资回收年限法），了解静态经济分析方法（包括投资回收年限法、抵偿年限法、投资效果系数法），重点培养工科学生多角度分析评价工程项目的思辨能力和综合应用多学科知识解决实际工程问题的能力，使学生逐步树立遵循工程经济规律的价值观。

第一节 概　　述

一、工程经济分析的目的与意义

每个建设项目都是从酝酿、构思开始，通过可行性研究决策之后，进入项目设计和施工阶段，直至竣工验收，交付使用或生产运营。在这个过程中，均应根据实际情况拟订各种可能的比较方案，对其进行经济计算，再结合其他因素进行详细论证比较，选出最优方案。

基本建设前期工作对于建设项目的成败起着至关重要的作用，历史的经验证明，许多建设项目的失败究其原因都是前期工作没有做好，仓促上马所致。因此，掌握科学的方法，做好项目建议书和建设项目可行性研究报告中的技术经济分析工作，是工程建设前期工作的重要内容，也是避免投资决策失误，提高建设项目经济效益的有效途径。

设计是工程建设计划的具体化，设计质量的优劣，不仅决定着建设投资的多少和建设工期的长短，影响建筑施工的目标和人力、物力的投入，而且决定着项目建成以后的使用价值和经济效果。由于建筑产品的一次性投资大，可变性差，因此，做好设计方案的技术经济分析，选择最佳的设计方案，消除方案选择中的盲目性，可以节省大量的人力和财力，尽量提高设计方案的经济效益和社会效益。

施工方案的技术经济评价，就是为实现最优设计方案，从若干可行的施工方案中，分析、比较和评价诸方案的经济效益，从中择优选择实施的施工方案。施工方案的优劣在很大程度上决定施工组织的质量和施工任务完成的好坏。施工方案制定得好，就为施工任务的顺利完成创造了条件，否则会给建筑施工带来损失。

因此，各个阶段的工程经济分析，有助于促进建设项目的开展，提高投资的效率。

二、方案可比性条件

工程经济分析的可比性原则是指为完成某项工程建设任务所提出的各种可行的技术方案在进行经济比较时，必须具备共同的、一定的比较前提和基础。工程经济分析的可比性原则，主要是研究方案经济比较的可比性条件，分析各可行方案之间可比与不可比的因素，探讨由不可比向可比转化的规律及处理办法，以提高工程经济分析工作的科学性。对2个或2个以上的可行方案进行经济比较时，应满足以下4个可比性条件。

1. 满足需要的可比性

任何方案的主要目的都是为了满足一定的需要，没有一个方案不是以满足一定的客观需要为基础的。一种方案若要和另一种方案进行比较，这两种方案就要满足相同的需要，否则，它们之间就不能互相代替，也就不能互相比较。所以，满足需要上的可比性是一个很重要的可比原则，方案一般是以其产品的数量、品种和质量等技术经济指标来满足社会需要的。对满足相同需要的不同方案进行比较时，首先要求不同方案的产品数量、品种、质量等指标具有可比性。例如，为满足某地区的供电要求，可以建设水电站，也可以建设火电站。显然，如果这两种电站的出力和发电量相同，并不能同等程度地满足国民经济发展的需要，其原因是这两种电站的厂用电及输变电损失不同，故应要求这两种电站输送到该地区的电力、电量必须相同。另外，在调峰、调频及事故备用等方面都应同等程度满足电力系统的要求。有些指标虽不能直接进行比较，但可以通过换算和修正使之具有可比性；而有些指标是不能进行换算和修正的，这时方案就不具备可比性。

2. 满足消耗的可比性

每个方案在工程中的具体实现都必须消耗一定的社会劳动或费用。为了使各个方案能够正确地进行经济效果的比较，每个方案的消耗费用必须从整个社会和整个国民经济的观点出发，考虑方案的社会全部消耗费用，而不只是从某个个别的国民经济部门的观点，从个别环节、个别部门的消耗费用出发去考虑。具体来说，就是不仅要计算技术方案本身直接消耗的费用，还应计算与实际方案密切相关的部门投资或费用；不仅要求计算实现方案的一次性投资消耗费用，还要计算实现方案后每年的经营使用费用。例如前述的电力工程，无论是水电站方案还是火电站方案，其费用都应该从一次能源开发工程起算，至二次能源转变完成并输送至负荷中心地区为止。所以，水电站方案的费用应该包括水库、输水建筑物、水电厂及输变电工程等费用；火电站方案的费用则应包括煤矿、煤运输系统、火电厂及输变电工程等费用。这样拟订的水电站和火电站开发方案的总费用才具有可比性。

3. 满足时间的可比性

对于投资成本、产品质量、产量相同条件下的两个方案，其投入时间不同，经济效益显然不同，而在相同的时间内，不同规模的方案，其经济效益也不相同。规模小的方案建设期短，寿命周期短，投产后很快实现收益，资金回收期短，但往往需要追加投资；规模大且技术先进的方案，通常是建设期长，寿命周期长，经济效益好，但收益晚，回收期长。显然时间因素对方案的经济效益有直接的影响。比较不同项目或方案的经济效益，时间因素的可比条件应满足：①计算期相同，不同的方案应以相同的计算期作为比较的基础。要实现各方案计算期一致，一种方法是延长较短正常运行期方案的服务年限，考虑其设备更新应补充的费用；另一种方法是减短较长正常运行期方案的服务年限，回收计算期末相应的固定资产余值。②考虑货币的资金时间价值。由于不同时间的资金其价值是不同的，所以，无论各方案是否都在同一时间开工，各方案的费用和效益都应按同一基准点进行时间价值的折算，通常以最早开工方案建设期第1年年初作为时间价值折算的基准点。

③考虑整体效益。不同方案在投入财力、物力、人力、运力及自然力和发挥经济效益的时间不同，其经济效益会有很大的差别，比较时应考虑这些因素对社会、环境、资源等及本企业的总体影响。

4. 满足价格和主要参数的可比性

每一个方案都要产出或提供服务，同时消耗物化劳动，既有产出也有投入。要描述方案产出和投入的大小，以便与其他的方案进行比较，就要考虑价格因素。价格的可比性是分析比较方案经济效益的一个重要原则。要使价格可比，方案所采用的价格指标体系应该相同，这是价格可比的基础。对每个方案，无论是消耗品还是产品，均应按其相应品目的价格计算投入或产出。理论上讲，产品的价格与价值是一致的，但现实中却时有背离的情况。所以，在比较价格时，通常对产出物和投入物的价格不采用现行价格，而是按合理价格（如影子价格）来比较。这个合理价格反映了国家的最大利益和用户及消费者的正当利益，由国家主管行政部门确定。这个价格通常仅供对方案进行经济效益分析时参考使用，对现行价格不产生任何意义上的影响，也不暗示其变化的趋势，只作为价格比较时的基本条件。另外，无论各方案资金来源是否相同，所采用的折旧率、汇率等参数均应一致。

三、工程经济评价指标体系

建设项目技术经济分析中，经济评价是工程经济分析的核心内容。其目的在于增强决策的正确性和科学性，避免或最大限度地减小工程项目投资的风险，明了建设方案投资的盈利水平，最大限度地提高工程项目投资的综合经济效益。为此，正确选择经济评价指标和方法是十分重要的。

评价工程项目方案经济效果的好坏，一方面取决于基础数据的完整性和可靠性，另一方面则取决于选取的评价指标体系的合理性，只有选取正确的评价指标体系，经济评价的结果与客观实际情况相吻合，才具有实际意义。在工程项目评价中，按计算评价指标时是否考虑资金的时间价值，将经济评价指标分为静态经济评价指标和动态经济评价指标，如图 4-1 所示。在进行工程项目方案经济评价时，应根据评价深度要求、可获得资料的多少以及工程项目方案本身所处的条件，选用多个指标，从不同侧面反映工程项目的经济效果。

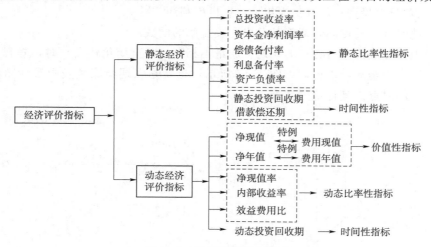

图 4-1　经济评价指标体系

第二节 静态经济分析方法

静态经济评价指标是在不考虑时间因素对货币价值影响的情况下直接通过现金流量计算出来的经济评价指标。静态经济评价指标的最大特点是计算简便，能够快速得出结论。静态经济评价指标主要使用于对方案的粗略评价，如应用于投资方案的机会研究和初步可行性研究阶段，也适用于对某些时间较短、投资规模与收益规模均比较小的投资项目进行经济评价。

一、投资回收期

1. 经济含义

投资回收期（payback time of investment）用 P_t 表示，又可称为静态投资回收期，是在不考虑资金时间价值的条件下，以方案的净收益回收其总投资（包括固定资产投资和流动资金）所需要的时间，一般以年为单位。项目投资回收期宜从项目建设开始年算起，若从项目投产开始年算起，应予以特别注明。

2. 表达式

投资回收期的表达式为

$$\sum_{t=0}^{P_t} (CI - CO)_t = 0 \tag{4-1}$$

式中：P_t 为（静态）投资回收期；$(CI-CO)_t$ 为第 t 年净现金流量。

3. 计算方法

借助项目投资现金流量表，根据净现金流量来计算，其具体计算又分为以下两种情况。

（1）当项目建成投产后各年的净收益均相同时，可简单视为

$$P_t = \frac{TI}{EBIT} \tag{4-2}$$

式中：TI 为项目总投资；$EBIT$ 为年平均息税前利润。

显然，此时静态投资回收期就是总投资收益率的倒数。

（2）当项目建成投产后各年的净现金流量不相同（甚至变化较大）时，静态投资回收期可根据累计净现金流量求得，如图 4-2 所示，也就是在现金流量表中累计净现金流量由负值转为 0 的时点。其计算公式为

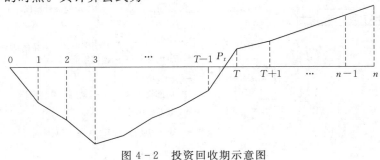

图 4-2 投资回收期示意图

$$P_t = (T-1) + \frac{\text{第}(T-1)\text{年的累计净现金流量的绝对值}}{\text{第}T\text{年的净现金流量}} \qquad (4-3)$$

式中：T 为项目各年累计净现金流量首次为正值或 0 的年序数。

4. 评价标准

评价标准通常以投资人的可接受年份为准，且越短越好，越早回收前期投资，则项目的增值能力越强，抗风险能力越强。当 $P_t \leqslant T_c$（T_c 为基准投资回收期）时，项目可行，反之项目不可行。不同地区、行业、时期，T_c 都有所区别，一般在 10 年左右。

【例 4-1】 某项目财务现金流量表的数据见表 4-1，计算该项目的静态投资回收期。基准投资回收期为 6 年。

表 4-1　　　　　　　　　　　某项目财务现金流量表

计算期	0	1	2	3	4	5	6	7	8
现金流入/万元	—	—	—	800	1200	1200	1200	1200	1200
现金流出/万元	—	600	900	500	700	700	700	700	700
净现金流量/万元	—	−600	−900	300	500	500	500	500	500
累计净现金流量/万元	—	−600	−1500	−1200	−700	−200	300	800	1300

解： 根据式（4-3），可得：$P_t = (6-1) + \dfrac{|-200|}{500} = 5.4$（年）

因为 $P_t < 6$ 年，所以项目可行。

5. 适用范围

静态投资回收期的经济意义明确、直观，计算简便，在一定程度上反映了方案经济效果的优劣，而且由于它选择方案的标准是回收资金的速度越快越好，迎合了一部分怕担风险的投资者的心理，是人们乐于接受和使用的方法。但是，一般认为静态投资回收期只能作为一种辅助指标，而不能单独使用，其原因是：①没有考虑资金的时间价值；②仅以投资的回收快慢作为决策的依据，没有考虑投资回收以后的情况，无法全面地反映项目在整个计算期内的盈利水平。

二、抵偿年限和计算费用法

（一）抵偿年限

抵偿年限是用互斥方案经营成本的节约或增量净收益来补偿其增量投资的年限。

在进行技术方案经济比较的实际工作中常遇到这样的情况：两方案的产品数量、质量一样，一种方案的投资比另一种方案的大，而年成本（即年运行费加上折旧费）比另一种方案的低，出现这种情况的原因是投资较多的方案，可能技术比较先进，劳动生产率较高，单位产品的材料和动力消耗降低，或者节约了重要的燃料或原材料，从而使生产成本降低。遇到这种情况时，要解决的问题是如何处理增加的投资和节约的年成本之间的比较问题。其核心思想是两个方案比较时，增加的投资额（$I_2 - I_1$）如能在国民经济所允许的年限内靠年成本的节约额（$C_1 - C_2$）来得到抵偿，则投资额较大的方案是可行的，反之则不可行。设 I_2、I_1 分别为甲、乙方案的投资额，$I_2 > I_1$，C_1、C_2 为甲、乙方案的年成本，P_{2-1} 为抵偿年限。计算如下：

当各年成本的节约额（$C_1 - C_2$）基本相同时，抵偿年限计算公式为

$$P_{2-1} = \frac{I_2 - I_1}{C_1 - C_2} \qquad (4-4)$$

当各年成本的节约额（$C_1 - C_2$）差异较大时，则有

$$(I_2 - I_1) = \sum_{t=1}^{P_{2-1}} (C_1 - C_2) \qquad (4-5)$$

将满足相同需要的两个方案之间的抵偿年限与国家规定的标准抵偿年限进行比较，来选择工程方案的方法。若计算求得的年限等于或小于国家规定的标准抵偿年限，则投资费用大的方案是经济合理的。这是苏联长期采用，也是我国水电、火电方案比较曾经采用过的一种方法。

（二）计算费用法

计算费用法（苏联在 1960 年以前称为计算支出法）能解决的问题与抵偿年限法相同，用于多方案比较时，较抵偿年限法更为方便。此方法的思路是：对于同样满足国民经济要求的若干方案，在一定计算年限（T_0）中，计算费用最小的方案是最佳方案。计算费用的最简单的形式是

$$TC_i = I_i + T_0 C_i \qquad (4-6)$$

式中：TC_i 为第 i 个方案的总计算费用；I_i 为第 i 个方案的投资；T_0 为设定的计算年限；C_i 为第 i 个方案的年成本。

抵偿年限法、计算费用法均属于采用费用最小准则的情况，因为是对各方案效益相同情况或达到同样目的、要求而言的，实际上也是寻求净收益最大的方案。综上所述，两类方法所遵循的经济评价准则是一致的，没有什么原则上的差别。

三、投资效果系数法

（一）总投资收益率

1. 经济含义

总投资收益率（return on investment，ROI）表示总投资的盈利水平，是指项目达到设计能力后正常生产年份的年息税前利润或运营期内年平均息税前利润（earnings before interest and tax，EBIT）与项目总投资（TI）的比率。它表明投资项目的正常生产年份中，单位投资每年所创造的息税前利润额。它常用于财务评价的静态盈利能力分析中。

2. 计算方法

总投资收益率的计算公式为

$$ROI = \frac{EBIT}{TI} \times 100\% \qquad (4-7)$$

式中：ROI 为总投资收益率；$EBIT$ 为项目正常年份的年息税前利润或运营期内年平均息税前利润，即年息税前利润＝年销售收入－年销售税金及附加－年总成本费用＋利息支出＝年利润总额＋利息支出；TI 为项目总投资，即项目总投资＝固定资产投资＋流动资金投资。

【例 4-2】 已知某拟建项目资金投入和利润，见表 4-2。计算该项目的总投资利润率。

表 4-2　　　　　　　　　某拟建项目资金投入和利润表　　　　　　　　单位：万元

序号	项目	年序						
		1	2	3	4	5	6	7～10
1	建设投资							
1.1	自有资金部分	1200	340					
1.2	贷款本金		2000					
1.3	贷款利息		60	123.6	92.7	61.8	30.9	
2	流动资金							
2.1	自有资金部分			300				
2.2	贷款			100	400			
2.3	贷款利息（年利率为 4%）			4	20	20	20	20
3	所得税前利润			−50	550	590	620	650
4	所得税后利润（所得税率为 33%）			−50		385	395.3	415.4	435.5

解：（1）项目总投资：$TI=$ 建设投资＋建设期贷款利息＋全部流动资金

$$=1200+340+2000+60+300+100+400=4400（万元）$$

（2）年平均息税前利润：

$$EBIT=[(123.6+92.7+61.8+30.9+4+20\times7)+(-50+550+590$$
$$+620+650\times4)]\div8$$
$$=(453+4310)\div8=595.4（万元）$$

（3）根据式（4-7）可计算总投资收益率（ROI）：

$$ROI=\frac{EBIT}{TI}\times100\%=\frac{595.4}{4400}\times100\%=13.53\%$$

3. 评价标准

将计算出的总投资收益率与同行业的收益率参考值进行比较，若总投资收益率高于同行业的收益率参考值，表明用总投资收益率表示的盈利能力满足要求；反之，则表明此指标不能满足要求。比如，我国石化投资项目的税后基准值：勘探开发为 20%，炼油为 4%，化工为 4.5%。总投资收益率越高，从项目所获得的息税前利润就越多。对于建设工程项目而言，若总投资收益率高于同期银行利率，适度举债是有利的；反之，过高的负债比率将损害企业和投资者的利益。由此可以看出，总投资收益率这一指标不仅可以用来衡量工程建设项目的获利能力，还可以作为建设工程筹资决策参考的依据。

4. 适用范围

总投资收益率的经济意义明确、直观，计算简便，但没有考虑投资收益的时间因素。因此，此指标主要用于计算期较短，不具备综合分析所需详细资料的项目盈利能力分析，尤其适用于工程项目方案制订的早期阶段或工艺简单而生产变化不大的建设方案的投资经济效果评价，而不能作为主要决策依据对长期建设方案进行评价。

（二）资本金净利润率

1. 经济含义

资本金净利润率（return on equity，ROE）表示项目资本金的盈利水平，是指项目达到设计生产能力后正常年份的年净利润或运营期内年平均净利润（NP）与项目资本金（EC）的比率。

2. 计算方法

资本金净利润率 ROE 的计算公式为

$$ROE = \frac{NP}{EC} \times 100\% \tag{4-8}$$

式中：ROE 为项目资本金净利润率；NP 为项目正常年份的年净利润或运营期内年平均净利润，即年净利润＝年销售收入－年销售税金及附加－年经营成本－年折旧摊销费－利息支出－所得税＝年息税前利润－利息支出－所得税；EC 为项目资本金（项目公司股东投入的资金）。

【例 4-3】 已知某拟建项目资金投入和利润，见表 4.2。计算该项目的资本金净利润率。

解：（1）项目资本金：

$$EC = 1200 + 340 + 300 = 1840（万元）$$

（2）年平均净利润：

$$NP = (-50 + 385 + 395.3 + 415.4 + 435.5 \times 4) \div 8 = 2887.7 \div 8 = 360.96（万元）$$

（3）根据式（4-8）可计算资本金净利润率（ROE）：

$$ROE = \frac{NP}{EC} \times 100\% = \frac{360.96}{1840} \times 100\% = 19.62\%$$

---

3. 评价标准

若 ROE 高于同行业的收益率参考值，表明用项目资本金净利润率表示的盈利能力满足要求；反之，则一般认为不能满足要求。

4. 适用范围

项目资本金净利润率作为政府和银行特别关心的一个盈利指标，被财政部和多家银行视为重要指标，同时项目财务评价的静态盈利能力分析中也列其为主要评价指标之一。但是 ROE 作为静态评价指标，还应与动态评价指标联合起来进行分析，为决策提供参考。

（三）利息备付率

1. 经济含义

利息备付率（interest coverage ratio，ICR）也称已获利息倍数、利息保障倍数，是指项目金借款偿还期内各年可用于支付利息的息税前利润（$EBIT$）与当期应付利息（PI）的比值。它从付息资金来源的充裕性角度反映项目偿付债务利息的能力，表示使用项目税息前利润偿付利息的保证倍率。

2. 计算方法

利息备付率的计算公式为

$$ICR = \frac{EBIT}{PI} \qquad (4-9)$$

式中：ICR 为利息备付率；$EBIT$ 为息税前利润；PI 为计入总成本费用的应付利息。

3. 评价标准

作为政府、银行和投资者都十分关心的一个重要指标，利息备付率在项目正常经营情况下应当大于 2，并结合债权人的要求确定。尤其是当利息备付率低于 1 时，表示项目没有足够资金支付利息，偿债风险很大。需要指出的是，这个最低可接受值"2"并不是项目必须要达到的基准值，不同行业不同项目的最低值也可能不同，因此这个最低可接受值是正常运营情况下的行业平均值。

（四）偿债备付率

1. 经济含义

偿债备付率（debt service coverage ratio，DSCR）又称为偿债覆盖率，是指项目在借款偿还期内，各年可用于还本付息的资金（$EBITDA - T_{AX}$）与当期应还本付息金额（PD）的比值。它从还本付息资金来源的充裕性角度反映项目偿付债务本息的保障程度和支付能力。

2. 计算方法

偿债备付率的计算公式为

$$DSCR = \frac{EBITDA - T_{AX}}{PD} \qquad (4-10)$$

式中：$DSCR$ 为偿债备付率；$EBITDA$ 为息税前利润加折旧和摊销；T_{AX} 为企业所得税；PD 为应还本付息金额，包括还本金额和计入总成本费用的全部利息。

国际上偿债备付率的计算公式各有不同，计算公式（4-10）是基于我国所得税后还款的要求，并根据债权人要求的还款条件（期限和利率）按最大还款资金能力计算的。它可以分年计算，也可以按项目的整个借款期计算，分年计算的偿债备付率更能反映偿债能力。注意，融资租赁费用可视同借款偿还，运营期内的短期借款本息也应纳入计算。

3. 评价标准

偿债备付率作为政府、银行和投资者都很关心的偿债指标，在正常情况下它应大于 1.3，且越高越好。当指标小于 1 时，表示当年资金来源不足以偿付当期债务，需要通过短期借款偿付已到期债务。同样，数值"1.3"也是通过最新调查得出的各行业最低可接受值，可用于对具体项目的计算判断参考。

【例 4-4】 已知某企业借款偿还期为 10 年，其前 4 年各年有关数据见表 4-3。计算该项目前 4 年的利息备付率和偿债备付率。

表 4-3　　　　　　　　　　某 项 目 有 关 数 据 表　　　　　　　　　　单位：万元

序号	指　　标	年　序			
		1	2	3	4
（1）	息税前利润（$EBIT$）	3440	19850	36490	40210
（2）	付息（PI）	24740	21640	18330	14600

续表

序号	指　标	年　序			
		1	2	3	4
(3)	税前利润[(1)-(2)]	-21300	-1790	18160	25610
(4)	所得税 T_{AX}[(3)×所得税率]	0	0	0	5170
(5)	税后利润[(3)-(4)]	-21300	-1790	18160	20440
(6)	折旧	34100	34100	34100	34100
(7)	摊销	14180	14180	14180	14180
(8)	还本	47460	50710	54200	57920
(9)	还本利息总额[PD=(2)+(8)]	72200	72350	72530	72520
(10)	还本利息资金来源总额[$EBITDA$=(1)+(6)+(7)]	51720	68130	84770	88490
(11)	利息备付率[ICR=(1)/(2)]	0.14	0.92	1.99	2.75
(12)	偿债备付率{$DSCR$=[(10)-(4)]/(9)}	0.72	0.94	1.17	1.15

注　1. 每年利息额是年初整个公司的累计借款总额与相应的利息的乘积。

2. 在所得税的计算中，前两年亏损，不需要缴纳所得税。第 3 年的盈利不足以弥补以前年度亏损，第 4 年的利润弥补亏损后，剩余 20680 万元，按 25% 的所得税税率，应缴纳所得税 5170 万元。

表 4-3 中的计算结果表明，该企业前两年的利息备付率均低于 1，偿债备付率低于 1，企业在前两年具有很大的还本付息压力，但到第 3 年后这种状况将得到好转。

（五）资产负债率

1. 经济含义

资产负债率（liability on asset ratio，LOAR）是指各期末负债总额（TL）同资产总额（TA）的比率，表示总资产中有多少是通过负债得来的。它是评价项目负债水平的综合指标，反映项目利用债权人提供资金后的经营活动能力，同时又能体现债权人发放贷款的安全度。

2. 计算方法

资产负债率的计算公式为

$$LOAR = \frac{TL}{TA} \times 100\% \tag{4-11}$$

式中：$LOAR$ 为资产负债率；TL 为期末负债总额；TA 为期末资产总额。

3. 评价标准

对于资产负债率，应根据国家宏观经济状况、行业发展趋势、企业所处竞争环境等具体条件来分析，目前通常认为 $LOAR$ 在 40%～60% 之间为宜。适度的资产负债率表明企业经营安全、稳健，具有较强的筹资能力，企业和债权人的风险小；过高的 $LOAR$（$LOAR$>1）表明项目将资不抵债，其财务风险大；过低则表明项目对财务杠杆利用不够。

一般来说，经营风险较高的企业，为减少财务风险应选择较低的 $LOAR$；反之，则可选择偏高些。我国交通、运输、电力等基础行业，其资产负债率一般为 50%，加工业为 65%，商业为 80% 左右。

4. 适用范围

项目财务分析中往往在资产负债表中要计算 $LOAR$ 这个既简便又明确的指标，但在长期债务还清后，就不用再计算资产负债率了。

四、借款偿还期

1. 经济含义

若能得知或根据经验设定所要求的借款偿还期，可直接计算利息备付率和偿债备付率，但若难以设定借款偿还期，需先大致估算出借款偿还期后，再采用适宜的方法计算出每年的还本和付息的金额，最后代入公式计算这两个指标。因此，在这里还需介绍借款偿还期的概念和计算方法。比如世界银行国际开发中心的财务评价指标中就有一个"最短还本期"指标，它表明项目的最大偿还能力。

借款偿还期（P_d）是指根据国家财税规定及投资项目的具体财务条件，以可作为偿还贷款的项目收益（利润、折旧、摊销费及其他收益）来偿还项目投资借款本金和利息所需要的时间。它是反映项目借款偿债能力的重要指标。

2. 计算方法

$$I_d = \sum_{t=0}^{P_d}(B + D + R_0 - B_t) \tag{4-12}$$

式中：I_d 为固定资产投资借款本金和建设期利息之和；P_d 为借款偿还期（从借款开始年计算，若从投产年算起时应予注明）；B 为第 t 年可用于还款的利息；D 为第 t 年可用于还款的折旧和摊销费；R_0 为第 t 年可用于还款的其他收益；B_t 为第 t 年企业留利。

在实际工作中，借款偿还期可通过借款还本利息计算表推算，以年表示。其具体推算公式如下：

$$P_d = (借款偿还开始出现盈余年份 - 1) + \frac{盈余当年应偿借款额}{盈余当年可用于还款的余额} \tag{4-13}$$

【例4-5】 已知某项目借款还本利息数据，见表4-4。计算该项目的借款偿还期。

表4-4　　　　　　　某项目借款还本付息计算表　　　　　　单位：万元

序号	项　　目	建设期		生　产　期			
		第1年	第2年	第3年	第4年	第5年	第6年
1	年初借款累计	0	412.00	1054.72	754.72	354.72	0
2	本年新增借款	400.00	600.00				
3	本年应付利息 I（$i=6\%$）	12.00	42.72	63.28	45.28	21.28	
4	本年偿还本金			300.00	400.00	354.72	
5	还本资金来源			300.00	400.00	440.00	
5.1	利润总额			200.00	310.00	350.00	
5.2	用于还款的折旧和摊销费			150.00	150.00	150.00	

续表

序号	项目	建设期		生 产 期			
		第1年	第2年	第3年	第4年	第5年	第6年
5.3	还款期企业留利			50.00	60.00	60.00	
6	年末借款累计	412.00	1054.72	754.72	354.72	0	

解：根据式（4-13），可以得到：

$$P_d = (5-1) + \frac{354.72}{440} = 4.8（年）$$

借款偿还期旨在计算最大偿还能力，适用于尽快还款的项目，不适用于约定借款偿还期限的项目。它只要能满足贷款机构的要求期限，一般认为项目就有偿债能力。对于利用外资的项目，其国外或境外借款的还本付息，应按已经明确或预计可能的借款还款条件（包括偿还方式、宽限期限）计算。

3. 还本付息的两种方式

当借款偿还期确定后，各年应偿还的长期借款的本金和利息在还款期间（投产期间）可按等额还本付息和等额还本利息照付两种方式计算。

（1）等额还本付息方式。其计算公式为

$$A = I_c \frac{i(1+i)^n}{(1+i)^n - 1} = I_c \left(\frac{A}{P}, i, n \right) \tag{4-14}$$

式中：A 为每年还本付息额（等额年金）；I_c 为还款起始年年初的借款余额（含未支付的建设期利息）；i 为年利率；n 为预定的还款期。

而且　　　　　　每年支付利息＝年初借款余额×年利率

每年偿还本金＝A－每年支付利息

年初借款余额＝I_c－本年以前各年偿还的借款累计

这种方式的特点是：还本付息额中各年偿还的本金和利息是不等的，但两者之和相等，偿还本金部分将逐年增多，支付利息部分将逐年减少。

（2）等额还本利息照付方式。设 A_t 为第 t 年的还本付息额，则有

$$A_t = \frac{I_t}{n} + I_c \left(1 - \frac{t-1}{n} \right) i \tag{4-15}$$

其中　　　　　　每年偿还的本金＝$\dfrac{I_t}{n}$

每年支付利息＝年初借款余额×年利率

即　　　　第 t 年支付的利息＝$I_c \left(1 - \dfrac{t-1}{n} \right) i$

这种方式的特点是：各年偿还本息之和是不等的，偿还期内每年偿还的本金额相等，利息将随本金逐年偿还而减少。

【例 4 - 6】 某建筑企业向银行贷款，在还款期初本息之和为 3000 万元，还款期为 5 年，年利率按 10％计。试分别用等额还本付息方式，以及等额还本利息照付方式计算各年偿还的本金和利息。

解：（1）按等额还本付息方式，有

$$A = 3000 \times \frac{10\%(1+10\%)^5}{(1+10\%)^5 - 1} = 791.39（万元）$$

具体过程见表 4 - 5。

表 4 - 5　　　　　　　　　　　等额还本付息方式计算表　　　　　　　　　单位：万元

年序	年初借款余额	本年应计利息	本年偿还本金	本年支付利息	年末借款余额
1	3000.00	300.00	491.39	300.00	2508.61
2	2508.61	250.86	540.53	250.86	1968.08
3	1968.08	196.81	594.58	196.81	1373.50
4	1373.50	137.35	654.04	137.35	719.46
5	719.46	71.95	719.46	71.95	0

（2）按等额还本利息照付方式，有

$$每年还本额 = 3000/5 = 600（万元）$$

具体过程见表 4 - 6。

表 4 - 6　　　　　　　　　　等额还本、利息照付方式计算表　　　　　　　　单位：万元

年序	年初借款余额	本年应计利息	本年偿还本金	本年支付利息	年末借款余额
1	3000.00	300.00	600.00	300.00	2400.00
2	2400.00	240.00	600.00	240.00	1800.00
3	1800.00	180.00	600.00	180.00	1200.00
4	1200.00	120.00	600.00	120.00	600.00
5	600.00	60.00	600.00	60.00	0

比较表 4 - 5 和表 4 - 6 可知，前期本利和的支付额度，第一种方式比第二种方式要少些，适用于企业运营前期无足够资金来还本付息的情况，但所支付的利息总额要相对多些，而当企业前期有足够资金偿还债务时，为了能较少支付利息，选择第二种方式更有利。

第三节　动态经济分析方法

动态经济评价指标是分析项目或技术的经济效益时，对发生在不同时间的效益、费用计算资金的时间价值，并将现金流量进行等值化后计算得到的评价指标。它的主要优点是考虑了方案在其经济寿命期限内投资、成本和收益随时间而发展变化的真实情况。动态经济评价方法主要有净现值法、净年值法、费用比较法（最小费用法）、净现值率法、内部

收益率法、效益费用比法和动态投资回收期法。

一、基准收益率的确定

（一）含义

基准收益率（hurdle cut-off rate）用 i_c 表示，也称基准贴现率、基准投资收益率，还可以是最低可接受收益率（minimum acceptable rate of return），是企业、行业或投资者以动态的观点所确定的可接受的投资方案最低标准的收益水平。

（二）确定基准收益率应考虑的因素

1. 资金成本和机会成本

资金成本（capital cost）是为取得资金使用权所支付的费用，主要包括筹资费和资金的使用费。比如委托金融机构代理发行股票、债券而支付的注册费和代理费，向银行贷款而支付的手续费等是筹资费，而要向股东支付的红利、向债权人支付的利息等则是资金使用费。

投资的机会成本（opportunity cost）是指投资者将有限的资金用于拟建项目而放弃的其他投资机会所能获得的最好收益。凡是技术经济活动都含有机会成本，如建厂占用耕地的代价是减少农业收入。机会成本不是实际支出，不能反映在该方案财务上，必须通过工程经济分析人员的分析和比较才能确定。

显然，基准投资收益率应不低于单位资金成本和单位投资的机会成本之和。这样才能使资金得到最有效的利用。

2. 投资风险

投资者在做出是否投资这一决策时，必然会承担相应的各种风险，因此应以一个较高的收益水平补偿投资者所承担的风险，这种风险称为投资风险（investment risk），一般用风险贴补率来提高 i_c 值，风险越大，风险贴补率越高。

3. 通货膨胀

通货膨胀（inflation）是指由于货币（这里指纸币）的发行量超过商品流通所需要的货币量而引起的货币贬值和物价上涨的现象。常用通货膨胀率来表示通货膨胀的程度。在通货膨胀影响下，各种材料、设备、房屋、土地的价值以及人工费都会上升。在确定基准收益率时，应考虑这种影响，结合投入、产出价格的选用决定对通货膨胀因素的处理。

（三）确定基准收益率的方法

根据 2004 年发布的《国务院关于投资体制改革的决定》（国发〔2004〕20 号）中的规定，推行"谁投资、谁决策、谁收益、谁承担风险"的投资方式，企业应根据自身情况自主进行投资决策。因此，对于产出物或服务由政府定价的项目（指《政府核准的投资项目目录》中界定的项目），其基准收益率应根据政府政策导向确定；对于《政府核准的投资项目目录》中界定以外的由市场定价的项目，可根据资金成本和风险收益由投资者自行确定，确定时应与财务评价采用的价格一致，若财务评价采用变动价格，则还应考虑通货膨胀因素。根据投资者意图和项目的具体情况，项目最低可接受收益率的取值可高于、等于或低于行业基准收益率（用于项目核准或备案），但若考虑到项目的盈利水平，一般不宜低于行业基准收益率。

综合对以上诸因素的分析，在按时价计算项目支出和收入的情况下，基准收益率的计算公式可归纳如下：

$$i_c = (1+i_1)(1+i_2)(1+i_3) - 1 \qquad (4-16)$$

式中：i_c 为基准收益率；i_1 为年单位资金成本和单位投资的机会成本中的高者；i_2 为年风险贴现率；i_3 为年通货膨胀率。

在 i_1、i_2、i_3 都为小数的情况下，式（4-16）可简化为

$$i_c = i_1 + i_2 + i_3 \qquad (4-17)$$

在按不变价格计算项目支出和收入的情况下，不用考虑通货膨胀率，则

$$i_c = (1+i_1)(1+i_2) - 1 \qquad (4-18)$$

由上述可知，基准收益率是由多种因素决定的，是随上述诸因素的变化而变化的，基准收益率的确定具有一定的难度。但基准收益率的大小则是采用净现值法的关键，它决定了项目的取舍。因此，作为投资者应慎重确定基准收益率的大小。不同行业的基准投资收益率和基准投资回收期见表4-7。

表4-7   **不同行业的基准投资收益率**

行　业	$i_c/\%$	行　业	$i_c/\%$
冶金	9～15	农业	6～8
煤炭	12～13	林业	8～12
有色金属	12～13	水利	4～7
石油	12	建材	11～13
机械	12	电力	6～10
化工	9～13	公路与水运交通	4～8
纺织	12～13	房地产开发项目	12

二、净现值（NPV）法

1. 经济含义

净现值（net present value，NPV）是指将项目整个计算期内各年的净现金流量（或净效益费用流量），按某个给定的折现率，折算到计算期初（第 0 期）的现值代数和。依据分析评价的层次，在经济评价中，净现值分为财务评价的财务净现值（用 $FNPV$ 表示）和国民经济（效益费用）评价的经济净现值（用 $ENPV$ 表示）。本章由于计算所依据的数据都是围绕项目现金流量进行的，所以计算的指标都是财务评价指标，应该用 $FNPV$ 表示净现值，但为了不失一般性，仍采用净现值来 NPV 表示。

2. 表达式

净现值的表达式为

$$NPV = \sum_{t=0}^{n} (CI - CO)_t (1 + i_c)^{-t} \qquad (4-19)$$

式中：NPV 为净现值；$(CI - CO)_t$ 为第 t 年的净现金流量；n 为项目（或方案）的计算期，一般为项目的寿命周期；i_c 为设定的折现率，即基准收益率。

3. 评价标准

若 $NPV = 0$，说明该方案的投资收益率水平恰好达到了行业或部门的基准收益率水平；若 $NPV > 0$，说明除基准收益率水平外，方案还有超值收益。因此，$NPV > 0$ 时，项

目（方案）在经济上可考虑接受，反之，则一般认为不可行。

4. 计算方法

（1）公式法。

【例 4-7】 某项目的各年现金流量见表 4-8，试用净现值指标判断项目的经济性（$i_c = 10\%$）。

解：首先计算各年净现金流量（表 4-8 最后一行），并绘制现金流量图（图 4.3）。

表 4-8 各年净现金流量 单位：万元

序号	项 目	年序（时点）				
		0	1	2	3	4~10
1	投资	20	500	100		
2	年经营费				300	450
3	年收入				450	700
4	净现金流量 NPV（3-1-2）	-20	-500	-100	150	250

根据表中各年净现金流量和式（4-19），按 $i_c = 10\%$ 计算：

$$NPV = -20 - 500 \times (1+10\%)^{-1} - 100 \times (1+10\%)^{-2} + 150 \times (1+10\%)^{-3}$$
$$+ 250 \times (1+10\%)^{-4} + \cdots + 250 \times (1+10\%)^{-10}$$
$$= 469.94(万元)$$

或

$$NPV = -20 - 500(P/F,10\%,1) - 100(P/F,10\%,2) + 150(P/F,10\%,3)$$
$$+ 250(P/A,10\%,7)(P/F,10\%,3)$$
$$= 469.94(万元)$$

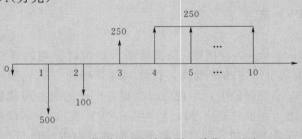

图 4-3 某项目现金流量图（单位：万元）

（2）表格法。以［例 4-7］为例采用表格法计算。计算过程见表 4-9。

表 4-9 计 算 过 程 单位：万元

项 目	年 序										
	0	1	2	3	4	5	6	7	8	9	10
$(CI-CO)_t$	-20	-500	-100	150	250	250	250	250	250	250	250
$\Sigma(CI-CO)_t$	-20	-520	-620	-470	-220	30	280	530	780	1030	1280
$\Sigma(CI-CO)_t(1+i_c)^{-t}$	-20	-475	-557	-444	-274	-119	22.3	150.6	267.1	373.1	469.4

结论：因为算出的净现值为 469.4 万元，即 $NPV>0$，所以项目可行。

5. 适用范围

净现值是反映项目投资盈利能力的一个十分可靠的重要动态指标，广泛应用于方案的经济评价中。其优点是考虑到了资金时间价值和方案在整个计算期内的费用和收益情况，表明项目（方案）投资的盈利能力达到与否，它以金额表示投资收益的绝对效果，比较直观，同时还可以反映股东财富的增加额。但净现值指标存在以下不足：

（1）首先需要确定一个符合经济现实的基准收益率，而基准收益率的确定有时是比较困难的。

（2）不能说明在项目运营期间各年经营成果。

（3）不能直接反映项目投资中单位投资的使用效率。

6. 净现值函数

当方案的各年净现金流量和计算期 n 确定时，净现值是折现率 i 的函数，称为净现值函数。对于常规投资方案，即方案从第 0 年开始净现金流量值有一项或几项是负的，接下去是一系列正的，则净现值函数曲线是一条以 I_0 为渐近线的单调递减曲线，曲线与横轴有唯一的交点，并在 $(0, \infty)$ 区间内，I_0 是方案开始时的投资额。净现值函数曲线如图 4-4 所示。

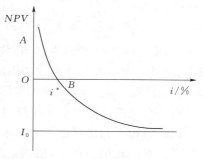

图 4-4 NPV 函数曲线图

可见，净现值函数一般有如下特点：

（1）同一净现金流量的净现值随折现率 i_c 的增大而减小。故基准折现率 i_c 定得越高，方案能被接受的可能性越小。

（2）在某一个 i^* 值上（图 4-4 中点 B），曲线与横坐标相交，表示该折现率下的 $NPV=0$，且当 $i_c<i^*$ 时，$NPV>0$；$i_c>i^*$ 时，$NPV<0$。i^* 是一个具有重要经济意义的折现率临界值（即内部收益率指标），后面还要对它做详细分析。

（3）净现值对折现率 i_c 有敏感性。对于不同的方案，由于其现金流量的结构不同，当 i_c 的取值从某一值变为另一值时，NPV 的变动幅度（即斜率）是不同的。可以发现，当技术方案的后期净现金流量较大时，其 NPV 函数曲线较陡峭、曲线斜率较大，敏感性越大。反之亦然。

三、净年值（NAV）法

净年值（net annual value，NAV）是指项目计算期内各年净现金流量的年度等额。常用在具有不同计算期的项目经济比较中。依据资金的等值计算公式有：

$$NAV = NPV(A/P, i, n) \tag{4-20}$$

用净年值 NAV 与净现值 NPV 对同一项目进行评价，结论是一致的，它们是等效指标。一般在项目经济评价中，很少用净年值指标。但对于寿命不相同的多方案进行优选时，用净年值比选来得更加简便和准确。因此，有必要在此介绍这个指标。

NAV 的判别标准与 NPV 是一致的，即：$NAV>0$，说明项目在方案计算期内每年的平均等额收益有盈余，方案可取；反之，若 $NAV<0$，则方案不可取。

四、费用比较法（最小费用法）

从严格意义上讲，费用比较法不是一种独立的互斥方案比选方法，而是净现值比较法不考虑收益时的一种特例。在互斥方案比选中，经常会遇到这种情况：参加比选的方案效益相同或基本相同，且方案产生的效益无法或难以用货币计量，如社会、环境、人群健康、教育、环保等项目的效益。此时可假设各方案收益相同，方案比较时不考虑收益，而仅对备选方案的费用进行比较，以备选方案中费用最小者作为最优方案，这种方法称为最小费用法。最小费用法包括费用现值（PC）比较法和费用年值（AC）比较法。为方便起见，默认支出为正值。

费用现值（PC）的表达式为

$$PC = \sum_{t=0}^{n}(I_t + C_{ot} - SV - W)\frac{1}{(1+i_0)^t} \tag{4-21}$$

费用年值（AC）的表达式为

$$AC = \left[\sum_{t=0}^{n}(I_t + C_{ot})(P/F,i,t) - (SV+W)(P/F,i,n)\right](A/P,i,n) \tag{4-22}$$

式中：PC 为方案或项目寿命周期内的费用现值；AC 为方案或项目寿命周期内的费用年值；SV 为寿命周期结束回收的固定资产余值；W 为寿命周期结束回收的流动资金；I_t 为第 t 年的投资；C_{ot} 为第 t 年的费用。

在工程经济分析中，使用费用现值（PC）和费用年值（AC）应注意以下事项：

（1）费用比较法只适用于互斥方案的评价与选择。

（2）费用现值（PC）指标是净现值（NPV）指标的特例，年费用指标（AC）是净年值（NAV）指标的特例，PC 和 AC 是等价的评价指标。

（3）当各比选方案的寿命周期相同时，通常采用费用现值指标比选方案；当寿命期不相同时，优先采用费用年值指标比选方案。

五、净现值率（NPVR）法

净现值率（net present value ratio，NPVR）又称净现值指数，是指项目的净现值与投资现值之比，其计算公式为

$$NPVR = \frac{NPV}{I_P} \tag{4-23}$$

式中：NPVR 为净现值率；I_P 为项目总投资（包括固定资产投资和流动资产投资）现值。

净现值率表示单位投资的盈利能力或资金的使用效率，它是与静态投资收益率相对应的评价指标，因此，也称为动态投资收益率。若单一方案经济评价时，其值大于等于 0，则认为该方案可以接受。而进行多方案的选择时，就必须将 NPVR 进行排序，以单位净现值最大为准则，倾向于选择投资规模偏小、资金利用率较高的项目。净现值大的方案其净现值率不一定也大，因此在多方案的评价与优选中净现值率是一个重要的评价指标。

六、内部收益率（IRR）法

1. 经济含义

内部收益率（internal rate of return，IRR）是一个同净现值一样被广泛使用的项目经

济评价指标，指项目的净现值为 0（或收益现值等于费用现值即 $B/C=1$）时的折现率。由于它所反映的是项目投资所能达到的收益率水平，其大小完全取决于方案本身，因而称为内部收益率。同样，依据分析评价的层次，在经济评价中，内部收益率分为财务评价的财务内部收益率（用 $FIRR$ 表示）和国民经济评价的经济内部收益率（用 $EIRR$ 表示）。本章由于计算所依据的数据都是围绕项目现金流量进行的，所以计算的指标都是财务评价指标，应该是 $FIRR$ 表示内部收益率，但为了不失一般性，仍采用 IRR 来表示。

2. 表达式

内部收益率的表达式为

$$\sum_{t=0}^{n}(CI-CO)_t(1+IRR)^{-t}=0 \qquad (4-24)$$

式中：IRR 为内部收益率，其值域是 $(-1, \infty)$；对于多数方案来说，IRR 应属于值域 $(0, \infty)$。

3. 判别准则

用于单方案经济评价时，计算求得的内部收益率 IRR 要与项目的基准收益率 i_c 相比较。当 $IRR \geqslant i_c$ 时，则表明项目的收益率已达到或超过基准收益率水平，项目可行；反之，当 $IRR < i_c$ 时，则表明项目不可行；内部收益率越高，则该方案的效益越好。

4. 计算方法

式（4-24）是个多项高次方程，直接用它求解 IRR 比较复杂的，因此在实际应用中通常采用"线性插值法"求内部收益率的近似解。线性插值法原理如图 4-5 所示。

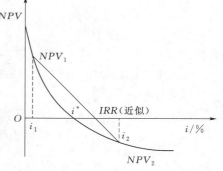

图 4-5 线性插值法原理图

首先试算该方案净现值分别为正值和负值时的两个折现率 i_1 和 i_2，为保证近似值有足够的精度，要求 $|i_2-i_1|$ 不超过 5%。然后通过几何中的相似三角形原理进行线性插值求解，其计算公式为

$$IRR \approx i^* = i_1 + \frac{VPV_1}{NPV_1 + |NPV_2|} \times (i_2 - i_1) \qquad (4-25)$$

用式（4-25）计算的近似解 IRR 会略大于精确值 i^*。

IRR 的计算步骤如下：

（1）选定 i_1。i_1 可根据经验选定，实际工作中往往把给出的 i_c 作为第一步试算依据。

（2）根据选定的 i_1，求出该方案此时的净现值 NPV_1，若 $NPV_1 > 0$，即为所求值。

（3）再适当增加 i_1 值，使之成为 i_2，求此时的净现值 NPV_2，若 $NPV_2 < 0$，即为所求值；若 $NPV_2 > 0$，则继续适当增加 i_1 值，直到 $NPV_2 < 0$。

（4）注意此时的 i_1 和 i_2 值，$|i_2-i_1|$ 不超过 5%，则代入直线内插式（4-25）求内部收益率的近似解 IRR。

【例 4 - 8】　某项目净现金流量见表 4 - 10。当基准折现率 $i_c = 12\%$ 时，试用内部收益率指标判断该项目在经济效果上是否可以接受。

表 4 - 10　　　　　　　　　　　某项目的净现金流量表

时点/年	0	1	2	3	4	5
净现金流量/万元	−2000	300	500	500	500	1200

解： 第一步，绘制现金流量图，如图 4 - 6 所示。

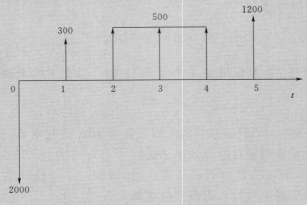

图 4 - 6　［例 4 - 8］的现金流量图（单位：万元）

第二步，用线性内插法求算 IRR。

列出方程：

$$NPV(IRR) = -2000 + 300(P/F, IRR, 1) + 500(P/A, IRR, 3)(P/F, IRR, 1)$$
$$+ 1200(P/F, IRR, 5)$$
$$= 0$$

第一次试算，依经验先取一个收益率，取 $i_1 = 12\%$，代入方程，求得

$$NPV(12\%) = -2000 + 300(P/F, 12\%, 1) + 500(P/A, 12\%, 3)(P/F, 12\%, 1)$$
$$+ 1200(P/F, 12\%, 5)$$
$$= -2000 + 300 \times 0.8929 + 500 \times 2.4018 \times 0.8929 + 1200 \times 0.5674$$
$$= 21(万元) > 0$$

由于 $NPV(i_1) > 0$，故提高折现率。

第二次试算，取 $i_2 = 14\%$，代入方程求得

$$NPV(i_2) = -91(万元) < 0$$

第三步，求解 IRR。

应用线性插值法公式：

$$IRR \approx i^* = i_1 + \frac{VPV_1}{NPV_1 + |NPV_2|} \times (i_2 - i_1)$$

$$= 12\% + \frac{21}{21 + |-91|} \times (14\% - 12\%) = 12.4\%$$

因此，方案的内部收益率为 12.4%。

第四步，分析判断方案可行性。

因为 $IRR=12.4\%>i_c=12\%$，所以该方案是可行的。

内部收益率的经济含义是：在项目的整个寿命期内按利率 $i=IRR$ 计算，始终存在未能收回的投资，而在寿命结束时，投资恰好被完全收回。也就是说，在项目寿命期内，项目始终处于"偿付"未被收回的投资的状况，因此项目的偿付能力完全取决于项目内部，固有内部收益率之称。

5. 内部收益率法的优缺点

（1）优点。内部收益率概念清晰明确，便于理解，能直观反映方案投资的最大可能盈利能力或最大的利息偿还能力；与计算净现值与净年值相比较，不需要事先给出基准折现率，内部收益率求出的是项目实际能达到的投资效率，只与项目的内在因素有关。

（2）缺点。内部收益率的计算比较复杂，而且对于一些非常规项目，这种解可能不是唯一的。同时内部收益率是项目寿命期内没有收回的资金的盈利率，不是初始投资在整个寿命期内的盈利率，因而它不仅受项目初始投资规模的影响，而且受项目寿命期内各年净收益大小的影响。由于内部收益率不是用来计算初期投资收益率的，所以不能直接用来排序多个项目。如果只根据内部收益率指标大小进行方案的投资决策，可能会使那些投资大、内部收益率低，但收益总额很大，对国民经济全局有重大影响的方案落选，因此内部收益率指标往往与净现值结合进行项目的比选与评价。

由于 IRR 计算公式给的仅是必要条件，因而 IRR 指标在使用上也有一定的局限性。以下两种情况不能使用内部收益率指标：①只有现金流入或现金流出的方案，此时不存在有明确经济意义的内部收益率；②当方案的净现金流量的正负符号改变不止一次时，就会出现多个使净现值等于 0 的折现率，此时内部收益率无法定义。

七、效益费用比（B/C）法

效益费用比又称收益-费用分析法或效益-成本分析法，广泛应用于评价项目方案的经济性或用于公用事业项目的投资效益分析及项目方案的选择。效益费用比指标是项目方案在整个寿命周期内收益的等效值与费用等效值之比（简称效益费用比），其计算公式为

$$R=B_总/C_总=\sum_{t=1}^{n}\frac{B_t}{(1+i_s)^t}/\sum_{t=1}^{n}\frac{C_t}{(1+i_s)^t} \qquad (4-26)$$

或

$$R=\frac{B_年}{C_年} \qquad (4-27)$$

式中：R 为效益费用比；$B_总$、$C_总$ 分别为总效益、总费用，指折算到基准年的效益、费用之和；B_t、C_t 分别为第 t 年的效益和费用；$B_年$、$C_年$ 分别为年效益、年费用，即将总效益、总费用折算到每年的年等值；n 为寿命期或计算期；i_s 为社会折现率。

效益费用比（B/C）常用于国民经济评价中，因此，折旧率选择社会折现率。

就独立方案而言：①当 $R>1$ 即 $B>C$，方案在经济上是可行的；②当 $R<1$ 即 $B<$

C，方案在经济上是不可行的；③当 $R=1$ 即 $B=C$，这时应对方案进行全面分析，并衡量间接效益的大小。

当进行互斥方案比较时，如果出现两个以上的效益费用比均大于1，则在经济上都是可行的。但是因为它们属互斥方案，不能仅凭其效益费用比来选择最优方案。还需要在可行方案中，对增加投资所得的效益进行增量分析，计算边际效益费用比。只有当增量的效益费用比大于1时，增加投资的方案才是在经济上可行的。

增量分析的原理是：按费用的大小排队，对相邻方案进行增量分析，即对增加的费用 ΔC 和增加的效益 ΔB，计算其增量效益费用比 $\Delta R=\Delta B/\Delta C$，并按以下规则判断：①当 $\Delta R>1$ 时，$\Delta B>\Delta C$，说明增加投资、扩大工程规模在经济上是合理的；②当 $\Delta R<1$ 时，$\Delta B<\Delta C$，说明增加投资、扩大工程规模在经济上是不合理的；③当 $\Delta R=1$ 时，$\Delta B=\Delta C$，说明已达到资源利用的极限。

【例 4-9】 某水利建设项目共有 A、B、C 三个方案，各方案的建设期均为 6 年（1995—2000 年），其中包括投产期（1999—2000 年）2 年，生产期均为 50 年（2001—2050）。各方案的投资现值、运行费用现值和效益现值见表 4-11。若社会折现率为 7%，试用效益费用比法对各方案进行评价。

表 4-11　　　　　各方案的投资现值、运行费用现值和效益现值　　　　　单位：亿元

项 目	方案 A	方案 B	方案 C
投资现值 $I_总$	6.9293	8.7366	10.7916
运行费用现值 $C_总$	1.0014	1.1991	1.4888
效益现值 $B_总$	20.1045	23.2058	25.2496

解：（1）求出各方案的效益费用比。根据表 4-11 中已知条件，得到

方案 A：
$$R_A=\frac{20.1045}{6.9293+1.0014}=2.535$$

方案 B：
$$R_B=\frac{23.2058}{8.7366+1.1991}=2.336$$

方案 C：
$$R_C=\frac{25.2496}{10.7916+1.4888}=2.056$$

由于三个方案的效益费用比均大于1，因此在经济上都是可行的。但是，因为它们属于互斥方案，不能仅凭其效益费用比来选择最优方案，还需在可行方案中，对增加投资所得的效益进行增量分析，计算边际效益费用比。

（2）求出增量效益费用比。通过表 4-11 已知，各方案费用从小到大依次为方案 A、方案 B、方案 C，那么，有

方案 A→方案 B，有 $\Delta R_{AB}=\dfrac{\Delta B_{AB}}{\Delta C_{AB}}=\dfrac{23.2058-20.1045}{9.9357-7.9307}=1.547$

方案 B→方案 C，有 $\Delta R_{BC}=\dfrac{\Delta B_{BC}}{\Delta C_{BC}}=\dfrac{25.2496-23.2058}{12.2804-9.9357}=0.872$

$\Delta R_{AB} > 1$，说明增加投资、扩大工程规模获得的效益大于所支出的费用，因此经济上可行的；$\Delta R_{BC} < 1$，说明再继续扩大工程规模所得效益已不足以补偿所付出的费用，在经济上是不可行的。因此，方案 B 是经济上最优的方案。

八、动态投资回收期（T_p'）法

为了克服静态投资回收期未考虑资金时间价值的缺点，在投资项目评价中有时采用动态投资回收期。动态投资回收期是能使式（4-28）成立的 T_p' 值（单位：年）。

$$\sum_{t=0}^{T_p'} (CI-CO)_t (1+i_c)^{-t} = 0 \qquad (4-28)$$

用动态投资回收期 T_p' 评价投资项目的可行性，需要与基准投资回收期 T_c 相比较。判别准则为：若 $T_p' \leqslant T_c$，则项目可以被接受，否则应予以拒绝。

【例 4-10】 某项目有关数据见表 4-12。若基准折现率 $i_c = 10\%$，基准投资回收期 $T_c = 8$ 年，试计算动态投资回收期，并判断该项目的可行性。

表 4-12　　　　　动态投资回收期计算表（$i_c = 10\%$）　　　　　单位：万元

序号	项　目	年　序					
		0	1	2	3	4	5
1	投资支出	20	500	100			
2	净收入				150	250	250
3	净现金流量 $(CI-CO)_t$	−20	−500	−100	150	250	250
4	现值系数 $(1+10\%)^{-t}$	1	0.909	0.826	0.751	0.683	0.621
5	折现值	−20	−454.6	−82.6	112.7	170.8	155.2
6	累计折现值 $\sum(CI-CO)_t (1+10\%)^{-t}$	−20	−174.6	−557.2	−444.5	−273.7	−118.5

序号	项　目	年　序				
		6	7	8	9	10
1	投资支出					
2	净收入	250	250	250	250	250
3	净现金流量 $(CI-CO)_t$	250	250	250	250	250
4	现值系数 $(1+10\%)^{-t}$	0.565	0.513	0.467	0.424	0.389
5	折现值	141.1	128.3	267.5	373.5	469.6
6	累计折现值 $\sum(CI-CO)_t (1+10\%)^{-t}$	22.6	150.9	−557.2	−444.5	−273.7

解： 根据式（4-28），计算各年净现金流量的累计折现值。明显，投资回收期应在第 5 年和第 6 年之间。可以采用插值法计算，如下式：

$$T_p' = （累计折现值出现正值年份）- 1 + \frac{上年累计折现值的绝对值}{当年净现金流量的现值} \qquad (4-29)$$

本例在第 6 年出现正值，所以，$T'_p = 6 - 1 + \dfrac{118.5}{141.1} = 5.84$（年），$T'_p < T_c$，项目可以被接受。

与静态投资回收期指标相比较，动态投资回收期考虑了资金的时间价值，但计算较为复杂，通常只宜用于辅助性评价。

习 题 与 讨 论

1. 方案比选条件有哪些？

2. 解释以下概念：经济评价指标、静态评价指标、静态投资回收期、抵偿年限法、动态评价指标、净现值、净年值、费用现值、费用年值、净现值率、内部收益率和效益费用比。

3. 净现值指标有哪些优缺点？

4. 净现值与折现率有什么联系？二者发生矛盾时应如何处理？

5. 如何理解净现值表达式中基准收益率的含义，国家确定行业或部门的基准收益率需要考虑哪些因素？

6. 内部收益率指标有哪些优缺点，为什么这个指标要冠以"内部"二字？

7. 为什么说费用现值、费用年值是净现值和净年值的特例？

8. 请列举本章学习的评价指标的判别准则。

9. 某项目净现金流量见表 4 – 13。

表 4 – 13   **某项目的净现金流量表**

年 序	0	1	2	3	4	5	6
净现金流量/万元	−50	−80	40	60	60	60	60

试计算静态投资回收期、净现值、净年值、内部收益率以及净现值指数（$i_c = 10\%$）。

10. 某项目初始投资为 1000 万元，第 1 年年末现金流入为 250 万元，第 2 年年末现金流入为 300 万元，第 3 年、第 4 年年末现金流入均为 400 万元，若基准收益率为 10%，计算该项目的净现值、净年值和净现值率。

11. 某建设项目中有两个可供选择的节能设备方案 Ⅰ 和方案 Ⅱ，它们均能满足相同的工作要求，两种方案的寿命期均为 6 年，其不同点见表 4 – 14。假定基准收益率为 15%，试用费用现值法比较两方案的经济效益。

表 4 – 14   **两 方 案 的 相 关 数 据**   单位：元

项 目	方 案 Ⅰ	方 案 Ⅱ
购置费	3000	4000
净残值	500	0
年运行费	2000	1600

12. 为满足某地区的供电要求，有两个电源方案供比较选择，方案一是修建水电站，方案二是修建火电站。两方案的供电效益是同等的，但费用不等，现分述如下：

方案一：修建水电站。拟 3 年建成，第 1 年投资为 0.4 亿元，第 2 年投资为 0.6 亿元，第 3 年投资为 0.5 亿元，正常运行期为 50 年，年运行费用为 150 万元，需占用流动资金为 30 万元。

方案二：修建火电站。拟 2 年建成，第 1 年投资为 2500 万元，第 2 年投资为 3500 万元，正常运行期为 25 年，年运行费用为 1240 万元，需占用流动资金为 250 万元。

取社会折现率为 8%，试选择经济上有利的方案。

第五章 国民经济评价

内容提要： 通过学习国民经济评价的概念、范围和基本内容，正确理解国民经济评价中效益和费用的概念及其分类识别，熟悉影子价格、社会折现率、影子汇率等基本参数，并熟练运用这些参数计算经济内部收益率、经济净现值、经济效益费用比等国民经济评价指标，掌握国民经济评价方法和步骤以及应编制的报表。将工程经济学原理与国家经济和社会发展、重大工程项目的决策论证紧密联系起来，培养学生的大局观念和全局意识；结合三峡工程、南水北调等重大水利工程的案例讲述，厚植学生的爱国主义情怀。

第一节 概　述

工程项目经济评价是工程项目可行性研究的核心内容和重要组成部分，是工程建设项目决策科学化的重要手段和依据。经济评价应根据国民经济与社会发展，以及行业、地区发展规划的要求，在项目初步方案的基础上，采用科学和规范的分析方法，对工程项目的财务可行性和经济合理性进行分析论证，为项目的科学决策提供经济方面的依据。因此，经济评价是一项十分重要的技术经济分析、论证工作，从评价的不同范围和角度出发，经济评价可分为财务评价和国民经济评价两个层次。

国民经济评价是工程项目经济评价的核心部分，是决策部门考虑建设项目取舍的主要依据。在合理配置社会资源的前提下，从国家经济整体利益的角度出发，计算项目对国民经济的贡献，分析项目的经济效益、效果和对社会的影响，评价项目的经济合理性。对工程项目进行国民经济评价有利于引导投资方向，控制投资规模，提高国民经济计划质量。本章主要介绍国民经济评价的基本理论和方法，如国民经济评价的概念、费用与效益、评价指标、评价参数和评价报表等内容。

一、国民经济评价的概念与意义

（一）国民经济评价的概念

国民经济评价又称经济分析，是在合理配置社会资源的前提下，从国民经济整体利益的角度出发，计算项目对国民经济带来的净贡献，分析项目的经济效益、效果和对社会的影响，评价项目在宏观经济上的合理性。其按照资源合理配置的原则，采用影子价格、影子工资、影子汇率和社会折现率等国民经济评价参数，从国家整体角度考察和确定项目的效益和费用，分析项目对国民经济的影响，以评价项目经济上的合理性和宏观可行性。

资源的稀缺性决定了任何一个国家的资源都是有限的，无论是人力资源，还是资金、物资、土地和其他自然资源，在分配到各种用途中时，应力求对国家的基本目标贡献最大。由于一种资源用于某一方面，在其他方面就不得不减少该资源的使用量，因而国家必须按照一定的准则对资源的配置做出合理的选择。对于投资项目而言，也就不能仅仅根据财务评价的结果判定其是否合理可行。例如，我国的许多水利工程项目，根据市场价格，财务评价的结论表明项目是不可行的，但是从宏观上考虑，由于我国水资源分布不合理造成的水资源短缺问题十分严重，水利工程的修建不仅能够极大地缓解水资源的压力，同时能够起到抗旱排涝和发电等作用，对于改善我国的能源结构大有裨益；再如我国的牲畜粪便制造沼气发电项目，由于目前技术的限制，其财务评价的结论多为不可行，但从宏观上考虑，大型养殖企业的粪便排放对于地下水、地表水、土壤乃至空气的污染十分严重，该项目的建设不仅能够解决动物粪便处理问题，同时能够促进我国新型能源的发展。因而，上述项目应该是可行的，决策的依据就体现在本章介绍的国民经济评价中。

（二）国民经济评价的意义

国民经济评价的理论基础是古典经济学有关资源优化配置的理论。从形式上看与财务评价相类似，都是对项目盈利状况的评价，但是财务评价是站在项目经营者的角度进行分析的，而国民经济评价是站在国家和全社会的角度，考察项目对整个国民经济的贡献。国民经济评价的意义主要体现在以下几个方面。

1. 可以真实全面反映工程项目对国民经济的净贡献和评价项目的经济合理性

国民经济评价能够客观地估算出投资项目为社会做出的贡献和社会为项目付出的代价。我国和大多数发展中国家一样，不少商品的价格不能反映价值，也不能反映供求关系，在商品价格严重失真的条件下，按现行价格计算项目的投入与产出不能确切地反映项目建设给国民经济带来的效益和费用。国民经济评价运用反映项目投入物和产出物真实价值的影子价格计算建设项目的费用和效益，可以真实地反映项目对国民经济的贡献以及社会为项目付出的代价。

2. 可以从宏观上起到合理配置资源的作用

对于不断增长的人口及其消费趋势来说，国家资源总是有限的，有些甚至是稀缺的，比如土地、各种自然资源、劳动力和资金等，仅仅从企业财务角度评判项目的得失，无法正确反映资源的利用是否合理，而国民经济评价则在宏观上对资源流动进行跟踪，引导资源合理化配置，结合产业政策和地区政策，鼓励和促进某些有前途的产业和某类项目的发展，相应抑制和淘汰某些不适应的产业和某类项目的发展。

3. 可以达到统一标准的目的

由于国民经济评价中采用统一的评价参数，包括影子价格、社会折现率、影子汇率、影子工资、贸易费用率等，这些参数的运用，就使不同地区、不同行业的投资项目，在经济评价中都站在同一标准上，使效益和费用更具可比性。

4. 可以使投资决策更加科学化

由于财务评价只关心企业自身的得失，不涉及项目以外的问题，因此结论可能是片面的。例如有的项目也许自身盈利丰厚，但是对环境污染严重，从长远看需为环境治理付出沉重的代价，最终得不偿失。这样的项目不能靠财务评价来进行决策，而只能通过国民经济评价来作出决策。相反，有些项目公益性强，为社会所必需，但直接经济效益却很低，甚至亏损，这样的项目若只做财务评价肯定通不过，也只能通过国民经济评价的结果来做决策。另外，由于财务评价中包含了税收、补贴和贷款及还本付息等转移支付，不同项目的财务盈利效果失去了公正比较的基础，而国民经济评价中则消除了这些外在的不平等性，使决策更趋科学化。

二、国民经济评价的范围与内容

（一）国民经济评价的范围

从狭义上来说，国民经济评价应与社会评价分开，国民经济评价仅仅分析和评价项目对国家经济产生的影响，而项目对就业、消费、文化教育、文学艺术、生态环境、科学技术等社会生活的其他方面产生的影响放在社会评价中去分析和评价。

从广义上来说，社会评价包含在国民经济评价之中，认为可以将费用和效益的比较方法用于项目影响的各个方面，可以将各种影响的费用和效益都用统一的计量单位、用统一的费用与效益相比较、分析的方法，以确定项目各种影响的总费用和总效益。

我国现在采用的《建设项目经济评价方法与参数》（第三版）基本上采用了狭义的国民经济评价概念，要求用统一量纲（货币）将项目对国民经济产生的各种影响，用统一的费用效益分析方法进行分析比较和评价，考虑到我国的实际情况，采用了比较简便的处理方法。

（二）国民经济评价的内容

国民经济评价的内容主要是项目的盈利能力分析和外汇平衡分析，它通过识别项目的效益和费用，计算和选取影子价格，编制国民经济评价报表，计算国民经济评价指标并进行方案比选。其主要包括以下三大部分。

1. 国民经济效益和费用的识别

国民经济评价中的效益和费用与财务评价相比，从含义到范围都有很大的区别，其不仅包括投资项目建设和运营过程中直接发生的、在财务账面上直接显现的效益和费用，还包括那些因项目建设和运营对外部造成的、不在财务账面上直接显现的间接效益和费用。这就需要对这些效益和费用进行一一识别、归类，并尽量予以定量处理，实在难以定量处理的，也可以进行定性分析。

2. 影子价格的确定与基础数据的调整

正确拟定项目投入物和产出物的影子价格是保障国民经济评价科学性的关键，在进行国民经济评价时，应选择既能够反映资源的真实经济价值，又能够反映市场供求关系且符合国家经济政策的影子价格，在此前提条件下，将项目的各项经济基础数据按照影子价格进行调整，计算各项国民经济效益和费用。

3. 国民经济效果分析

根据以上各项国民经济效益和费用，编制项目的国民经济效益费用流量表，结合社会折现率等经济参数，计算项目的各项国民经济评价指标，并进行不确定性分析，最终对投资项目的经济合理性进行综合评价。

第二节 国民经济评价的效益和费用

一、国民经济评价效益和费用的概念与识别原则

（一）国民经济评价效益和费用的概念

效益费用分析最初是作为评价公共事业部门投资的一种方法而发展起来的，其起源于

法国杜波特 1844 年撰写的一篇论文《论公共工程效益的衡量》。后来这种方法被广泛应用于评价各种工程项目方案，并扩展到对发展计划和重大政策的评价。效益费用法是目前发达国家广泛采用的用于对工程项目进行国民经济评价的方法，也是联合国向发展中国家推荐的评价方法。所谓效益费用分析是指从国家和社会的宏观利益出发，通过对工程项目的经济费用和经济效益进行系统、全面的识别和分析，求得项目的经济净收益，并以此来评价工程项目可行性的一种方法。项目的国民经济效益是指项目为国民经济做出的全部贡献，包括项目的直接效益和间接效益；国民经济为项目付出的代价均为项目的国民经济费用，包括直接费用和间接费用；但是属于国民经济内部转移支付的部分不计为项目的费用或效益。

效益费用分析的核心是通过比较各种备选方案的全部预期效益和全部预计费用的现值来评价这些备选方案，并以此作为决策的参考依据。项目的效益是对项目的正贡献，而费用则是对项目的反贡献，或者说是项目的损失。但必须指出的是，工程项目的效益和费用是两个相对的概念，都是针对特定的目标而言的。因此无论什么样的项目，在分析、评价的过程中，都有一个费用和效益识别的问题。

（二）国民经济评价效益与费用的识别原则

1. 对经济效益与费用进行全面识别

确定建设项目经济合理性的基本途径是将建设项目的费用与效益进行比较，也就是要认清所评价的项目在哪些方面对整个国民经济产生费用，又在哪些方面产生效益，进而计算对国民经济的净贡献。因此，正确地识别费用与效益，是保证国民经济评价正确性的重要条件和必要前提。效益费用识别原则为：凡是工程项目使国民经济发生的实际资源消耗，或者国民经济为工程项目付出的代价，即为费用；凡是工程项目对国民经济发生的实际资源产出与节约，或者对国民经济做出的贡献，即为效益。例如，某大型水利工程项目所导致的航运减少，航运、航道工人失业，直接的基建开支、移民开支、电费降价引起的国家收入减少等，这些都是费用；而该工程所导致的水力发电净收益增加、洪水灾害减少、农业增产、国家灌溉费的增加、电力用户支出的减少、国家救济费用的节省等，则都是效益。在考察工程项目的费用与效益时，必须遵循效益与费用的识别原则。

2. 遵循"有无对比"原则

判别项目的经济效益和费用，要从"有无对比"的角度（即有投资和无投资情况的费用和效益）进行分析，将"有项目"（项目实施）与"无项目"（项目不实施）的情况加以对比，以确定某项效益或费用的存在，按效益与费用计算口径对应的原则确定费用与效益的计算范围，计算效益和费用的增量。

3. 合理确定经济效益与费用识别的时间跨度

经济效益与费用识别的时间跨度应足以包含项目所产生的全部重要效益和费用，不完全受财务分析计算期的限制。不仅要分析项目的近期影响，还可能需要分析项目将带来的中期、远期影响。

4. 正确处理"转移支付"

正确处理"转移支付"是经济效益与费用识别的关键。对社会成员之间发生的财务收入与支出，应从是否新增加社会资源和是否增加社会资源消耗的角度出发加以识别。将不增加社会资源和不增加社会资源消耗的财务收入与支出视作社会成员之间的"转移支付"，在经济分析中不作为经济效益与费用。

5. 以本国社会成员为分析对象

经济效益与费用的识别应以本国社会成员为分析对象。对于跨国界、本国之外的其他社会成员也产生影响的项目，应重点分析项目给本国社会成员带来的效益和费用，项目对国外社会成员所产生的效果应予单独陈述。

二、国民经济评价效益和费用的分类

（一）直接效益和直接费用

1. 直接效益

直接效益是指由项目产生物产生并在项目范围内计算的经济效益。一般表现为项目为社会生产提供的物质产品、科技文化成果和各种各样的服务所产生的满足国内需求的效益，包括替代其他相同或类似企业和产出物，使被替代企业减产以减少国家有用资源耗费（或损失）的效益；增加出口（或减少进口）所增收（或节支）的国家外汇等。例如：工业项目生产的产品、矿产开采项目开采的矿产品、邮电通信项目提供的邮电通信服务等满足社会需求的效益；运输项目提供运输服务满足人流物流需要、节约时间的效益；医院提供医疗服务满足人们增进健康减少死亡的需求；学校提供学生就学机会满足人们对文化、教育、技能提高的需求等。

项目直接效益有以下多种表现：

（1）项目产出物用于满足国内新增加的需求时，项目直接效益表现为国内新增需求的支付意愿。

（2）项目的产出物用于替代其他厂商的产品或服务，使被替代厂商减产或停产，从而使其他厂商耗用的社会资源得到节省，项目直接效益表现为这些资源的节省。

（3）项目的产出物直接出口或者可替代进口商品导致进口减少，项目直接效益表现为国家外汇收入的增加或支出的减少。

以上所述的项目直接效益大多在财务分析中能够得到反映，尽管有时这些分析会有一定程度的价值失真。对于价值失真的直接效益，在经济分析中应按影子价格重新计算。

（4）某些行业的项目，其生产的效益有特殊性，不可能体现在财务分析的营业收入中。例如，交通运输项目产生的效益体现为时间节约的效果，教育项目、医疗卫生和卫生保健项目等产生的效益体现为对人力资本、生命延续或疾病预防等方面的影响效果，从经济分析角度都应该计作项目的直接经济效益。

2. 直接费用

直接费用是指项目使用投入物所产生并在项目范围内计算的经济费用。一般表现为其他部门为供应本项目投入物而扩大生产规模所耗用的资源费用；减少对其他项目（或最终消费投入物）的供应而放弃的效益；增加进口（减少出口）所耗用（或减少）的外汇等。

项目直接费用也有多种表现：

（1）社会扩大生产规模用以满足项目对投入物的需求时，项目直接费用表现为社会扩大生产规模所增加耗用的社会资源价值。

（2）社会不能增加供给时，导致其他人被迫放弃使用这些资源来满足项目的需要，项目直接费用表现为社会因其他人被迫放弃使用这些资源而损失的效益。

（3）项目的投入物导致进口增加或减少出口时，项目直接费用表现为国家外汇支出的增加或外汇收入的减少。

直接费用一般在项目的财务分析中已经得到反映，尽管有时这些反映会有一定程度的价值失真。对于价值失真的直接费用，在经济分析中应按影子价格重新计算。

（二）间接效益与间接费用

间接效益又称为外部效益，是指项目对国民经济做出了贡献，由项目引起而在直接效益中没有得到反映的效益。比如水库的建设，使得上下游的居民受益；企业污染的治理，使周围居民受益。

间接费用又称为外部费用，是指国民经济为项目付出了代价，而项目本身并不实际支付的费用。外部费用的计算范围应考虑环境及生态影响效果、技术扩散效果和产业关联效果，为防止外部效果计算扩大化，项目的外部效果一般只计算一次相关效果，不应连续计算。

对于显著的间接效益和间接费用应做定量分析，计入项目的总收益和总费用，不能定量的，应尽可能做定性描述。注意在做定量分析时，不能重复计算项目的外部效果，特别要注意已在直接效益和费用中计入的，不应再在外部效果中计算。例如，钢丝子午胎项目可以为用户节油和提高行驶里程，若在确定钢丝子午胎影子价格时已考虑了对用户增加的效益，则就不应另计间接效益了。

有时为了解决项目外部效果计算上的困难，可以采用调整项目范围的办法，将几个具有关联性的项目合并成一个"大项目"，以抵消项目之间的相互支付，防止重复计算项目的外部效果。例如，在评价相互联系的煤矿、铁路运输和火力发电站项目时，可以将这几个项目合成一个大的综合能源项目，这样就可以将项目间的相互支付抵消在大项目的内部。

（三）转移支付

在项目费用和效益的识别过程中，经常会遇到国内借款利息、税金、折旧以及财政补贴等问题的处理。从国民经济总体的角度看，它们并没有造成资源的实际增加和减少，仅仅是资源使用权在不同的社会实体之间的一种转移（称为转移支付）。在国民经济评价中，转移支付不能计为项目的费用或效益。

1. 利息

利息是利润的转化形式，是企业和银行之间的一种资金转移，并不涉及资源的增减变化，所以，利息也不能作为社会成本。

2. 税金

税金包括产品税金、增值税、资源税、关税等。税金从拟建项目来说是一项支出，从国家财政来说是一项收入，但是对于国民经济评价来说，它仅仅表示项目对国民经济的贡献有一部分转移到政府手中，由政府再分配，项目对国民经济的贡献大小并不随税金的多少而变化，因而它属于国民经济内部的转移支付。

3. 折旧

会计上的折旧基金是收入里提出的一部分，换个名称，留在账上，和实际资源的消耗无关，在评价项目时，主要目的是观察投资用于这个项目所得到的收益是多少。在经济效益分析时已把固定资产投资所消耗的资源作为项目的投资成本，所以这部分固定资产在会计上提取的折旧，就不能作为社会资本。

4. 补贴

补贴包括出口补贴、价格补贴等。补贴虽然增加了拟建项目的财务收益，但是这部分收入，企业并没有为社会提供等值的资源，而是国家从国民收入中批出一部分资金转给了企业，所以，国家以各种形式给予的补贴，都不能算是社会收益。

5. 价差预备费（涨价预备费）

价差预备费（涨价预备费）指的是工程项目在建设期内由于利率、汇率或价格等因素的变化引起投资增加，需要事先预留的费用。包括人工、设备、材料、施工机械的价差费，建筑安装工程费及工程建设其他费用调整，利率、汇率调整等增加的费用。

第三节　国民经济评价的参数与指标

一、经济效益和费用的计算原则

项目投资所造成的经济费用或效益的计算，应在利益相关者分析的基础上，研究在特定的社会经济背景条件下相关利益主体获得的收益及付出的代价，计算项目相关的费用和效益。

1. 支付意愿原则

项目产出物的正面效果的计算遵循支付意愿（willingness to pay，WTP）原则，用于分析社会成员为项目产出的效益愿意支付的价值。

2. 受偿意愿原则

项目产出物的负面效果的计算遵循接受补偿意愿（willingness to accepted，WTA）原则，用于分析社会成员为接受这种不利影响所得到补偿的价值。

3. 机会成本原则

项目投入的经济费用的计算应遵循机会成本原则，用于分析项目所占用的所有资源的机会成本。机会成本应按资源的其他最有效利用所产生的效益进行计算。

4. 实际价值计算原则

项目经济费用效益分析应对所有费用和效益采用反映资源真实价值的实际价格进行计算，不考虑通货膨胀因素的影响，但应考虑相对价格变动。

二、国民经济评价参数

国民经济评价参数是指计算、衡量项目的经济费用效益的各类计算参数和判定项目合理性的判据参数。国民经济评价的参数体系有两类：一类是通用参数，如社会折现率、影子汇率和影子工资等，这些参数由有关专门机构组织测算和发布；另一类是各种货物、服务、土地、自然资源等影子价格，由行业或者项目评价人员测定。

（一）社会折现率

社会折现率是指建设项目国民经济评价中衡量经济内部收益率的基准值，也是计算项目经济净现值的折现率，是项目经济可行性和方案比选的主要判据。

　　社会折现率应根据国家的社会经济发展目标、发展战略、发展优先顺序、发展水平、宏观调控意图、社会成员的费用时间偏好、社会投资收益水平、资金供给状况、资金机会成本等因素综合确定。社会折现率的大小对工程项目的国民经济评价结果有重要影响，在其他条件相同的情况下，社会折现率越高，所计算出来的国民经济评价指标中净现值和效益费用比越小，投资回收期越长，经济效果越差；社会折现率确定的合理性，有助于合理分配建设资金，引导资金投向对国民经济贡献大的项目，还有助于调控投资规模，促进资金在长、短期项目之间合理配置，因此，科学地制定社会折现率对搞好国民经济评价工作是很重要的。在实际中，根据《建设项目经济评价方法与参数》（第三版）制定的社会折现率为8%；对于受益期长的建设项目，如果远期效益较大，效益实现的风险较小。社会折现率可适当降低，但不应低于6%。

　　社会折现率作为国民经济评价中的一项重要参数，是国家评价和调控投资活动的重要经济杠杆之一。在项目国民经济评价中，只有经济内部收益率大于社会折现率的项目才可行。

　　（二）影子汇率

　　影子汇率是指能正确反映国家外汇经济价值的汇率。建设项目国民经济评价中，项目的进口投入物与出口产出物，应采用影子汇率换算系数调整计算进出口外汇收支的价值。

　　影子汇率可通过影子汇率换算系数得出。影子汇率换算系数系指影子汇率与外汇牌价之间的比值。影子汇率应按下式计算：

$$影子汇率＝外汇牌价×影子汇率换算系数 \qquad (5-1)$$

　　影子汇率换算系数由国家统一组织测定和发布。根据我国外汇收支状况、主要进出口商品的国内价格与国外价格比较、出口换汇成本及进出口关税等因素的综合分析，目前我国的影子汇率换算系数取值为1.08。

　　【例5-1】　若美元兑人民币的外汇牌价为6.90元/美元，影子汇率换算系数取值为1.08，试计算美元的影子汇率。

　　解： 美元的影子汇率＝美元兑人民币的外汇牌价×影子汇率换算系数
$$＝6.90×1.08＝7.452(元/美元)$$

　　（三）影子价格

　　影子价格（shadow price）又称最优计划价格或效率价格，指有限资源在最优分配、合理利用条件下，对社会目标的边际贡献或边际效益，即是指在社会经济处于某种最优状态，供应与需求达到均衡时的产品与资源的价格。它是在20世纪30年代末、40年代初分别由苏联经济学家康德洛维奇和荷兰经济学家丁伯根首先提出并进行研究的。把资源和价格联系起来是影子价格的主要特征。在完全自由竞争市场中产品的市场价格就是它的影子价格，因而影子价格实际上也是供求价格，它要受供求变化的影响。当产品或资源极端缺乏时，它的影子价格就很高；反之，当产品或资源充分供应时，它的影子价格就很低，过剩资源的影子价格为0。

　　国民经济评价采用影子价格的主要原因是我国市场经济不发达及经济管理体制、经济贸易政策和历史原因使价格扭曲变形严重，市场价格偏离价值的现象普遍存在。因此，现行不合理的市场价格不能作为资源配置的正确标准。影子价格的作用，就是对扭曲的市场价格进行调整和纠正，从而显示项目经济费用的真实性，以实现社会资源的最优配置和有效利用，同时也有利于按政府的投资政策和国情对项目方案做出选择。

从理论上说影子价格可通过数学规划的方法计算出来最优价格。根据《建设项目经济评价方法与参数》（第三版）的规定，通常将项目的投入物和产出物区分为可外贸货物、非外贸货物和特殊投入物 3 种类型；根据货物价格机制的不同，可分为市场定价货物和非市场定价货物。可外贸货物通常属于市场定价货物，非外贸货物中既有市场定价货物，也有非市场定价货物。应按照使用范围和特点分别确定其影子价格。

1. 市场定价货物的影子价格

随着我国市场经济的发展和国际贸易的增长，大部分货物已经主要由市场定价，政府不再进行管制和干预。市场价格由市场形成，可以近似反映支付意愿或机会成本。进行项目经济分析，应采用市场价格作为市场定价货物的影子价格的基础，另外加上或者减去相应的物流费用作为项目投入物或产出物的"厂门口"（进厂或出厂）影子价格。

2. 可外贸货物影子价格

可外贸货物是指项目使用或生产的，将直接或间接影响国家对这种货物的进口或出口的货物，包括项目产出物中直接出口、间接出口和替代进口的产品，以及直接进口、间接进口和减少出口的项目投入物。

原则上，对于那些对进出口有不同影响的货物，应当针对不同的情况，采取不同的影子价格定价方法。但在实践中，为了简化工作，可以只对项目投入物中直接进口的和产出物中直接出口的，采取进出口价格测定影子价格。对于其他几种情况仍按国内市场价格定价。

直接进口投入物的影子价格（到厂价）＝到岸价（CIF）×影子汇率＋进口费用
直接出口产出物的影子价格（出厂价）＝离岸价（FOB）×影子汇率－出口费用

进口费用和出口费用是指货物进出口环节在国内所发生的各种相关费用，既包括货物的交易、储运、再包装、短距离倒运、装卸、保险、检验等物流环节上的费用支出，又包括物流环节中的损失、损耗以及资金占用的机会成本，还包括工厂与口岸之间的长途运输费用。进口费用和出口费用应采用影子价格估值，用人民币计价。

【例 5－2】 货物 A 进口到岸价为 100 美元/t，货物 B 出口离岸价也为 100 美元/t。用影子价格估算的进口费用和出口费用分别为 50 元/t 和 40 元/t，影子汇率 1 美元＝6.59 元人民币。试计算货物 A 的影子价格（到厂价）以及货物 B 的影子价格（出厂价）。

解：货物 A 的影子价格为：$100×6.59＋50＝709$（元/t）
货物 B 的影子价格为：$100×6.59－40＝619$（元/t）

3. 市场定价的非外贸货物影子价格

非外贸货物是指项目以某种产品作为投入物使用或作为产品生产，将不影响国家对这种货物的进出口量。

（1）产出物。

1）项目的产品增加国内供应量、增加新的消费量的，如果市场供求均衡，按市场价计算；如果市场供求不均衡，要考虑市场变化的趋势进行定价，但不应高于相同质量产品的进口价格。

2）市场上已经或将要供过于求的产品，项目的产品不增加国内的总消费量，只是替代其他相同或类似企业的产品，导致被替代企业停产或减产。其质量与被替代产品相同的，应按被替代企业相应的可变分解成本定价；提高产品质量的按被替代产品的可变分解成本加上提高产品质量而带来的国民经济效益定价，其中，提高产品质量带来的效益，可近似地按照国际市场价格与被替代产品的国内市场价格之差计算。

非外贸货物产出物按上述原则计算的影子价格为

$$产出物影子价格（出厂价）＝市场价格－国内运杂费 \qquad (5-2)$$

（2）投入物。

1）能通过原有企业利用原有生产能力挖潜增加供应的，按照可变分解成本定价。

2）需通过增加投资扩大生产规模满足项目的投入需要的，按投入物的全部分解成本（包括可变成本和固定成本的分解成本）定价。当难以获得成本分解所需的资料时，可参照国内市场价格定价。

3）无法通过增加生产满足项目投入需要，从而使项目挤占了其他用户对投入物的使用的，以国内市场价、国家统一定价加补贴（若有补贴）中较高者定价。

投入物按照上述原则计算出价格后，其影子价格为

$$投入物影子价格（到厂价）＝市场价格＋国内运杂费 \qquad (5-3)$$

【例 5-3】　某特大型中外合资经营石化项目生产的产品中，包括市场急需的聚丙烯产品。预测的目标市场价格为 9000 元/t，项目到目标市场运杂费为 100 元/t，在进行经济分析时，聚丙烯的影子价格应如何确定？

解：经预测，在相当长的时期内，聚丙烯市场需求空间较大，项目的产出对市场价格影响不大，应该按消费者支付意愿确定影子价格，即采用含税增值税销项税额的市场价格为基础确定出厂影子价格，该项目应该采用的聚丙烯出厂影子价格为

$$9000-100＝8900（元/t）$$

---

4. 政府调控价格货物的影子价格

有些货物或者服务不完全由市场机制形成价格，而是由政府调控价格，例如由政府发布指导价、最高限价和最低限价等，这些货物或者服务的价格不能完全反映其真实价值。

电价作为项目投入物的影子价格，一般按完全成本分解定价，电力过剩时按可变成本分解定价。电价作为项目产出物的影子价格，可按电力对当地经济边际贡献率定价。

铁路运价作为项目投入物的影子价格，一般按完全成本分解定价，运输量富裕的地区，按可变成本分解定价。

水价作为项目投入物的影子价格，按后备水源的边际成本分解定价，或者按恢复水功能的成本计算水价作为项目产出物的影子价格；按消费者支付意愿或者按消费者承受能力加政府补贴计算。

在进行国民经济评价时，应对这些货物或者服务的影子价格采用特殊方法确定，包括成本分解法、消费者支付意愿法和机会成本法。

（1）成本分解法。成本分解法是确定非外贸货物影子价格的一种重要方法，通过对某种货物的边际成本（实践中往往采取平均成本）进行分解并用影子价格进行调整换算，得到该货物的分解成本。分解成本是指某种货物的生产所需要耗费的全部社会资源的简称，包括各种物料投入以及人工、工地等投入，也包括资本投入所应分摊的费用，各种耗费都需要用影子价格重新计算。具体步骤如下：

1）数据准备：列出该非外贸货物按生产费用要素计算的单位财务成本。主要要素有原材料、燃料和动力、工资、折旧费、修理费、流动资金利息支出以及其他支出。对其中重要的原材料、燃料和动力，要详细列出价格、耗用量和耗用金额。列出单位货物所占用的固定资产原值，以及占用的流动资金数额。调查确定或设定该货物生产厂的建设期、建设期各年投资比例、经济寿命期限及寿命期终了时的固定资产余值。

2）确定重要原材料、燃料、动力、工资等投入物的影子价格，计算单位经济费用。

3）对建设投资进行调整和等值计算。按照建设期各年投资比例，计算出建设期各年建设投资额，用下式把分年建设投资额换算到生产期初：

$$I_F = \sum_{t=1}^{n_1} I_t (1+i_s)^{n_1-t} \qquad (5-4)$$

式中：I_F 为等值计算到生产期初的单位建设投资，元；I_t 为建设期各年调整后的单位建设投资，元；n_1 为建设期，年；i_s 为社会折现率，%。

4）用固定资金回收费用取代财务成本中的折旧费。设单位该货物的固定资金回收费用为 M_F，不考虑固定资产余值回收时为

$$M_F = I_F (A/P, i_s, N_2) \qquad (5-5)$$

考虑固定资产余值回收时为

$$M_F = (I_F - S_V)(A/P, i_s, N_2) + S_V i_s \qquad (5-6)$$

式中：S_V 为计算期回收的固定资产余值；N_2 为生产期。

5）用流动资金回收费用取代财务成本中的流动资金利息。设每单位该货物的流动资金回收费用为 M_w，则有：

$$M_w = W i_s \qquad (5-7)$$

式中：W 为单位该货物占用的流动资金。

6）财务成本中的其他科目可不予调整。

7）完成上述调整后，计算的各项经济费用总额即为该货物的分解成本，可作为其出厂影子价格。

【例 5-4】 某电网满足新增用电将主要依赖新建的火电厂供给，简述用成本分解法计算电力影子价格的计算过程。

解：（1）数据准备。机组为 300MW 的火电厂，每千瓦需要的建设投资为 4500 元，建设期为 2 年，分年投资比例为 50%，不考虑固定资产余值回收；每千瓦占用的流动资金为 198 元，生产期按 20 年计，年运行 6600h。发电煤耗按 330g 标准煤/(kW·h)，换算为标准煤的到厂价格为 127 元/t，火电厂厂用电率为 6%，社会折现率为 8%。典型的 300MW 火电机组单位发电成本见表 5-1。

表 5-1		单位发电成本表	
要素成本费用项目	成本费用金额/[元/(kW·h)]	要素成本费用项目	成本费用金额/[元/(kW·h)]
燃烧成本	0.042	财务费用	0.33
运营及维护费用	0.05	发电成本	0.166
折旧费用	0.041		

（2）计算分解成本。调整燃煤成本。当地无大型煤矿，靠小煤矿供煤，小煤矿安全性差，开采燃煤对于自然资源损害严重，应当按照大型煤矿的分解成本测定燃煤按分解成本计算的影子价格。经测算为 140 元/t，另加运杂费 60 元/t，到厂价格为 200 元/t，换算为标准煤的到厂价格为 255 元/t。燃煤成本调整为 $0.042 \times 255/127 = 0.084$ [元/(kW·h)]。

（3）已知每千瓦需要的建设投资为 4500 元，建设期为 2 年，分年投资比例各为 50%。将各年建设投资换算到生产期初，得

$$I_F = \sum_{t=1}^{n_1} I_t (1 + i_s)^{n_1-t} = 4500 \times 50\% \times (1+8\%)^{2-1} + 4500 \times 50\% \times (1+8\%)^{2-2}$$
$$= 4680 (元)$$

（4）计算每千瓦固定资金回收费用：

固定资金回收费用 $= 4680/6600 \times (A/P, 8\%, 20) = 0.709 \times 0.10185$
$= 0.072$ [元/(kW·h)]

（5）计算流动资金回收费用：

流动资金回收费用 $= 198/6600 \times 8\% = 0.0024$ [元/(kW·h)]

（6）将折旧费及财务费用从成本中扣除，改为按社会折现率计算的固定资金回收费用和流动资金回收费用：

$$0.072 + 0.0024 = 0.074 [元/(kW·h)]$$

（7）运营及维护费用不做调整，仍为 0.05。

（8）火电厂发电分解成本计算。综合以上各步计算的火电厂发电分解成本为

$$0.084 + 0.05 + 0.074 = 0.208 [元/(kW·h)]$$

（9）计算电力影子价格。扣除厂用电后（厂用电率 6%）的上网电分解成本为

$$0.208/(1-6\%) = 0.208/0.94 = 0.22 [元/(kW·h)]$$

则电力影子价格为 0.22 [元/(kW·h)]。

如果用电项目不是建设在火电厂旁边，还需要另外计算网输费（包括变电成本及输电线损）。

（2）消费者支付意愿法。支付意愿是指消费者为获得某种商品或服务愿意付出的价格。在经济分析中，常常采用消费者支付意愿测定影子价格。

在完善的市场中，市场价格可以正确地反映消费者的支付意愿。应注意，在不完善的市场中，消费者的行为有可能被错误地引导。因此，市场价格也可能不能正确地反映消费者的支付意愿。

（3）机会成本法。机会成本是指用于拟建项目的某种资源若改用于其他替代机会，在所有其他替代机会中所能获得的最大经济效益。例如，资金是一种资源，在各种投资机会中都可使用，一个项目使用了一定量的资金，这些资金就不能再在别的项目中使用，它的机会成本就是所放弃的所有投资机会中可获得的最大的净效益。在国民经济评价中，机会成本法也是测定影子价格的重要方法之一。

5. 特殊投入物影子价格

特殊投入物是指项目在建设、生产运营中使用的劳动力、土地和自然资源等。项目使用特殊投入物所发生的国民经济费用，应分别依据下列因素确定其影子价格。

（1）影子工资。影子工资是指建设项目使用劳动力资源而使社会付出的代价。建设项目国民经济评价中以影子工资计算劳动力费用：

$$影子工资＝劳动力机会成本＋新增资源消耗 \tag{5-8}$$

式中，劳动力机会成本系指劳动力在本项目被使用，却不能在其他项目中使用而被迫放弃的劳动收益；新增资源消耗指劳动力在本项目新就业或由其他就业岗位转移来到本项目而发生的社会资源消耗，这些资源的消耗并没有提高劳动力的生活水平。

影子工资一般是通过影子工资换算系数计算。影子工资换算系数是影子工资与项目财务评价中劳动力的工资和福利费比值。对于技术劳动力，采用影子工资等于财务工资，即影子工资换算系数为1。对于非技术劳动力，在一般情况下推荐采取财务工资的0.25～0.8倍作为影子工资。

（2）土地影子价格。如果土地使用权可以自由地在土地批租市场流动，那么土地的影子价格可以近似地用市场价格来表示，如美国、中国香港这样一些土地市场健全的国家和地区就是如此。只是在确定土地影子价格时，需要从土地市场价格中剔除政府对土地使用权买卖征收的税款部分，因为这部分是转移支付。如果土地市场不健全，土地的使用价格因政府的干预存在扭曲，则需要利用机会成本的概念，对当时当地土地可能使用的各种现实用途进行计算，以土地得到最大净收益的机会为计算对象，测算出土地的影子价格。土地影子价格反映土地用于该拟建项目后，不能再用于其他目的所放弃的国民经济效益，以及国民经济为其增加的资源消耗。土地的地理位置对土地的机会成本或消费者支付意愿影响很大。因此，土地地块的地理位置是影响土地影子价格的关键因素。

1）非生产性用地的土地影子价格。项目占用住宅区、休闲区等非生产性用地，市场完善的，应根据市场交易价格作为土地影子价格；市场不完善或无市场交易价格的，应按消费者支付意愿确定影子价格。

2）生产性用地的土地影子价格。项目占用生产性用地，主要指农业、林业、牧业、渔业及其他生产性用地，按照这些生产用地的机会成本，以及因改变土地用途而发生的新增资源消耗进行计算，即

$$土地影子价格＝土地机会成本＋占用该土地而引起的新增资源消耗 \tag{5-9}$$

a. 土地机会成本。按照项目占用土地而使社会成员由此损失的该土地"最佳可行替代用途"的净效益计算。通常，该净效益应按影子价格重新计算，并用项目计算期各年净效益的现值表示。

计算土地机会成本时，应适当考虑净效益的递增速度和净效益计算基准年距项目开工年的年数。土地机会成本计算公式：

$$OC = NB_0(1+g)^{r+1}[1-(1+g)^n(1+i_s)^{-n}]/(i_s-g) \qquad (5-10)$$

式中：OC 为土地机会成本；n 为项目计算期；NB_0 为基准年土地的最佳可行替代用途的净效益（用影子价格计算）；r 为净效益计算基准年距项目开工年的年数；g 为土地的最佳可行替代用途的年平均净效益增长率；i_s 为社会折现率（$i_s \neq g$）。

【例 5-5】 某项目拟占用农业用地 1000 亩（1 亩 $\approx 666.67\mathrm{m}^2$），该地现行用途为种植水稻。经调查，该地的各种可行的替代用途中最大净效益为 6000 元（采用影子价格计算的 2006 年每亩土地年净效益）。在项目计算期 20 年内，估计该最佳可行替代用途的年净效益，按平均递增 2% 的速度上升（$g=2\%$）。项目预计 2007 年开始建设，所以 $r=1$。社会折现率 $i_s=8\%$。试计算 1000 亩土地的机会成本。

解： 根据每亩年净效益数据计算每亩土地的机会成本：

$$OC = 6000 \times (1+2\%)^2 \times [1-(1+2\%)^{20} \times (1+8\%)^{-20}]/(8\%-2\%)$$
$$= 70871（元）$$

则占用 1000 亩土地的机会成本：
$$70871 \times 1000 = 70871000（元）$$

b. 新增资源消耗。按照在"有项目"的情况下，土地的占用造成原有地上附属物财产的损失及其他资源消耗费来计算，土地平整等开发成本通常应计入工程建设投资中，在土地影子费用估算中不再重复计算。

c. 实际征地费用的分解。实际的项目评价中，土地的影子价格可以从财务分析中土地的征地费用出发，进行调整计算。由于各地土地征收的费用标准不完全相同，在经济分析中须注意项目所在地区征地费用的标准和范围。一般情况下，项目的实际征地费用可以划分为三部分，分别按照不同的方法调整：

a）属于机会成本性质的费用，如土地补偿费、青苗补偿费等，按照机会成本计算方法调整计算。

b）属于新增资源消耗的费用，如拆迁费用、剩余劳动力安置费和地上附着物补偿费等，按影子价格计算。

c）属于转移支付的费用主要是政府征收的税费，如粮食开发基金、耕地占用税、土地复耕费等，不应列入土地经济费用。

（3）自然资源影子价格。各种自然资源是一种特殊的投入物，项目使用的矿产资源、水资源、森林资源等都是对国家资源的占用和消耗。如果该资源的市场价格不能反映其经济价值，或者项目并未支付费用，该代价应用表示该资源经济价值的影子价格表示，而不是市场价格。不可再生自然资源（矿产等）的影子价格按资源的机会成本计算，可再生自然资源（水和森林等）的影子价格按资源再生费用计算。为了方便测算，自然资源影子价格也可以通过投入物替代方案的费用确定。

三、国民经济评价指标

国民经济评价主要是进行经济盈利能力分析，其基本评价指标有经济内部收益率、经济净现值和经济效益费用比。

1. 经济内部收益率（EIRR）

经济内部收益率是反映项目对国民经济所做净贡献的相对指标，它是使项目计算期内的经济净效益流量的折现值累计等于 0 时的折现率。其表达式为

$$ENPV = \sum_{t=1}^{n} (B-C)_t (1+EIRR_s)^{-t} = 0 \qquad (5-11)$$

式中：B 为经济效益流量；C 为经济费用流量；$(B-C)_t$ 为第 t 期的经济净效益流量；n 为项目计算期。

一般情况下，经济内部收益率大于或等于社会折现率的项目，其对国民经济的净贡献能力超过或达到要求的水平，应认为是可以考虑接受的。

2. 经济净现值（ENPV）

经济净现值是反映项目对国民经济所做贡献的绝对指标，它是用社会折现率将项目计算期内各年的净效益流量折算到建设期初的现值之和。当经济净现值大于 0 时，表示国家为拟建项目付出代价后，除得到符合社会折现率的社会盈余外，还可以得到以现值计算的超额社会盈余。其表达式为

$$ENPV = \sum_{t=1}^{n} (B-C)_t (1+i_s)^{-t} \qquad (5-12)$$

式中：i_s 为社会折现率；其他符号意义同前。

一般情况下，经济净现值大于或等于 0 的项目，应认为是可以考虑接受的。

3. 经济效益费用比（EBCR）

经济效益费用比是指在计算期内效益流量的现值与费用流量的现值之比，其表达式为

$$EBCR = \frac{\sum_{t=1}^{n} B_t (1+i_s)^{-t}}{\sum_{t=1}^{n} C_t (1+i_s)^{-t}} \qquad (5-13)$$

如果经济效益费用比大于 1，表明项目资源配置的经济效率达到了可以被接受的水平。

第四节 国民经济评价的方法与步骤

国民经济评价分两种情形：一种是直接对项目进行国民经济评价；另一种是在项目财务评价的基础上进行国民经济评价，它们的评价步骤也不尽相同。

一、直接对项目进行国民经济评价的步骤

（1）识别和计算项目的直接效益。对那些为国民经济提供产出物的项目，首先应根

据产出物的性质确定是否属于外贸货物，再根据定价原则确定产出物的影子价格。按照项目产出物的种类、数量及其逐年的增减情况和产出物的影子价格计算项目的直接效益；对那些为国民经济提供服务的项目，应根据服务的数量和用户的受益计算项目的直接效益。

（2）估算投资费用。用货物的影子价格、土地的影子费用、影子工资、影子汇率等参数直接进行项目的投资估算和流动资金估算，根据生产经营的实物消耗计算经营费用。

（3）识别项目的间接效益和间接费用。对能定量的间接效益和间接费用进行定量计算，对不能（或难于）定量的进行定性分析。

（4）编制有关报表，计算相应的评价指标。

（5）进行不确定性分析，分析投资项目的抗风险能力。

（6）国民经济评价结论。综合考虑评价指标的评价结果和不确定性分析的结果，做出项目国民经济评价的结论，综合评价投资项目在经济上的合理性。

二、在项目财务评价基础上进行国民经济评价的步骤

（1）进行效益和费用范围的调整。剔除已经计入财务效益和费用中的转移支付；识别项目的间接效益和间接费用，对能定量的应进行定量计算，对不能（或难于）定量的进行定性分析。

（2）进行效益和费用数值的调整。

1）固定资产投资的调整：剔除属于国民经济内部转移支付的引进设备、材料的关税和增值税，并用影子汇率、影子运费和贸易费用对引进设备价值进行调整；对于国内设备的价值则用其影子价格、影子运费和贸易费用进行调整。

2）流动资金的调整：调整由于流动资金估算基础的变动而引起的流动资金占用量的变动。

3）经营费用的调整：先用货物的影子价格、影子工资等参数调整人工、材料等费用，然后再汇总得到调整后的经营费用。

4）销售收入的调整：先确定项目产出物的影子价格，然后重新计算调整销售收入。

5）在涉及外汇借款时，用影子汇率计算外汇借款本金与利息的偿还额。

（3）编制项目的国民经济效益费用流量表，计算相应的评价指标。

（4）进行不确定性分析，分析投资项目的抗风险能力。

（5）国民经济评价结论。

第五节　国民经济评价报表

一、基本报表——项目投资经济费用效益流量表

该表考察项目投资对国民经济的净贡献，衡量项目的盈利能力，并据此判别项目的经济合理性，见表5-2。

表 5 - 2 项目投资经济费用效益流量表

序号	项目	合计	建设期/年		运营期/年				
			1	2	3	4	5	⋯	n
			项目投资经济费用效益流量/万元						
1	效益流量								
1.1	项目直接效益								
1.2	回收固定资产余值								
1.3	项目间接效益								
2	费用流量								
2.1	建设投资								
2.2	维持运营投资								
2.3	流动资金								
2.4	经营费用								
2.5	项目间接费用								
3	净效益流量（1－2）								

计算指标：经济内部收益率 　　　（％）；经济净现值 　　　（$i_s =$ 　　 ％）

二、辅助报表 1——经济费用效益分析投资费用估算调整表

经济费用效益分析投资费用估算调整表见表 5 - 3。

表 5 - 3 经济费用效益分析投资费用估算调整表 　　　单位：万元

序号	项目	财务分析			经济费用效益分析			经济费用效益分析比财务分析增减
		外币	人民币	合计	外币	人民币	合计	
1	建设投资							
1.1	建筑工程费							
1.2	设备购置费							
1.3	安装工程费							
2	其他费用							
2.1	其中：土地费用专利及专有技术费							
2.2	基本预备费							
2.3	涨价预备费							
2.4	建设期利息							
3	流动资金							
	合计（1＋2＋3）							

注　若投资费用是通过直接估算得到的，本表应略去财务分析的相关栏目。

三、辅助报表 2——经济费用效益分析经营费用估算调整表

经济费用效益分析经营费用估算调整表见表 5-4。

表 5-4 经济费用效益分析经营费用估算调整表

序号	项目	单位	投入量	财务分析		经济费用效益分析	
				单价/元	成本	单价/元	费用
1	外购原材料						
1.1	原材料 A						
1.2	原材料 B						
1.3	原材料 C						
1.4	…						
2	外购燃料及动力						
2.1	煤						
2.2	水						
2.3	电						
2.4	…						
3	工资及福利费						
4	修理费						
5	其他费用						
	合计						

注 若投资费用是通过直接估算得到的，本表应略去财务分析的相关栏目。

四、辅助报表 4——项目直接效益估算调整表

项目直接效益估算调整表见表 5-5。

表 5-5 项目直接效益估算调整表

产出物名称			投产第一期负荷/%				投产第二期负荷/%				…	正常生产年份/%			
			A产品	B产品	…	小计	A产品	B产品	…	小计		A产品	B产品	…	小计
年产出量		计算单位													
		国内													
		国际													
		合计													
财务分析	国内市场	单价/元													
		现金收入													
	国际市场	单价/美元													
		现金收入													

续表

产 出 物 名 称			投产第一期负荷/%				投产第二期负荷/%				…	正常生产年份/%			
			A 产品	B 产品	…	小计	A 产品	B 产品	…	小计		A 产品	B 产品	…	小计
经济费用效益分析	国内市场	单价/元													
		直接效益													
	国际市场	单价/美元													
		直接效益													
	合计/万元														

注 若投资费用是通过直接估算得到的，本表应略去财务分析的相关栏目。

五、辅助报表5——项目间接费用估算表

项目间接费用估算表见表5-6。

表5-6　　　　　　　　　　　　项目间接费用估算表

序号	项目	合计	建设期/年		运营期/年				
			1	2	3	4	5	…	n

六、辅助报表6——项目间接效益估算表

项目间接效益估算表见表5-7。

表5-7　　　　　　　　　　　　项目间接效益估算表

序号	项目	合计	建设期/年		运营期/年				
			1	2	3	4	5	…	n

习 题 与 讨 论

1. 国民经济评价的含义及意义是什么？
2. 简述国民经济评价的范围。
3. 简述项目的财务评价和国民经济评价的区别与联系。
4. 国民经济评价的参数与指标分别有哪些？
5. 社会折现率的作用是什么？它与财务评价中采用的基准收益率有何区别与联系？
6. 影子价格的作用是什么？如何确定项目投入物和产出物的影子价格？

7. 什么是影子价格？为什么国民经济评价中要使用影子价格？

8. 简述国民经济评价的方法与步骤。

9. 在国民经济评价的费用与效益中，哪些项目属于转移支付？如何理解转移支付？

10. 某产品共有三种原料，A、B两种原料为非外贸货物，其国内市场价格总额每年分别为200万元和50万元，影子价格与国内市场价格的换算系数分别为1.2和1.5。C原料为进口货物，其到岸价格总额每年为100万美元，进口费用为15万元。设影子汇率换算系数为1.08，外汇牌价为6.335元/美元，求该产品国民经济评价的年原料成本总额。

11. 某种原料是拟建项目的主要投入物，需要对其进行成本分解以求得影子价格。调整得到全国平均生产每吨该种货物换算为生产期初的建设投资为1507元，占用流动资产为250元，项目生产期为15年，社会折现率为8%。

（1）不考虑固定资产残值，试求年资金回收费用（M）。

（2）在成本分解法中，用年资金回收费用调整原料成本中的哪些项目？

第六章　综合利用工程的投资费用分摊

内容提要： 通过学习综合利用工程的主要功能和各受益部门之间的关系，理解综合利用工程投资效益分摊的必要性及合理性，掌握综合利用工程的投资组成和共用工程费用、专用工程费用、可分离费用以及剩余费用的概念，熟练运用5种常用的费用分摊方法及其适用条件，了解费用分摊的步骤。启发学生全面考虑工程问题的思维和复杂问题逐级分解的能力，进一步增强工科学生专业知识的实际应用和专业技能的培养。

第一节　投资费用分摊的必要性

以水利工程为例，一般具有防洪、发电、灌溉、供水、航运等综合利用效益。在过去一段时间内由于缺乏经济核算，整个综合利用工程的投资，并不在各个受益部门之间进行投资分摊，主要由某一主要受益部门负担，结果常常发生以下几种情况：

（1）负担全部投资的部门认为，本部门效益有限，而所需投资却较大，因而迟迟下不了决心或者不愿兴办此项工程，使水资源得不到应有的开发和利用，从而白白浪费掉。

（2）主办单位由于受本部门投资额的限制，可能造成综合利用工程的开发规模偏小，致使综合利用效益不能充分发挥。

（3）综合利用工程如果牵涉的部门较多，相互关系较为复杂，有些不承担投资的部门往往提出过高的设计标准或设计要求，使工程投资不合理地增加，工期被迫拖延，不能以较少的工程投资在较短的时间内发挥较大的综合利用效益。

在相当长时期内，某些水利工程的投资全部由水电站负担，致使水电站单位千瓦投资高出火电站较多。由于受电力部门总投资额的限制以及其他一些原因，为尽快满足电力系统负荷日益增长的要求，较多地发展了火力发电。虽然火电厂本身的单位千瓦投资较低，但是为了提供火电所需的大宗燃料，煤炭工业部门不得不增加投资新建或扩建矿井，甚至铁道部门、环保部门亦需相应增加投资，总计折合火力发电单位千瓦的投资并不一定比水电站少，而且火电站单位电能的年运行费是水电站的数倍。由于电价是一定的，结果国家纯收入（包括税金和利润）减少，资金积累减慢，反过来又影响水利、电力部门的投资额，降低扩大再生产的速度，而水能资源由于得不到充分的开发利用而年复一年地被大量浪费掉。

随着社会主义市场经济体制的建立，水利工程建设资金的投入逐步转入多元化机制。许多项目实行"谁投资、谁受益"的原则，集资建设；国家拨款改为贷款，由无偿使用变为有偿使用。各受益地区或部门不仅关心工程所带来的效益，而且也很关心自己在工程建设管理中所应承担的工程费用（建设投资和年运行费用）。经济效益合理程度、各地区或部门应负担多少费用是否在其可接受的范围之内，决定着该地区和部门对项目的支持态度。因此，综合利用工程的投资在各个受益部门之间进行合理分摊势在必行。

对综合利用工程进行投资分摊有如下目的：①合理分配国家资金，正确编制国民经济发展规划和建设计划，保证国民经济各部门有计划按比例协调发展；②充分合理地开发和利用水利资源和各种能源，在满足国民经济各部门要求的条件下，使国家的总投资和运行费用最少；③协调国民经济各部门对综合利用工程的要求，选择经济合理的开发方式和发展规模，分析比较综合利用工程各部门的有关参数和技术经济指标；④充分发挥投资的经济效果，只有对综合利用工程进行投资和运行费用分摊，才能正确计算防洪、灌溉、水电、航运等部门的效益与费用，以便加强经济核算，制定各种合理的价格，不断提高综合利用工程的经营和管理水平。

综合利用工程投资费用分摊包括固定资产投资分摊和年运行费分摊。

第二节　综合利用工程的费用构成和分摊原则

综合利用工程是指国民经济不同部门为利用同一水资源而联合兴建的工程。根据费用的服务性质，可以将综合利用工程的费用分为只为某一受益部门（或地区）服务的专用工程费用和配套工程费用，以及为综合利用工程各受益部门（或其中两个以上受益部门）服务的共用工程费用。根据费用的可分性质，又分为可分离费用与剩余费用两部分。

一、共用工程费用和专用工程费用

共用工程费用是指为各受益部门共同使用的工程设施投入的投资、年运行费用和更新费等，该费用应由各受益部门分摊。专用工程费用是指参与综合利用的某一部门为自身目的而兴建的工程（包括配套工程）的总投入，包括投资、年运行费用和设备更新费，该费用由各部门自行承担。因此，综合利用工程的投资构成可用下式表示：

$$C_{总} = C_{共} + \sum_{i=1}^{n} C_{专,i} \quad (i = 1, 2, \cdots, n) \tag{6-1}$$

式中：$C_{总}$ 为综合利用工程总费用；$C_{共}$ 为各受益部门的共用工程费用；$C_{专,i}$ 为第 i 个受益部门的专用工程费用；n 为从综合利用工程获得效益的部门数。

各部门的专用工程费用和配套工程费用在数量上以及投入的时间上相差很大。以综合利用工程为例，相对来说，水库防洪的专用工程费用小（大坝既是防洪的主要工程措施，又为各受益部门所共用），基本上没有配套工程；发电部门的专用工程费用和配套工程费用都比较多；航运部门的专用工程费用比发电部门少，但配套设施的费用很大；灌溉部门的专用工程（主要是引水渠首工程）费用很小，配套工程费用大。航运专用工程投资一般在水库蓄水前要全部投入；发电专用工程投资（主要是机电设备）大部分可在水库蓄水后随着装机进度逐步投入，配套工程投资可在水库蓄水后逐步投入。

共用工程费用主要包括大坝工程投资和水库淹没处理费用，其大小主要取决于坝址的地质、地形条件和水库淹没区社会经济条件，在不同自然条件和社会经济条件下建设相同规模水利工程其投资费用可能相差数倍。共用工程费用投入时间较早，全部或绝大部分要在水库蓄水前投入。

二、可分离费用和剩余费用

某部门的可分离费用是指综合利用工程中包括该部门与不包括该部门的总费用之差

（其他部门效益不变）。例如一个兼顾防洪、发电、航运三目标的综合利用水利工程，其防洪可分离费用，就是防洪、发电、航运三目标的工程费用减去发电、航运双目标的工程费用。剩余费用是指综合利用工程总费用减去各部门可分离费用之和的差额。综合利用工程的费用构成可用下式表示：

$$C_{总} = C_{剩} + \sum_{i=1}^{n} C_{分,i} \quad (i = 1, 2, \cdots, n) \tag{6-2}$$

式中：$C_{总}$ 为综合利用枢纽工程总投资；$C_{分,i}$ 为第 i 部门的可分离部分的投资（简称可分投资）；$C_{剩}$ 为综合利用工程的剩余投资。

三、费用分摊原则

综合利用工程投资费用分摊总的原则是：谁受益，谁承担。

由于综合利用工程的各功能在工程中所处的地位和作用不同，不一定所有综合利用的部门都参与费用分摊，一般是根据各功能在工程中的地位和作用，选择主要功能参加费用分摊，次要的或只获得间接效益而且现在难以计算的功能部门可以不参与分摊。

参与分摊的各部门或地区应遵循如下费用分摊原则：

（1）为各功能服务的共用工程的费用，应通过费用分摊，合理确定各功能应承担的费用。

（2）仅为某几项功能服务的工程设施，可先将这几项功能视为一个整体，参与总费用的分摊，再将分得的费用在这几项功能之间进行分摊。

（3）主要为某一特定功能服务，同时又是项目不可缺少的组成部分，对其他功能也有一定效用的工程设施，应计算其替代的共用工程费用，并在各受益功能之间进行分摊。超过替代共用工程费用的部分应由该特定功能承担。

（4）综合利用工程建设项目中专为某个功能服务的专用工程费用，应由该功能自身承担。

（5）因兴建本项目使某些功能受到损害，采取补救措施恢复其原有效能所需的费用，应由各受益功能共同承担。超过原有效能而增加的工程费用应由该功能承担。

（6）综合利用工程建设项目费用分摊，应进行合理性检查。各功能分摊的费用应不大于该功能可获得的效益。同时，各功能分摊的费用应小于其最优等效替代方案的费用，或不大于专为该功能服务而兴建的工程设施的费用。

第三节　常用的费用分摊方法

国外对综合利用工程的投资分摊问题曾做过较多的研究，提出很多的计算方法。由于问题的复杂性，目前还提不出一个可以普遍采用的、能够被各方完全同意的投资费用分摊公式。本节主要介绍比较通用的投资费用分摊方法和有关部门建议的费用分摊方法。

一、费用分摊方法分类

综合利用工程费用的分摊方法多种多样，归纳起来有下述三类：

（1）按比例分摊综合利用工程的总费用。这种方法一般适用于水利工程。确定分摊系数的方法很多，最常见的是按用水量或所需库容比例确定。这类分摊方法直接分摊枢纽总投资，会把某水利部门专用工程的投资按比例分摊到其他水利部门中去，得出不尽合理的结果。

（2）按比例分摊综合利用工程的共用工程费用。各部门分摊的费用等于本部门专用工程费用加上分摊得到的共用工程费用。分摊系数的确定方法或者说具体的分摊方法有多种，如按各部门所用水量或库容比例分摊、按效益比例分摊等。

（3）按比例分摊综合利用工程的剩余费用。这类方法分摊系数的确定方法与第（2）种情况分摊系数的确定方法基本相同，也有多种。由于可分离费用一般占总费用中的大部分（一般为 70% 左右，多的可达 85%），剩余费用占的份额较少，因此虽然分摊系数用不同方法确定时有较大差别，但对成果影响较小。这类方法的不足之处是计算可分离费用的工作量很大。

二、费用分摊方法

1. 枢纽指标系数分摊法

水是水利工程特有的指标，综合利用各部门要从综合利用工程得到好处都离不开水：防洪需要利用水库拦蓄超额洪水，削减洪峰；发电需要利用水库来获得水头和调节流量；灌溉需要利用水库来储蓄水量；航运要利用水库抬高水位，淹没上游滩险和增加下游枯水期流量提高航深……同时，水利工程费用也是与水库规模大小成正比的，水库越大，费用也越多。因此，按各部门利用库容或水量的比例来分摊综合利用工程的费用是比较合理的。其分摊比例表达式为

$$\alpha_i = \frac{V_i}{\sum_{i=1}^{n} V_i} \quad \text{或} \quad \alpha_i = \frac{W_i}{\sum_{i=1}^{n} W_i} \qquad (6-3)$$

式中：V_i 为第 i 个受益部门占有综合利用水利工程的库容；W_i 为第 i 个受益部门需综合利用工程提供的年用水量。

此法概念明确、简单易懂、直观，分摊的费用较易被有关部门接受，在世界各国获得了广泛的应用，适用于各种综合利用工程的规划设计、可行性研究及初步设计阶段的费用分摊。此法存在的主要缺点如下：

（1）不能确切地反映各部门用水的特点，如有的部门只利用库容、不利用水量（如防洪），有的部门既利用库容、又利用水量（如发电、灌溉）。同时，利用库容的部门其利用时间不同，使用水量的部门随季节变化对水量的要求不一样，水量保证程度也不一样。

（2）不能反映各部门需水的迫切程度。

（3）由于水库水位是综合利用各部门利益协调平衡的结果，水库建成后又是在统一调度下运行的，因此，不能精确划分出各部门利用的库容或者水量。

为了克服上述缺点，可以适当计入某些权重系数，如时间权重系数、迫切程度权重系数、保证率权重系数等。例如，对共用库容和重复使用的库容（或水量）可根据使用情况和利用库容时间长短或主次地位划分，对死库容可按主次地位法、优先使用权法等在各部门之间分摊，并适当计入某些权重系数。

2. 效益现值比例分摊法

效益现值比例分摊法分摊的费用与各部门获得的效益大小有关，效益大则多分摊费

用，效益小则少分摊费用。其分摊比例表达式如下：

$$\alpha_i = \frac{PB_i}{\sum\limits_{i=1}^{n} PB_i} \qquad (6-4)$$

式中：PB_i 为第 i 个部门经济效益现值。

　　兴建综合利用工程的基本目的是获得经济效益，因此按各部门获得经济效益的大小来分摊综合利用工程的费用是比较公平合理的，也易被接受。不过综合利用工程各部门的效益是由共用、专用、配套工程共同作用的结果，如果按各部门获得的总效益的比例分摊共用工程费用，则加大了专用和配套工程大的部门分摊的费用。另外，综合利用工程各部门开始发挥效益和达到设计效益的时间长短不同，一般情况是防洪、发电部门开始发挥效益和达到设计效益的时间较快；灌溉部门因受配套工程建设的制约，航运部门因受货运量增长速度的影响，均要较长的时间才能达到设计效益。如果按各部门的年平均效益的比例分摊共用工程费用，将使效益发挥慢的部门分摊的费用偏多，效益发挥快的部门分摊的费用偏少。因此，采用此法计算分摊比例较合理的做法，是将各部门效益现值减去各部门专用和配套工程费用现值后得到剩余净现值，再计算各部门剩余净现值占剩余净现值总和的比例，即为各部门的分摊比例。

　　实际应用时还须注意以下几个方面的问题：

　　（1）计算的各部门所获得的效益是否与实际相等，这取决于计算资料是否全面与准确，计算方法是否完善。

　　（2）效益计算的范围。《水利建设项目经济评价规范》（SL 72—2013）中规定，项目的效益应包括直接效益和间接效益两部分。间接效益可分为一级间接效益和二级间接效益等，计算到哪一级、是否还要计算相应的外部费用等，规范中没有说明，只能根据枢纽实际情况决定。效益有国家效益和地方效益，有的能定量计算，如工业供水产值提高，灌溉供水产量增加等；有的很难定量计算，只能定性分析，如环境效益等。再者，有的地区尽管经济效益显著，但地方财政并不一定因工程的修建而增加多少收益。

　　（3）对用水部门来说，按效益大小分摊的费用与所获得的供水量没有直接关系，该法不利于节约用水，不利于发挥供水的最大效益。

　　3. 主次地位分摊法

　　在综合利用工程中各受益部门所处地位不同，主次关系明显，往往某一部门占主导地位，要求水库的运行方式服从它的要求，其他次要部门的用水量及用水时间则处在从属的地位，其主要功能可获得的效益占枢纽总效益的比例很大，这时，可由该工程主要功能的受益部门承担全部或大部分共用工程费用，次要功能的受益部门只承担其可分离费用或专用工程费用。

　　这种方法适用于主导部门地位十分明确，工程的主要任务是满足该部门所提出的防洪或兴利要求。确定首要任务或主要用途部门所应承担的份额可以根据以下因素：单独兴建等效替代措施的投资费用；规定的计算期内该部门可获得的净效益；各部门协商评议，确定各方可以接受的分摊比例等。

　　4. 可分离费用—剩余效益法

　　可分离费用—剩余效益法（SCRB 法）的基本原理是：把综合利用工程多目标综合开

发与单目标各自开发进行比较，所节省的费用被看作是剩余效益的体现，所有参加部门都有权分享。某部门的"剩余效益"是指某部门的效益与其合理替代方案费用两者之中的较小值减去该部门的可分离费用的差值。此法分摊比例是按各部门剩余效益占各部门剩余效益总和的比例计算。其分摊比例表达式如下：

$$\alpha_i = \frac{PS_i}{\sum\limits_{i=1}^{n} PS_i} \qquad (6-5)$$

式中：PS_i 为第 i 部门剩余效益。

此法理论上比较合理，可以将误差降到最低限度，但是需要大量的资料。为此，有的学者在 SCRB 法的基础上，提出了"修正 SCRB 法"和基于"可分离费用—剩余效益法"原理的多种分摊方法。

修正 SCRB 法主要考虑到综合利用工程各部门的效益并不是立即同时达到设计水平的，而是有一个逐渐增长过程，计算各部门效益时应考虑各部门的效益增长情况，在效益增长阶段分年进行折算。如增长是均匀的，可运用增长系列复利公式计算；达到设计水平年后则运用复利等额系列公式计算。然后把两部分加起来，即可得出各部门在计算期的总效益现值。

基于"可分离费用—剩余效益法"中分离费用这一思路的合理性，近年来国内外开始把这一思路推广应用于按库容（或用水量）比例、按分离费用比例、按净效益比例、按替代方案费用比例、按优先使用权等方法分摊剩余共用费用。

5. 最优等效替代方案费用现值比例分摊法

此法的基本设想是：如果不兴建综合利用工程，则参与综合利用的各部门为满足自身的需要，就得兴建可以获得同等效益的工程，其所需投资费用反映了各部门为满足自身需要付出代价的大小。因此，按此比例来分摊综合利用工程的投资费用是比较合理的。此法的优点是不需要计算工程经济效益，比较适宜于效益不易计算的综合利用工程。缺点是需要确定各部门的替代方案，各部门的替代方案可能是多个，要计算出各方案的投资费用，并从中选出最优方案，计算工作量是很大的。

采用此法时，一般应按替代方案在经济分析期内的总费用折现总值的比例，分摊综合利用水利工程的总费用。其分摊比例表达式如下：

$$\alpha_i = \frac{C_{i替}}{\sum\limits_{i=1}^{n} C_{i替}} \qquad (6-6)$$

式中：$C_{i替}$ 为第 i 部门最优等效替代方案费用现值。

6. 例题

【**例 6-1**】　某综合利用水利工程具有发电、防洪、航运以及旅游、水产养殖等综合利用效益。枢纽工程由大坝、电站、船闸等组成，概算静态总投资 876647.23 万元，其中工程投资 792337.33 万元，水库淹没处理补偿费 84292 万元，详细概算资料见表 6-1，枢纽总库容为 45.80 亿 m³，根据所在流域规划，要求该枢纽 6 月、7 月预留 5 亿 m³ 防洪库容，试进行投资分摊。

表 6-1				某综合利用水利工程投资概算表		
编号	工程或费用名称	建安工程费/万元	设备购置费/万元	独立费用/万元	合计/万元	占第一至第七部分百分比/%
	第一部分　建筑工程	387012.70			387012.70	44.15
一	挡水工程	62341.28			62341.28	
二	溢洪道工程	100223.64			100223.64	
三	防空洞工程	16818.91			16818.91	
四	发电厂工程	91136.45			91136.45	
五	基础渗控及加固处理工程	47639.80			47639.80	
六	滑坡防治工程	13852.95			13852.95	
七	马岩高边坡防治工程	9131.56			9131.56	
八	危岩体工程	3803.51			3803.51	
九	内部观测	4785.00			4785.00	
十	交通工程	23920.00			23920.00	
十一	房屋建筑工程	4300.60			4300.60	
十二	其他工程	9059.00			9059.00	
	第二部分　机电设备及安装工程	13067.54	92877.64		105945.18	12.09
一	发电设备及安装工程	11856.86	61037.13		72893.99	
二	升压变电设备及安装	654.79	24190.62		24845.41	
三	其他设备及安装工程	555.89	7649.89		8205.78	
	第三部分　金属结构设备及安装工程	1664.62	13435.87		15100.49	1.72
一	溢洪道工程	545.54	4475.19		5020.73	
二	防空洞工程	309.22	2225.80		2535.02	
三	发电厂工程	756.88	6100.48		6857.36	
四	电力拖动	52.98	179.40		232.38	
五	闸门喷锌		455.00		455.00	
	第四部分　施工临时工程	132620.10			132620.10	15.13
一	施工交通工程	21939.61			21939.61	
二	施工供电系统	9849.43			9849.43	
三	施工供水系统工程	2580.00			2580.00	
四	施工供风系统工程	1000.00			1000.00	
五	施工通信工程	2750.00			2750.00	
六	砂石料生产系统工程	2460.00			2460.00	
七	混凝土拌和浇筑系统工程	3280.00			3280.00	
八	导流工程	52447.47			52447.47	
九	施工期环境保护设施工程	1698.00			1698.00	

续表

编号	工程或费用名称	建安工程费/万元	设备购置费/万元	独立费用/万元	合计/万元	占第一至第七部分百分比/%
十	临时房屋建筑工程	17317.32			17317.32	
十一	其他房屋建筑工程	17298.27			17298.27	
	第五部分　独立费用			92966.76	92966.76	10.61
一	建设管理费			23173.18	23173.18	
二	生产准备费			1841.36	1841.36	
三	科研勘测费			45941.82	45941.82	
四	其他			22010.40	22010.40	
	第六部分　水库淹没处理补偿费				84292.00	9.62
	第七部分　基本预备费				58692.00	6.70
	静态总投资				876629.23	

解：（1）根据该枢纽具体情况，确定发电、防洪和航运部门参与投资分摊。

（2）共用工程和专用工程投资、可分投资和剩余投资计算。

1）共用工程和专用工程投资划分：从枢纽工程概算表中，能够直接分离出来水电站的专项工程投资，具体结果见表 6-2。

表 6-2　　　　　　　　可直接分离的电站专项工程投资计算表

编　号	工程或费用名称	金　额/万元
	第一部分　建筑工程	106014.05
一	发电厂工程	91136.45
二	基础渗控及加固处理工程	2398.02
1	交通洞石方洞挖	82.82
2	通风洞及吊物井石方洞挖	168.63
3	交通洞衬砌混凝土	307.56
4	通风洞及吊物井衬砌混凝土	291.20
5	围岩固结灌浆钻孔	78.16
6	围岩固结灌浆	1469.65
三	马岩高边坡防治工程	9131.56
四	交通工程	475.00
1	重件码头	400.00
2	厂房进口交通桥	75.00
	第二部分　机电设备及安装工程	97830.14
一	发电设备及安装工程	72893.99
二	升压变电设备及安装工程	24845.41

续表

编　号	工程或费用名称	金　额
三	厂房电梯	90.74
	第三部分　金属结构及安装工程	6857.36
一	发电厂工程	6857.36
	第四部分　施工临时工程	900.00
一	交通隧道工程	900.00
	第五部分　独立费用	1464.91
一	建设管理费（其中的联合试运转费）	42.40
二	生产准备费	1422.51
1	生产职工培训费	535.30
2	生产单位提前进厂费	887.21
	第一至五部分合计	210193.44

除了能够直接分离出来的水电站专用投资外，施工临时工程中有部分投资也是水电站专用的，这部分投资可按照建筑工程中已经分离出来的水电站专用投资与建筑工程的比例来计算，具体计算过程如下：

水电站建筑工程的专用投资为：103141.03 万元。

建筑工程的总投资为：387012.70 万元。

已经分离出来的水电站专用投资与建筑工程的比例为：103141.03/387012.70 ＝ 26.65%。

施工临时工程中参与水电站分摊的投资为：表 6-1 中的施工临时工程（第四部分）减去表 6-2 中已分离出来的施工临时辅助工程，即：132620.10－900.00＝131720.10（万元）。

水电站应分摊的施工辅助工程投资为：131720.10×26.65%＝35103.41（万元）。

此外，独立费用中也有部分费用是水电站专用的，这部分投资可按已直接分离出来的发电专用投资与概算表中第一至四部分之和的投资比例来计算，具体计算过程如下：

已直接分离出来的发电专用投资中一至四部分之和为：103141.03＋97830.14＋6857.36＋900.00＝208728.53（万元）。

概算表（表 6-1）中第一至四部分之和为：387012.70＋105945.18＋15100.49＋132620.10＝640678.47（万元）。

已直接分离出来的发电专用投资与概算表中第一至四部分之和的投资比例为：208728.53/640678.47＝32.58%。

水电站应分摊的施工独立费用为：（92966.76－1464.91）×32.58%＝29811.30（万元）。

以上三项投资之和为 275108.15 万元。

这部分投资的基本预备费为：275108.15×8%＝22008.65（万元）。

因此，发电专用静态投资为 275108.15＋22008.65＝297116.8（万元），发电、防洪和航运共用投资为 876629.23－297115.99 ＝ 579512.43（万元）。

2）可分投资和剩余投资划分：枢纽的静态总投资为 876629.23 万元，如果不考虑防洪开发任务，即 6 月、7 月水库不预留 5 亿 m^3，仅考虑发电任务，电站在达到同等发电效益的条件下，枢纽大坝高度可降低约 2m，相应工程的静态投资（即发电部门的替代投资）为 867011.23 万元，即防洪部门的可分投资为

$$K_{分（防洪）} = 876629.23 - 867011.23 = 9618（万元）$$

如不考虑发电开发任务，仅考虑防洪任务，仅需修建一座能够拦蓄 5 亿 m^3 洪水的水库，大坝高度约为 100m，相应的静态投资（即替代投资）约为 84700 万元，即发电部门的可分投资为

$$K_{分（发电）} = 876629.23 - 84700 = 791929.23（万元）$$

则枢纽的剩余投资为

$$K_{剩} = K_{总} - \sum_{i=1}^{n} K_{分i} = 876629.23 - 9618 - 791929.23 = 75082（万元）$$

因通航建筑物投资在概算表中没有体现，整个工程也没有因有通航要求而改变工程规模，没有增加其他投资，因此，航运部门的可分投资为 0。

下面分别采用枢纽指标系数法、效益比例分摊法、最优等效替代方案费用现值比例分摊法及可分离费用—剩余效益法进行计算，并进行结果分析比较。

a. 枢纽指标系数法。工程总库容为 45.80 亿 m^3，其中预留 5 亿 m^3 防洪库容主要是为防洪服务的，考虑防洪使得汛后水库蓄满的可能性由 83.3％ 降为 70％，对发电效益有一定的影响。因此，可按发电、防洪占用库容的比例分摊共用工程投资。

正常蓄水位以上库容主要为防洪部门所用，相应投资由防洪部门承担。正常蓄水位 400.00m 以下的库容为 43.12 亿 m^3，可分为三部分：①死水位 350.00m 以下的死库容 19.29 亿 m^3；②防洪限制水位 391.80m 至死水位 350.00m 之间的部分兴利库容 18.83 亿 m^3；③正常蓄水位 400.00m 至防洪限制水位 391.80m 之间的 5.00 亿 m^3 防洪库容。

经分析，防洪限制水位以下的库容主要由发电部门承担，考虑航运将会给当地带来很大的经济效益，综合其他方面，考虑航运承担 3.5 亿 m^3 的库容。预留的 5 亿 m^3 防洪库容仅限制在 6 月、7 月内，其余月份发电部门仍可以使用。因此，5 亿 m^3 防洪库容应由防洪、发电部门按各自利用的时间共同承担。统计分析结果表明，防洪占用的时间比例为 0.213，发电占用的时间比例为 0.787。按求得的分摊比例分摊共用工程投资，计算结果见表 6-3。

表 6 - 3　　　　　　　　　枢纽指标系数法分摊结果表

序号	项　　　目	发电	防洪	航运	合计
1	死水位以下的库容/亿 m³	19.29	0		19.29
2	防洪限制水位与死水位之间的库容/亿 m³	15.33	0	3.50	18.83
3	防洪限制水位与正常蓄水位之间的库容/亿 m³	3.94	1.06		5.00
4	正常蓄水位以上的库容/亿 m³		2.68		2.68
5	各部门的分摊比例/%	84.19	8.17	7.64	100.00
6	分摊的共用工程投资/万元	487903.91	47322.63	44285.88	579512.43
7	应承担的总投资/万元	785020.71	47322.62	44285.88	876629.23

b. 效益比例分摊法。采用效益比例分摊法进行投资分摊，应该先计算枢纽工程的发电效益和防洪效益，再计算发电部门、防洪部门分摊的投资。折算时取生产期为 50 年，社会折现率为 8%，以开始正常发挥效益年份为基准年（基准点在年初），发电效益按工程增加的有效电量和电量影子价格计算，防洪效益采用有无综合利用工程时减少的洪灾损失值表示，航运效益按修建完工以后的多年平均年效益计算效益现值。按求得的分摊比例分摊共用工程投资，计算结果见表 6 - 4。

表 6 - 4　　　　　　　　效益比例分摊法计算结果表

序号	项　　　目	发电	防洪	航运	合计
	共用工程投资/万元				579512.43
1	各部门效益现值/万元	2925800.00	130700.00	95000.00	3151500.00
2	各部门分摊比例/%	92.84	4.15	3.01	100.00
3	分摊的共用工程投资/万元	538009.57	24033.72	17469.04	579512.43
4	应承担的总投资/万元	835126.47	24033.72	17469.04	876629.23

c. 最优等效替代方案费用现值比例分摊法。拟定各受益部门的替代方案，计算其投资和年运行费用并折算成现值，经反复研究比较，确定本综合利用工程各部门的替代方案如下：

发电：采用凝汽式火电站替代。经计算该替代方案的费用现值为 86.7 亿元。

防洪：最优等效替代方案是在其下游枢纽原预留 5 亿 m³ 防洪库容的基础上，再预留 5 亿 m³ 防洪库容，经计算枢纽防洪部门的最优替代方案的费用现值为 8.47 亿元。

航运：其替代投资以淹没损失 8.43 亿元表示。根据各部门最优等效替代方案投资比例分摊工程总投资，计算结果见表 6 - 5。

表 6 - 5　　　　　　最优等效替代方案费用现值比例分摊法计算表

序号	项　　　目	发电	防洪	航运	合计
	工程总投资/万元				876629.23
1	替代方案费用/亿元	86.70	8.47	8.43	103.60
2	各部门分摊比例/%	83.69	8.18	8.13	100.00
3	应承担的总投资/万元	733626.97	71670.36	71331.90	876629.23

d. 可分离费用—剩余效益法。采用可分离费用—剩余效益法对水利枢纽的投资进行分摊，需要先分析各部门的计算效益现值，然后计算各部门可分离和配套工程费用现值，计算各部门的剩余效益现值，再根据剩余效益的比例分摊枢纽的剩余投资，计算结果见表6-6。

表6-6　　　　　　　　　　可分离费用—剩余效益法计算结果表

序号	项　目	发电	防洪	航运	合计	备注
1	可分离投资/万元	791929.23	9618.00	0	801547.23	
2	剩余投资/万元				75082.00	
3	可分离和配套工程费用/万元	820100.00	22700.00	21300.00	864100.00	费用与效益计算口径对应一致
4	替代方案费用/万元	867000.00	84700.00	84300.00	1036000.00	
5	各部门效益现值/万元	2925800.00	130700.00	95000.00	3151500.00	
6	计算效益/万元	867000.00	84700.00	84300.00	1036000.00	min{(4),(5)}
7	剩余效益/万元	46900.00	62000.00	63000.00	171900.00	(6)－(3)
8	各部门分摊比例/%	27.28	36.07	36.65	100.00	(7)÷171900
9	分摊的剩余投资/万元	20482.37	27082.08	27517.55	75082.00	(8)×75082
10	应承担的总投资/万元	812411.60	36700.08	27517.55	876629.23	(9)＋(1)

e. 投资分摊结果分析。将以上四种方法的投资分摊计算成果列表，见表6-7。

表6-7　　　　　　　　各种费用分摊方法的计算成果　　　　　　　　单位：万元

序号	分摊方法	发电	防洪	航运
1	枢纽指标系数法	785020.73	47322.62	44285.88
2	效益现值比例法	835126.47	24033.72	17469.04
3	最优等效替代方案费用现值比例分摊法	733626.97	71670.36	71331.90
4	可分离费用—剩余效益法	812411.60	36700.08	27517.55

由表6-7可以看出，采用不同的方法进行投资分摊，分摊的结果是有一定差别的。发电部门分摊的投资额为733626.97万～835126.47万元；防洪分摊的投资额为24033.72万～71670.36万元；航运分摊投资额为17469.04万～71331.90万元。无论采用哪种分摊方法，发电、防洪分摊的投资均分别小于发电、防洪和航运部门的效益，并分别小于发电部门、防洪部门的最优替代工程的费用。这说明几种分摊方法分摊结果均符合合理性要求。四种分摊方法中，枢纽指标系数法应用发电防洪占用库容比例进行分摊，计算简单、直观、明确，可避免工程以外的一些指标计算不准带来的误差。该方法的主要缺点是没有考虑发电部门和防洪部门的效益，没有考虑投资效益在投资分摊中的影响。其他三种方法考虑了投资效益、替代工程费用等问题，理论上比较完整。但在实际工作中，防洪效益、替代费用、电价等通常很难准确计算，这往往影响了这三种方法的合理使用。需要再次说明的是，其中的可分离费用—剩余效益法，分摊的是工程的剩余投资，它比共用投资要小得多，可缩小分摊误差，分摊结果比较合理。

第四节　费用分摊步骤

对综合利用工程进行费用分摊，一般可按以下步骤进行。

1. 确定参加费用分摊的部门

从一般原则上说，所有参加综合利用的部门都应参加费用分摊。但是参加综合利用的各部门在综合利用工程中所处的地位不同，如有的部门在综合利用工程中处于主导地位，对综合利用工程的建设规模和运行方式都有一定的要求；有的部门处于从属地位，对综合利用工程建设规模和运行方式都没有什么影响，主要是利用综合利用工程发挥本部门的效益。参加综合利用的各部门效益大小不同，效益发挥的快慢也不同。因此，不一定所有参加综合利用的部门都要参与费用分摊，应根据参加综合利用的各部门在综合利用工程中的地位和效益情况，分析确定参加费用分摊的部门。

2. 划分费用和进行费用的折现计算

将综合利用工程的费用（包括投资和年运行费）划分为专用工程费用与共用工程费用，或可分离费用与剩余共同费用，并进行折现计算。

一般在工程投资概（估）算基础上进行投资分摊。在工程投资概（估）算时，专用工程投资和共用工程投资是统一计算的，很多投资项目是共用投资与专用投资互相交叉在一起的。在进行综合利用工程投资分摊时，首先需要正确划分专用工程投资和共用工程投资，这是一项十分重要而难度大的工作，它不仅需要有合理的划分原则，还必须掌握大量资料和对综合利用工程有比较全面的了解。根据水利工程投资估算的方法和特点，一般可分两步进行：

（1）第一步：按投资估算的原则，将综合利用工程投资按大坝、电站、通航建筑物、灌溉渠首工程及其他共用工程进行初步划分。原则和方法是：按工程计算出的各建筑物直接投资及按此投资比例算出的相应于该建筑物的临时工程投资和其他投资，一并划入该建筑物投资；其余投资则列入其他工程投资。

（2）第二步：由于各建筑物投资并不一定就是本部门的专用投资（如通航建筑物等），因此，还需在第一步划分的基础上，进一步将各建筑物的投资根据其性质和作用分为共用和专用两部分，具体划分时应注意：

1）大坝工程具有防洪专用和为各受益部门共用的两重性，只将为满足防洪需要而增加的投资费用划为防洪专用投资费用，其余费用作为各受益部门的共用投资费用。

2）溢洪道和泄洪建筑物及其附属设备的投资，常占水利枢纽工程总投资的相当大的比重。上述建筑物的任务包括两方面：一方面保证工程本身的安全，当发生稀遇洪水（例如千年一遇或万年一遇洪水）时，依靠泄洪建筑物的巨大泄洪能力而确保水库及大坝的安全；另一方面，对于一般洪水（例如 10 年一遇或 20 年一遇洪水），依靠泄洪建筑物及泄洪设备一部分的控泄能力确保下游河道的防汛安全。前一部分任务所需的投资，应由各个受益部门共同负担；后一部分任务所需增加的投资，则应由下游防洪部门单独负担。

3）坝后式水电站的厂房土建和机电投资费用属于发电部门，应全部划入发电专用投资费用。河床式电站厂房土建部分既是电站的专用工程设施，又起挡水建筑物的作用，其投资费用应在发电专用和各部门共用之间进行适当划分。

4）通航建筑物（如船闸、升船机等）的投资费用，应根据不同情况区别对待：天然河道原来是可以通航的，由于修建水利工程而被阻隔，为了恢复原有河道的通航能力而增加的投资，不应由航运部门负担，而应由其他受益部门共同负担。但是为了提高通航标准而专门修建的建筑物，其额外增加的费用则应由航运部门负担。当初步估算其专用和共用投资费用时，可按天然河道通过能力与通航建筑物通过能力的比例估算。

5）灌溉、工业和城市生活用水，常常需修建专用的取水口和引水建筑物，其所需投资应列为有关部门的专用投资。如果供水部门的取水口及引水建筑物与其他部门共用，则取水和引水建筑物的投资费用应在各部门间进行分摊。

6）开发性移民的水库移民费用含有恢复移民原有生产、生活水平的补偿费用和发展水库区域经济的建设费用，应将其费用划分为补偿和发展两部分，前者为各受益部门的共用费用，后者另做研究处理。

7）筏运、渔业、旅游、卫生部门一般可不参加综合利用工程的费用分摊。综合利用工程虽然可以增加木筏的拖运量，但是增加了过坝的困难；渔业、旅游等在水库建设中多为附属性质，因此可不分摊综合利用工程的费用，只需负担其专用设施的费用即可。

可分离费用和剩余费用的划分，一般在专用工程费用和共用工程费用划分的基础上进行，这项工作比较烦琐但又十分重要。划分时需要大量的设计资料，为了节省设计工作量，应充分利用已有资料，并做适当简化。而且当有些水利部门如第 i 部门和第 j 部门之间有共用工程（如取水口、引水建筑物等）且枢纽中不包括第 i 部门时，要重新决定第 j 部门的各有关工程尺寸；然后再根据调整后的枢纽布置和工程尺寸计算工程量和相应的投资费用。显然，这种划分把各部门的专用工程费用最大限度地划分出来，由各部门自行承担，需要分摊的剩余费用比共用工程费用小，从而减小了由于分摊比例计算不精确而造成的误差，因此可减小因分摊方法不完善所造成的不合理性，是一种比较合理的方法，在美国、欧洲、日本、印度等国家和地区得到广泛应用。

3. 确定采用的费用分摊方法

由于费用分摊问题十分复杂，涉及面广，到目前为止，还没有一种公认的可适用于各个国家和各种综合利用工程情况的费用分摊方法。因此，需根据设计阶段的要求和设计工程的具体条件（包括资料条件），选择适当的费用分摊方法。有条件时，可由各受益部门根据工程的具体情况共同协商本工程采用的费用分摊方法。对特别重要的综合利用工程建设项目，可同时选用多种分摊方法进行计算，经综合分析后，合理确定分摊方案。

4. 进行费用分摊比例的计算

根据选用的费用分摊方法，计算分析采用的分摊指标，如各部门的经济效益，各部门等效替代工程的费用，各部门利用的水库库容、水量等实物指标等；再计算各部门分摊综合利用工程费用的比例和份额。当采用多种方法进行费用分摊计算时，还应对按几种方法计算的成果进行综合计算与分析，确定一个综合的分摊比例和份额。

5. 确定各部门分摊的费用及其在建设期内的年度分配数额

根据分摊比例计算出参与分摊的各部门应负担的费用，为了满足动态经济分析的需要，还应研究各部门分摊费用在建设期内的年度分配数额，即费用流程。由于共用工程费用与各部门专用工程费用和配套工程费用的投入时间和年度分配情况都不相同，因此，不能按同一分摊比例估算各部门应负担的费用。在建设期内各年度的费用，应分别计算，其方法是：首先按各部门分摊比例乘以共用费用在建设期内各年度的费用数额，得到各部门各年度的共用费用数额；然后加上本部门专用和配套工程费用在对应年度的费用数额，即为某部门分摊的费用在建设期各年度的数额。

综合利用工程各受益部门所分摊的费用，除应按照分摊原则分析其是否公平合理外，还应从以下几个方面进行合理性检查：

（1）任何部门所分摊的年费用（包括投资年回收值和年运行费两个方面）不应大于本部门最优替代工程的年费用。在某种情况下，某一部门所分摊的投资，有可能超过替代工程的投资 $(K_i > K_替)$，而分摊的年运行费可能小于替代工程 $(U_i < U_替)$；在另一种情况下，可能出现 $U_i > U_替$，此时应调整 K_i 和 $K_替$，使总的分摊结果符合某部门所分摊总费用小于该部门最优等效替代工程的总费用的原则。

（2）各受益部门所分摊的费用，不应小于因满足该部门需要所需增加的工程费用（即可分离费用），最少应负担为该部门服务的专用工程（包括配套工程）的费用。

（3）任意若干部门分摊的费用之和都应不大于这几个部门联合兴建这项综合利用工程的费用。

如果检查分析时发现某部门分摊的投资和年运行费不尽合理时，应在各部门之间进行适当调整。

习 题 与 讨 论

1. 综合利用工程为什么要进行投资费用分摊？在分摊过程中应该考虑哪些因素？

2. 现行的投资分摊方法有很多，试分析各种方法的特点和适用性。

3. 如何检查分析某部门分摊的投资和年运行费是否合理？

4. 综合利用工程费用分摊方法有哪些？针对各种分摊方法的优缺点，你有何改进意见和设想？

5. 对大型综合利用工程，是否有必要采用多种投资费用分摊方法？当采用不同方法计算的结果差别较大时，应如何协调使各有关部门都能接受？

6. 如果综合利用工程某一部门（如水力发电）效益较大，某一部门（如航运）效益有得有失，得失相当，某一部门有负效益，某一部门占有专用库容较大或专用水量较多（如灌溉），但效益相对较小，对上述各部门应如何进行投资费用分摊？

7. 采用可分离费用—剩余效益法、效益现值比例法、最优替代方案费用现值比例法分摊表 6-8 所列的综合利用水利工程费用。折现率取 10%，经济寿命取 50 年。

表 6-8　　　　　　　　某综合利用水利工程投资、费用以及效益概算表　　　　单位：万元

项　　目		投资	直接年效益	年运行费
综合利用水利工程		17800	4280	2600
可分离费用	发电	6500	2600	1000
	防洪	600	480	200
	航运	2600	1200	500
最优替代工程费用	发电	7400	2600	1200
	防洪	800	480	260
	航运	3000	1200	520

8. 果园灌区和粮食灌区合资修建一个供水水库。该水库还可以为下游城镇提供防洪效益。工程使用年限为 50 年。经计算，年平均防洪效益约 40 万元。果园灌区每年需水量为 50 万 m³，每立方米水量均可获利 1.5 元。粮食灌区每年需水量为 200 万 m³，但因农产品价格低，每立方米水量只能获利 0.2 元。该工程的基建投资为 1500 万元，分摊于两个灌区和政府，政府负担防洪部分的费用。这个工程基建投资之中的 80% 用于水库，20% 用于从水库到两灌区的分水点的总干渠。已经计算出水库和总干渠分离费用，各个部门替代方案费用见表 6-9。试计算各个部门分摊的费用（折现率取 $i = 8\%$）。

表 6-9　　　　　　　　某灌溉水源工程各部门替代方案费用表　　　　单位：万元

项　　目		果园灌区	粮食灌区	防洪
可分离费用	水库	150	350	200
	总干渠	50	150	0
最优替代工程费用		950	2000	700

9. 今有一综合利用水利枢纽工程，担负防洪、灌溉及发电等任务，其使用年限为 40 年，其他资料见表 6-10，试用以下三种方法对综合利用水利枢纽共用工程费用进行分摊，并对分摊结果进行评价。

（1）替代工程费用现值比例分摊法。

（2）效益现值比例分摊法。

（3）可分离费用剩余效益法。

表 6-10　　　　　　　　某综合利用水利枢纽工程的费用和效益数据表　　　　单位：万元

工 程 项 目		基建投资	年运行费用	年平均毛效益
综合枢纽共用工程		1765	22.3	310
可分离费用	防洪	420	3.8	73
	灌溉	170	4.2	50
	发电	600	9.6	187
专用工程费用	防洪	380	3.5	
	灌溉	125	2.8	
	发电	480	8.0	

续表

工 程 项 目		基建投资	年运行费用	年平均毛效益
替代工程费用	防洪	1530	14.5	73
	灌溉	1200	16.0	50
	发电	1800	28.0	187

注　1. 表中基建投资均于建设年初一次投入，第二年开始受益。

　　2. 经济报酬率 $i=7\%$。

10. 某综合利用水利工程，以防洪灌溉为主，发电结合灌溉进行且无专门发电库容，也不允许专门为发电供水。已知水库共用工程的总投资为 48 万元，共用工程的年运行费为 12 万元，总库容为 3.5 亿 m^3，其中死库容为 0.3 亿 m^3，灌溉库容为 2.1 亿 m^3，防洪库容为 1.1 亿 m^3，试分摊该水库的投资和年运行费。

第七章　财务评价及敏感性分析

内容提要： 通过学习财务评价的概念、内容和意义，了解财务评价与国民经济评价的联系和区别，掌握财务评价内容分类、步骤以及应编制的报表，理解不确定性分析、敏感性分析的概念及其必要性和重要性，掌握敏感性分析的步骤和方法。培养工科学生正确处理全局与局部、整体与个体、国家整体经济发展与具体工程项目之间的辩证关系，增强对不确定性的理解，树立风险意识和忧患意识，在工程经济分析过程中应增强社会主义核心价值观。

第一节　工程项目财务评价

一、财务评价概述

工程项目经济评价的内容及侧重点应根据项目性质、项目目标、项目投资者、项目财务主体以及项目对经济与社会的影响程度等具体情况确定。当前，企业的投资项目采用的是核准制或备案制，需要进行项目的财务评价和不确定性分析，是否要进行国民经济评价可根据项目特点和实际需求而定。对于关系公共利益、国家安全和市场不能有效配置资源的工程项目，既要进行财务评价，又要进行国民经济评价。对于政府投资的项目必须进行国民经济评价，对于特别重大的建设项目还应从区域经济和宏观经济影响的角度进行国民经济评价。

工程项目方案最终是否可行主要取决于国民经济评价的结论。对国民经济评价结论不可行的项目，一般应予否定。对关系公共利益、国家安全和市场不能有效配置资源的工程项目，如果国民经济评价结论可行，但财务评价结论不可行，应重新考虑方案，必要时可提出经济优惠措施的建议，使项目具有财务生存能力。

对于不同投资主体、不同性质的工程项目，必须对项目进行财务评价，考察其财务可行性，对以盈利为基本目的的经营性项目更是如此。

（一）财务评价的概念

工程项目的财务评价又称财务分析，是从企业角度出发，根据国家现行财税制度、市场价格体系和项目评定的有关规定，以财务角度分析、计算项目范围内的效益和费用，编制财务报表，计算评价指标，考察项目的生存能力、盈利能力和清偿能力等财务状况，据此判别项目在财务上的可行性。

工程项目的财务评价，主要是通过分析财务活动、计算评价指标来论证工程项目财务上的可行性。从财务上分析工程项目经济效益时，不仅要测算、分析正常经营条件下的项目经济效益，同时还应测算、分析在不利条件下，不利因素对工程项目经济效益的影响，进行工程项目经济效益的不确定性分析，以估计项目可能承担的风险，确定项目在经济上的可靠性。理解其概念要注意从财务评价与国民经济评价的联系和区别、进行财务评价的财税制度和价格体系、财务评价的主要内容、财务评价的根本目的等方面重点考虑。

（二）财务评价与国民经济评价的联系和区别

财务评价与国民经济评价统称为项目的经济评价。财务评价是从企业的角度，对项目的盈利性进行评价；国民经济评价则是站在国家的立场上，以国民收入增长为目标的分析和评价。进行财务评价与国民经济评价前都要做好相应的基本报表和辅助报表的编制，然后根据评价指标进行评价。国民经济评价指标包括经济内部收益率、经济净现值、经济净现值率、经济外汇净现值、经济换汇成本和经济节汇成本等；财务评价指标包括财务内部收益率、财务净现值、财务净现值率、财务外汇净现值、财务换汇成本和财务节汇成本等。

财务评价与国民经济评价的联系和区别，详见本章第二节。

二、财务评价的目的和原则

（一）财务评价的目的

（1）考察和论证项目的盈利能力。盈利能力直接关系到项目建成后能否获得利润，是财务评价的主要内容。盈利能力的分析不仅关系到经营性项目的生存和发展，而且对于公益性等非经营性项目，也有助于投资方衡量国家或地方财政对其投资项目给予必要支持的程度。分析投资项目的盈利水平，应从两个方面对其进行评价：①评价项目达到设计生产能力的正常年份可能获得的盈利水平，即按静态方法计算项目正常生产年份的企业利润，并计算其占总投资的比率大小，例如采用总投资收益率分析评价项目年度投资盈利能力；②评价项目整个寿命期内的总盈利水平，即按动态方法考虑资金的时间价值，计算项目寿命期内企业的财务收益和总收益率，例如采用财务净现值和财务内部收益率等指标分析评价项目寿命期内所能达到的实际财务总收益。

（2）考察和论证项目的偿债能力，即分析项目按期偿还到期债务的能力。对于采用银行贷款或融资方式投资的项目，银行和投资方都十分关心投资能否如期收回，通常表现为借款偿还期是否符合约定期限的要求。尤其是利用外资贷款的项目或技术引进的项目更要注意建成投产后的创汇能力、外汇效果、外汇贷款利率高低、偿还方式以及偿还能力等。除了借款偿还期这个指标外，还应采用利息备付率和偿债备付率指标进行分析，它们都是银行进行放贷决策的重要依据，也是分析评价项目偿债能力的重要指标。

（3）衡量非经营性项目的财务生存能力。对于非经营性项目，如公益性项目和基础性项目，在经过相关部门批准的情况下，可以实行还本付息价格或微利价格。在这类项目的决策过程中，为了衡量国家或地方财政对其支持的程度（例如政策性补贴或减免措施），同样需要进行财务计算和评价。通常是根据财务计划现金流量表，考察项目计算期内各年的投资活动、融资活动和经营活动产生的各项现金流入和流出，计算累计现金流量和累计盈余资金，分析项目是否有足够的净现金流量维持正常运营。

（4）判断项目的风险性，准确反映对项目经济效益有很大影响的各种因素。一些项目的实施和投入使用受很多因素影响，如产品的市场需求状况、主要投入物的价格及保证程度、产出物的价格和生产成本等。这些因素发生变化时，项目的经济效果也将发生变化。哪些因素对项目经济效果影响大，或可能带来风险，只有通过财务分析和评价以及不确定性分析才能得以确定。

（5）为协调企业利益和国家利益提供依据。当项目的财务效果无法满足相关标准，而国民经济效果却很好，国家又急需项目时，国家要用经济手段予以调节使项目在财务上可行。财务评价可以通过考察有关经济因素（如价格、税收、利率等）的变动对分析结果的影响，寻找经济调节方式和幅度，使企业利益和国家利益趋于一致。

（二）财务评价的原则

（1）费用与效益计算范围一致的原则。为了正确评价项目的获利能力，必须遵循费用与效益计算范围的一致性原则。如果在投资估算中包括了某项工程，那么因建设了该工程而增加的效益就应该考虑，否则就会低估项目的效益；反之，如果考虑该工程对项目效益的贡献，但投资却未计算进去，那么项目的效益就会被高估。只有将投入和产出的估算限定在同一范围内，计算的净效益才是投入的真实回报。

（2）以动态分析为主、静态分析为辅的原则。国际通行的财务经济评价都是以动态分析方法为主，即根据资金时间价值原理，考虑项目整个计算期内各年的效益和费用，采用现金流量分析的方法，计算内部收益率和净现值等评价指标。我国于2006年由国家发展改革委和建设部发布施行的《建设项目经济评价方法与参数》第三版，就采用动态分析与静态分析相结合、以动态分析为主的原则制定出了一整套项目评价方法与指标体系，并一直沿用至今。

（3）以定量分析为主、定性分析为辅的原则。工程项目财务评价的本质要求是对项目建设中的诸多经济因素，通过费用、效益计算，给出明确的数量概念，从而进行经济分析与评价。因此，定量分析能正确反映项目建设与生产经营的两个方面。但是，一个复杂的大型工程项目，总会存在一些难以量化的经济因素，需要通过定性分析和定量分析结合在一起进行评价。

（4）基础阶段性经济效益分析与全过程经济效益分析相结合的原则。以往项目财务分析过分偏重建设阶段的投资、工期和造价，而对项目生产运营阶段流动资金的投资、生产经营成本、经济效益不够重视，致使项目建设投产或交付使用后不能充分发挥设计能力，甚至亏损。鉴于此，当前财务分析应遵循全过程经济效益分析的原则，强调应把项目评价的出发点和归宿点放在投资全过程的经济分析上，采用能够反映项目整个寿命期内经济效益的动态分析方法及其评价指标，据此判断项目的可行性。

三、财务评价的内容和步骤

1. 财务评价的内容

财务评价的内容与财务评价的目的是一脉相承的，由于财务评价的目的主要是考察项目的盈利能力、偿债能力及财务生存能力的，所以工程项目财务评价内容主要是编制与财务评价目的密切相关的一系列基本报表和辅助报表，并计算《工程项目经济评价方法与参数》中明确的财务评价指标，从而对项目进行财务分析，故其内容在形式上主要由财务报表和评价指标两部分组成。

（1）财务效益和费用的识别与计算。企业中正确识别项目的财务效益和费用应以项目为界，以是否属于项目的直接收入和支出为划分标准。项目的财务效益主要表现为生产经营的产品销售收入、各种补贴、固定资产余值和流动资金回收；费用主要表现为项目的总投资经营成本、税金等。在计算财务效益和费用时，应以能反映项目产出物和投入物对项目财务的实际货币收支效果为原则进选定。

（2）财务报表的编制。在项目财务效益和费用计算的基础上，进行项目财务基本报表和辅助报表的编制。基本报表主要包括现金流量表、利润与利润分配表、资金来源与运用表和资产负债表等。辅助报表包括固定资产投资估算表、流动资金估算表、投资计划与资金筹措表、固定资产折旧费估算表、无形资产与递延资产摊销估算表、总成本费用估算表、产品销售收入和销售税金及附加估算表和借款还本付息表等。

（3）财务评价指标的计算和评价。根据财务报表可以计算相关财务评价指标。通过与基准值进行对比分析，可以对项目的盈利能力、偿债能力和财务生存能力等做出评价，最后判断项目的财务可行性。

2. 财务评价内容的分类

（1）按项目的性质分类。建设项目财务评价的内容应根据项目的性质和目标确定，通常分为以下两类：

1）对于经营性项目，财务评价应通过编制财务分析报表，计算财务指标，分析项目的盈利能力、偿债能力和财务生存能力，判断项目的财务可接受性，明确项目对财务主体及投资者的价值贡献，为项目决策提供依据。

2）对于非经营性项目，财务分析应主要分析项目的财务生存能力。财务生存能力分析应在财务分析辅助表及利润与利润分配表的基础上编制财务计划现金流量表，通过考察项目计算期内的投资、融资和经营活动所产生的各项现金流入和流出，计算净现金流量和累计盈余资金，分析项目是否有足够的净现金流量维持正常运营，以实现财务的可持续性。

（2）按项目与资金筹措的关系分类。建设项目财务评价通常分为融资前评价和融资后评价。一般宜先进行融资前评价，在融资前分析结论满足要求的情况下，初步设定融资方案，再进行融资后评价。

1）融资前评价，应以动态分析为主、静态分析为辅。融资前动态分析应以营业收入、建设投资、经营成本和流动资金的估算为基础，考察整个计算期内现金流入和现金流出，编制项目投资现金流量表，计算项目投资内部收益率和净现值等指标。融资前分析排除了融资方案变化的影响，从项目投资总获利能力的角度考察项目方案设计的合理性。融资前分析计算的相关指标应作为初步投资决策与融资方案研究的依据与基础。

2）融资后评价，融资后评价应以融资前评价和初步的融资方案为基础，考察项目在拟定融资条件下的盈利能力、偿债能力和财务生存能力，判断项目方案在融资条件下的可行性。融资后分析用于比选融资方案，帮助投资者做出融资决策。

3. 财务评价的步骤

（1）收集整理、计算项目评价基础数据并选择财务评价参数。财务基础数据的计算是指在项目市场、资源、技术条件分析的基础上，从项目角度出发，依据现行的财税制度和价格政策，对一系列有关的财务数据进行调查、收集、整理和测算，并编制有关财务数据估算表的工作。财务数据主要包括主要投入物和产出物的财务价格、税率、利率、汇率、计算期、固定资产折旧率、摊销年限、财务基准收益率等，据此进行项目财务预测，获得项目总投资额、生产成本费用、销售收入、税金及利润等一系列财务费用和效益数据，并对这些基础数据和参数进行分析。

（2）编制财务报表。财务报表分为基本报表和辅助报表，将上一步中收集的财务数据进行分析、评估，编制投资使用计划与资金筹措表、总成本费用估算表、固定资产折旧费估算表等辅助报表，再将辅助报表中的基础数据汇总，编制现金流量表、利润及利润分配表、财务计划现金流量表等基本报表。

（3）计算财务指标。通过上一步编制的财务基本报表，可直接计算出一系列财务评价指标，包括反映项目财务生存能力、盈利能力、偿债能力的各类财务评价指标，这种利用财务指标分析项目的可行性属于确定性分析的范畴，为全面分析项目的可行性，还需利用敏感性分析、概率分析的方法对财务评价指标进行不确定性分析和风险性分析，从而得出项目在不确定情况下的财务评价结论与建议。

选择项目财务评价参数时要根据财务评价的不同目的，依据不同的财务评价指标体系进行选择。常见的财务评价指标体系包括三类：第一类是根据是否考虑资金的时间价值，分为静态评价指标和动态评价指标，其中静态评价指标包括总投资收益率、静态投资回收期、借款偿还期、利息备付率、偿债备付率；动态评价指标包括内部收益率、净现值、净现值率、动态投资回收期。第二类是根据财务评价目标的不同，分为盈利能力分析指标、财务生存能力指标、偿债能力分析指标，其中盈利能力分析指标包括财务内部收益率、财务净现值、投资回收期、投资收益率；财务生存能力分析指标包括盈亏平衡分析和敏感性分析；偿债能力分析指标包括借款偿还期、流动负债率、速动比率、流动比率。第三类是根据财务评价指标的不同性质，分为时间性评价指标、价值性评价指标、效率性评价指标，其中时间性评价指标包括投资回收期、借款偿还期；价值性评价指标包括财务净现值；效率性评价指标包括财务内部收益率、投资利润率、投资利税率、资本金利润率、资本金净利润率、资产负债率、速动比率、流动比率。

（4）编写财务评价报告并得出结论。将计算得到的财务评价指标分别与国家有关部门或投资者确定的基准值进行比较，分析项目适应市场变化的能力和抵抗风险能力，从财务角度得出项目是否可行的结论。

四、财务评价报表的种类和内容

项目财务评价中把财务报表分为辅助报表和基本报表两类。

（一）辅助报表

财务评价辅助报表通常包括以下内容：

（1）投资使用计划与资金筹措表。

（2）固定资产投资估算表。

（3）流动资金估算表。

（4）总成本费用估算表。

（5）外购原材料、燃料及动力费估算表。

（6）固定资产折旧费估算表。

（7）无形资产与递延资产摊销费估算表。

（8）销售收入及销售税金估算表。

（二）基本报表

财务评价基本报表主要包括以下内容：

（1）项目投资现金流量表。该表把项目视为独立系统，从融资前角度出发，将项目所需的总投资作为计算基础，反映项目在建设期和生产经营期内全部现金流入和流出，并计算项目所得税前及所得税后的财务内部收益率、财务净现值、投资回收期等财务评价指标，考察项目的盈利能力，为同一项目不同方案间的比较建立基础。项目投资现金流量表的格式及内容见表7-1。

表7-1　　　　　　　　　　　　　　项目投资现金流量表

序号	项 目	计 算 期							
		1	2	3	4	5	6	…	n
1	现金流入								
1.1	营业收入								
1.2	补贴收入								
1.3	回收固定资产								
1.4	回收流动资产								
2	现金流出								
2.1	建设投资								
2.2	流动资金								
2.3	经营成本								
2.4	营业税金及附加								
2.5	维持运营投资								
3	所得税前净现金流量								
4	累计税前净现金流量								
5	调整所得税								
6	所得税后净现金流量								
7	累计税后净现金流量								

计算指标：　　　　　　　　　　所得税前：　　　　　　　　所得税后：

财务净现值：

财务内部收益率：

投资回收期：

（2）项目资本金现金流量表。该表从项目投资者整体角度出发，以项目资本金作为计算基础，把借款本金偿还和利息支付作为现金流出，用来计算资本金的内部收益率，反映投资者权益投资的获利能力。项目资本金现金流量表的格式及内容见表7-2。

表 7-2   项目资本金现金流量表

序号	项 目	计 算 期							
		1	2	3	4	5	6	…	n
1	现金流入								
1.1	营业收入								
1.2	补贴收入								
1.3	回收固定资产								
1.4	回收流动资产								
2	现金流出								
2.1	项目资本金								
2.2	借款本金偿还								
2.3	借款利息支付								
2.4	经营成本								
2.5	营业税金及附加								
2.6	所得税								
2.7	维持运营投资								
3	净现金流量								

计算指标：

资本金内部收益率：

财务净现值：

（3）投资各方现金流量表。该表从项目各投资者角度出发，以投资者的出资额作为基础，用来计算投资各方的收益率。项目投资各方现金流量表的格式及内容见表 7-3。

表 7-3   项目投资各方现金流量表

序号	项 目	计 算 期							
		1	2	3	4	5	6	…	n
1	现金流入								
1.1	实分利润								
1.2	资产处置收益分配								
1.3	租赁费收入								
1.4	技术转让或使用收入								
1.5	其他现金流入								
2	现金流出								
2.1	实交资本								
2.2	租赁资产支出								
2.3	其他现金流出								
3	净现金流量								

计算指标：

投资各方内部收益率：

（4）利润及利润分配表。该表是反映企业在一定会计期间的经营成果的报表，其编制基础是会计上的责权发生制原则，即以收入或费用的实际发生作为确认计量的标准。当期已经实现的收入或已发生的费用，不论款项是否收付，都作为当期的收益或费用处理。利润及利润分配表的格式及内容见表7-4。

表7-4　　　　　　　　　　　　　　利润及利润分配表

序号	项目	计算期							
		1	2	3	4	5	6	···	n
1	营业收入								
2	营业税金及附加								
3	总成本费用								
4	利润总额								
5	所得税								
6	税后利润								
7	期末未分配利润								
8	可供分配利润								
9	盈余公积金								
10	可供投资者分配利润								
11	分配投资者股利								
12	未分配利润								
13	息税前利润								
14	利息备付率								
15	偿债备付率								

（5）财务计划现金流量表。该表反映项目计算期各年的投资、融资及经营活动的现金流入和流出，用来计算累计盈余资金，分析项目的财务生存能力。财务计划现金流量表的格式及内容见表7-5。

表7-5　　　　　　　　　　　　　　财务计划现金流量表

序号	项目	计算期							
		1	2	3	4	5	6	···	n
1	经营活动净现金流量								
1.1	现金流入								
1.1.1	营业收入								
1.1.2	增值税销项税								
1.1.3	补贴收入								
1.1.4	其他流入								

序号	项 目	计 算 期							
		1	2	3	4	5	6	...	n
1.2	现金流出								
1.2.1	经营成本								
1.2.2	增值税进项税								
1.2.3	营业税金及附加								
1.2.4	增值税								
1.2.5	所得税								
1.2.6	其他流出								
2	投资活动净现金流量								
2.1	现金流入								
2.2	现金流出								
2.2.1	建设投资								
2.2.2	维持运营投资								
2.2.3	流动资金								
2.2.4	其他流出								
3	筹资活动净现金流量								
3.1	现金流入								
3.1.1	资本金投入								
3.1.2	建设资金借款								
3.1.3	流动资金借款								
3.1.4	债券								
3.1.5	短期借款								
3.1.6	其他流入								
3.2	现金流出								
3.2.1	各种利息支出								
3.2.2	偿还债务本金								
3.2.3	应付利润								
3.2.4	其他流出								
4	净现金流量								
5	累计盈余资金								

（6）资产负债表。该表综合反映项目计算期内各年末资产、负债、所有者权益的增减变化及对应关系，用来考察项目资产、负债、所有者权益结构是否合理，进行偿债能力分析。资产负债表的格式及内容见表 7-6。

表 7-6   资 产 负 债 表

序号	项　　目	计　算　期							
		1	2	3	4	5	6	...	n
1	资产								
1.1	流动资产总额								
1.1.1	货币资金								
1.1.2	应收账款								
1.1.3	预付账款								
1.1.4	存货								
1.2	在建工程								
1.3	固定资产净值								
1.4	无形及其他资产净值								
2	负债及投资人权益								
2.1	流动负债总额								
2.1.1	应付账款								
2.1.2	流动资金借款								
2.2	长期负债								
2.3	负债小计								
2.4	投资人权益								
2.4.1	资本金								
2.4.2	资本公积金								
2.4.3	累计盈余公积金								
2.4.4	累计未分配利润								

资产负债率：

流动比率：

速动比率：

（7）借款还本付息计划表。该表反映项目计算期内各年借款本金偿还和利息支付情况，其格式和内容见表 7-7。

表 7-7   借款还本付息计划表

序号	项　　目	合计	计　算　期						
			1	2	3	4	5	...	n
1	借款 1								
1.1	期初借款余额								
1.2	当期还本付息								

序号	项 目	合计	计 算 期						
			1	2	3	4	5	···	n
	其中：还本								
	付息								
1.3	期末借款余额								
2	借款2								
2.1	期初借款余额								
2.2	当期还本付息								
	其中：还本								
	付息								
2.3	期末借款余额								
3	债券								
3.1	期初债务余额								
3.2	当期还本付息								
	其中：还本								
	付息								
3.3	期末债务余额								
4	借款和债券合计								
4.1	期初余额								
4.2	当期还本付息								
	其中：还本								
	付息								
4.3	期末余额								

偿债备付率：

利息备付率：

（三）财务评价基本报表与财务评价指标的关系

通过财务评价基本报表可以看出，财务评价基本报表与财务评价指标的关系见表7-8。

表7-8 **财务评价基本报表与财务评价指标的关系**

评价内容	财务评价基本报表	财务评价指标	
		静态指标	动态指标
盈利能力分析	项目投资现金流量表	全部投资回收期	财务内部收益率 财务净现值

续表

评价内容	财务评价基本报表	财务评价指标	
		静态指标	动态指标
盈利能力分析	项目资本金现金流量表	—	资本金财务内部收益率
	投资各方现金流量表	—	投资各方财务内部收益率
	利润及利润分配表	总投资收益率	
偿债能力分析	资金来源与运用表 借款还本付息表	借款偿还期	—
		偿债备付率	
		利息备付率	
	资产负债表	资产负债率	
		流动比率	
		速动比率	
	借款还本付息计划表	利息备付率	
		偿债备付率	
生存能力分析	财务计划现金流量表	净现金流量	—
		累计盈余资金	

五、财务评价案例

（一）项目概况

1. 项目背景

某新建项目，其可行性研究已完成市场需求预测、生产规模、工艺技术方案、建厂条件和厂址方案、环境保护、工厂组织和劳动定员以及项目实施规划诸方面的研究论证与多方案比选。生产规模为某原料年产 1.2 万 t。产品方案为 A 型和 B 型两种，本项目以 A 型为主。

财务评价
案例附表

2. 编制依据

该项目财务分析的编制依据为《建设项目经济评价方法与参数》（第三版）和国家现行的财税政策、会计制度与相关法规。

3. 项目计算期

项目的计算期包括建设期与生产经营期。根据项目实施计划，建设期确定为 2 年，生产经营期确定为 8 年，因此项目计算期为 10 年。第 3 年投产，当年生产负荷达到设计能力的 70%，第 4 年达到 90%，第 5 年达到 100%。

4. 产品售价与产销计划

产品售价以市场价格为基础，预测到生产期初的市场价格，每吨出厂价按 15850 元计算（不含税价格）；产品产销率按 100% 考虑，即产销相等。

（二）财务效益与费用估算

1. 投资估算

（1）建设投资估算。建设投资估算采用概算法，经估算，建设投资为 19141.10 万元。建设投资估算见附表 7 - 1（扫描案例中二维码查看，下同）。

（2）建设期利息估算。建设期借款总额为 12641.10 万元，建设期利息为 1141.48 万元。

第 1 年借款为 7695.00 万元，第 2 年借款为 4946.10 万元，由于

$$建设期利息为（上年累计借款本金＋当年借款总额/2）×借款利率$$

则第 1 年应计利息为（0＋7695.00/2）×7.97％＝306.65（万元）。

第 2 年应计利息为（7695.00＋306.65＋4946.10/2）×7.97％＝834.83（万元）。

建设期货款利息为 306.65＋834.83＝1141.48（万元）。

第 3 年初借款余额为 7695.00＋306.65＋4946.10＋834.83＝13782.58（万元）。

第 3 年应计利息为 13782.58×7.97％＝1098.47（万元）。

第 3 年还本金 2440.00 万元。

第 4 年初借款余额为 13782.58－2440＝11342.58（万元）。

第 4 年应计利息为 11342.58×7.97％＝904.00（万元）。

第 4 年应还本金 3600.00 万元。

第 5 年初借款余额为 11342.58－3600＝7742.58（万元）。

第 5 年应计利息为 7742.58×7.97％＝617.08（万元）。

第 5 年应还本金 4300.00 万元。

第 6 年初借款余额为 7742.58－4300＝3442.58（万元）。

第 6 年应计利息为 3442.58×7.97％＝274.37（万元）。

第 6 年应还本金 3442.58 万元。

相应数据填入表格，建设期利息估算见附表 7 - 2。

（3）流动资金估算。流动资金估算采用分项详细估算法进行估算，估算额为 3111.02 万元。流动资金估算见附表 7 - 3。

（4）总投资估算。总投资包括建设投资、建设期利息和流动资金。即

$$总投资＝建设投资＋建设期利息＋流动资金$$

因此，本项目的总投资为 19141.10＋1141.48＋3111.02＝23393.60（万元）。

2. 总成本费用估算

（1）外购原材料费。每年总外购原材料费估算见附表 7 - 4。

（2）外购燃料及动力费。每年总外购燃料及动力费估算见附表 7 - 4。

（3）工资及福利费。全厂定员 500 人，工资及福利费按每人每年 8000 元估算，全年工资及福利费估算为 400 万元（其中福利费按工资的 14％计算）。工资及福利费估算见附表 7 - 4。

（4）折旧费。固定资产原值中除工程费用外还包括建设期利息、预备费用以及其他费用中的土地费用。固定资产原值为 19513.58 万元，按平均年限法计算折旧，折旧年限为 8 年，残值率为 24％，折旧率为 9.5％。

年折旧额为 19513.58×（1−24％）/8＝1853.79（万元）。

固定资产折旧估算见附表 7−5。

（5）摊销费。无形资产为 370.00 万元，按 8 年摊销，年摊销额为 46.25 万元。其他资产为 399.00 万元，按 5 年摊销，年摊销额为 79.8 万元。无形资产和其他资产摊销费估算见附表 7−6。

（6）修理费。修理费按年折旧额的 50％提取，每年 926.90 万元。

（7）财务费用。财务费用全部为借款利息费用支出。在达产年流动资金借款应计利息每年为 2211.02×5.94％＝131.33（万元）。第 3 年项目投产达设计能力的 70％，债务资金 1402.7 万元；第 4 年达 90％，债务资金 541.52 万元；第 5 年达 100％，债务资金 266.8 万元。

第 3 年利息支出为 1098.47＋1402.7×5.94％＝1181.79（万元）。

第 4 年利息支出为 904＋（1402.7＋541.52）×5.94％＝1019.49（万元）。

第 5 年利息支出为 617.08＋131.33＝748.41（万元）。

第 6 年利息支出为 274.37＋131.33＝405.70（万元）。

第 7～10 年利息支出仅为流动资金借款产生利息均为 131.33 万元。

长期借款利息计算见附表 7−2。生产经营期间应计利息全部计入财务费用。

（8）其他费用。其他费用是指除了上述 7 项费用以外的费用，经过估算为每年 520.20 万元。

（9）固定成本和可变成本。根据本项目实际情况，可变成本包括外购原材料、外购燃料及动力费。固定成本包括总成本费用中除可变成本以外的费用。

3. 营业收入和税金估算

（1）营业收入。营业收入估算见附表 7−7。其中

第 3 年营业收入为 15850×1.2×70％＝13314（万元）。

第 4 年营业收入为 15850×1.2×90％＝17118（万元）。

第 5～10 年各年营业收入为 15850×1.2×100％＝19020（万元）。

（2）营业税金及附加和增值税。产品增值税税率为 17％。该项目采用价外计税式考虑增值税。城市维护建设税税率为 7％，教育费附加税率为 3％。营业税金及附加和增值税估算见附表 7−7。以第 3 年为例：

销项税额为 13314×17％＝2263.38（万元）。

增值税为销项税额−进项税额＝2263.38−1270.82＝992.56（万元）。

城市维护建设税为 992.56×7％＝69.48（万元）。

教育费附加为 992.56×3％＝29.78（万元）。

营业税金及附加为 69.48＋29.78＝99.26（万元）。

（三）资金筹措

1. 项目资本金

项目资本金为 7400.00 万元，其中用于流动资金 900.00 万元。资本金由甲、乙两个投资方出资，其中甲方出资 3000 万元，从还完建设投资长期借款年开始，每年按出资额的 22％分红，经营期末收回投资。

2. 借款

建设投资贷款为 12641.10 万元，全部由中国建设银行提供贷款，年利率为 7.97％，第 1 年贷款为 7695.00 万元，第 2 年贷款额为 4946.10 万元；流动资金借款为 2211.02 万元，全部由中国工商银行提供贷款，年利率为 5.94％。

投资分年使用，项目总投资使用计划与资金筹措估算见附表 7-8。

（四）财务分析

1. 有关数据说明

（1）评价参数的选取。项目财务基准收益率为 12％，行业标准投资回收期为 8.3 年，行业平均投资利润率为 8％。

（2）所得税。根据《中华人民共和国企业所得税法》（2007 年 3 月 16 日第十届全国人民代表大会第五次会议通过）的规定，所得税按应纳税所得额的 25％计取。

（3）利润及利润分配。生产经营期内的年均利润总额为 3364.27 万元。盈余公积金按税后利润的 10％计取。

（4）计提盈余公积金。按税后利润的 10％提取法定盈余公积金。

2. 盈利能力分析

（1）融资前盈利能力分析。融资前盈利能力分析根据项目投资现金流量表进行，项目投资现金流量见附表 7-9。

根据该表计算出的评价指标为：所得税前项目投资财务内部收益率（FIRR）为 19.65％，所得税后项目投资财务内部收益率为 15.60％，均大于财务基准收益率 12％；项目投资财务净现值（所得税前）6899.01 万元，项目投资财务净现值（所得税后）3116.76 万元，均大于 0，说明该项目盈利能力满足了行业最低要求；项目投资回收期（所得税前）为 6.02 年，项目投资回收期（所得税后）为 6.70 年，均小于行业标准投资回收期，表明项目投资能按时回收；根据利润与利润分配表（附表 7-10）、项目总投资使用计划与资金筹措估算表（附表 7-8），计算总投资收益率为 17.06％，大于 8％。

（2）融资后盈利能力分析。融资后盈利能力分析根据项目资本金现金流量表进行，项目资本金现金流量见附表 7-11，根据该表计算资本金财务内部收益率为 22.24％；根据利润与利润分配表、项目总投资使用计划与资金筹措估算表计算，项目的资本金净利润率为 34.10％。

（3）投资各方现金流量分析。投资各方现金流量分析属于融资后分析的一个组成部分。本案例投资方因各方投资权益对等，在此进行了简化，只对甲方的现金流量进行分析。甲方投资财务现金流量见表 7-12，根据该表计算甲方投资财务内部收益率为 10.61％。

3. 偿债能力分析

利用利润与利润分配表（附表 7-10）、借款还本付息计划表（附表 7-2）、总成本费用估算表（附表 7-4）、资产负债表（附表 7-13）计算利息备付率（ICR）、偿债备付率（DSCR）、资产负债率（LOAR）等指标。

（1）利息备付率。利息备付率采用逐年计算的方式，各年计算结果见附表 7-2。从项目生产运营期开始偿还建设期借款，按照设定的还款计划，在借款偿还期内各年利息备付率均大于 1.6%，并随着借款本金的偿还而逐年上升，借款偿还期末利息备付率达到 10.78%，故项目利息保障程度高。

（2）偿债备付率。偿债备付率计算采用逐年计算的方式，各年计算结果见附表 7－2。借款偿还期内各年的偿债备付率均大于 1，亦逐年上升，表明项目可用于还本付息的资金保障程度较高。

（3）资产负债率。计算期内资产负债率最高为 67.95%，并随着长期借款的偿还而逐年下降，偿清长期借款后的年份均在 15% 以下，表明该项目主体和债权人的风险较小。

4. 财务生存能力分析

根据财务计划现金流量表（附表 7－14）和经营活动所产生的净现金流量和累计盈余资金都没有出现负值，因此，项目在财务上具有充分的可持续性，具备财务生存能力。

5. 财务分析结论

通过以上对项目在财务上进行的确定性分析，盈利能力、偿债能力和财务生存能力都可以接受，财务分析效益均可行，所以该项目在财务上是可以接受的。

第二节　财务评价与国民经济评价的关系

在工程项目经济评价中，财务评价和国民经济评价是项目经济评价的主要内容。由于财务评价与国民经济评价的对象是同一个工程项目，因此它们之间的关系是非常密切的，两者之间既有相似之处，又有着本质的区别。

一、财务评价与国民经济评价的共性

1. 评价的目的相同

财务评价和国民经济评价都属于经济评价范畴，其目的都是为了寻求经济效益最有利的投资项目和建设方案，即寻求以最小的投入获得最大产出的项目和方案。

2. 评价的基础相同

财务评价和国民经济评价都是项目可行性研究的组成部分，都需在完成项目的市场分析、市场需求预测、方案构思、投资估算及资金规划等步骤的基础上进行计算和论证。

3. 评价的基本方法和基本指标相同

财务评价和国民经济评价都是在经济效果评价与方案比选的基本理论的指导下采用基本相同的分析方法，都要考虑资金的时间价值，采用净现值、净年值、内部收益率等基本评价指标，通过编制相关报表对项目进行分析、比较。

4. 计算期相同

财务评价和国民经济评价的计算期是一致的，都包括项目的建设期和生产期。

二、财务评价与国民经济评价的区别

1. 评价的角度不同

财务评价是从项目财务核算单位的角度出发，分析测算项目的财务收入和支出，考察项目的盈利能力和清偿能力，评价项目的财务可行性；而国民经济评价则是站在国家整体的立场上，从全社会的宏观角度出发，考察项目对国民经济的贡献，进而评价项目经济上的合理性。

2. 费用与效益的计算范围不同

财务评价的效益是指项目实施后财务核算单位的实际财务收入，其费用是指财务核算单位的实际财务支出；而国民经济评价是站在国家的立场上，研究项目实施后国家所能获得的效益（包括直接效益、间接效益、有形效益、无形效益）和国家为此付出的代价（耗费的资源），为此，属于国民经济内部转移的税金、利润、国内借款利息以及各种补贴等，均不应计入项目的费用或效益。

在项目的财务评价中，由于项目可视为一个相对独立的封闭系统，货币在这一系统的流入和流出容易识别，且大都可以从相应的会计核算科目中找到答案。因此在财务评价中，效益和费用识别的重要性未能充分体现出来。在项目的国民经济评价中，效益和费用的划分与财务评价相比已有了质的变化，通常识别起来是比较困难的。例如烟草工业，一方面给政府提供了巨额税收，增加了大量的工作岗位，有时甚至成为一个地区的支柱产业；另一方面，烟草对消费者的健康构成了很大的损害，极大地增加了国家和消费者个人的医疗负担。显然，对国民经济整体而言，烟草工业究竟是费用还是效益仅仅从项目的财务收支上进行判别是无法找到答案的。

3. 使用的价格体系不同

财务评价采用的是财务价格，而国民经济评价采用的是影子价格。财务评价采用的财务价格是指以现行几个体系为基础的预测价格。当前，国内现行价格包括现行商品价格和收费标准，主要有国家定价、国家指导价和市场价格三种价格形式，在各种价格并存的情况下，项目的财务价格应该是预测的最有可能发生的价格。国民经济评价中，由于要求不同地区、不同行业的投资项目具有可比性，因此采用一个统一的价格标准，即影子价格。

4. 评价中使用的参数不同

财务评价通常采用实际支付的汇率和行业财务基准收益率；而国民经济评价采用国家统一测定的影子汇率和社会折现率。

5. 评价的组成内容不同

财务评价的组成内容包括盈利能力分析、清偿能力分析、外汇平衡分析三个方面；而国民经济评价的组成内容则只包括盈利能力分析、外汇效果分析两个方面。对于只使用国内资金的项目，财务评价的内容主要是盈利能力和清偿能力的分析，而国民经济评价的内容则主要是项目盈利能力的分析。

6. 考察和跟踪的对象不同

财务评价考察的是项目财务生存能力，跟踪的是与项目直接相关的货币流动；国民经济评价考察的是项目对国民经济的净贡献，跟踪的是围绕项目发生的资源流动。

基于上述区别，两种评价有时可能得出相反的结论。一般情况下，财务评价和国民经济评价的方案都合理可行时，才能被通过。国民经济评价结论不可行的项目，一般应予否定。对某些国计民生急需的项目，如果国民经济评价合理，而财务评价不可行，应重新考虑替代方案，必要时也可向主管部门提出维持项目正常运行需由国家补贴的资金数额和需要采用的优惠措施或政策，使项目既能满足国民经济发展的需要，又具有财务生存能力。

财务评价与国民经济评价的比较见表7-9。

表7-9　　　　　　　　　　　财务评价与国民经济评价比较表

项　目	财务评价	国民经济评价
评价目的	寻求以最小的投入获得最大的产出的项目和方案	
评价基础	在完成项目的市场分析、方案构思、投资估算及资金规划等步骤的基础上进行计算和论证	
评价的基本方法	在经济效果评价与方案比选的基本理论的指导下，采用基本相同的分析方法	
评价的基本指标	考虑资金的时间价值，采用净现值、净年值、内部收益率等基本评价指标	
计算期	包括项目的建设期和生产期	
评价角度	项目财务核算单位（企业）	国家和全社会
效益费用的划分	直接效益和费用	直接效益和费用及间接效益和费用
价格体系	财务价格（市场价格）	影子价格
评价标准	财务基准收益率	社会折现率
评价内容	盈利能力、清偿能力、外汇平衡	盈利能力、外汇效果
考察对象	自身财务生存能力	对国民经济的净贡献
跟踪对象	货币流动	资源流动
主要报表	总成本费用表、利润表、损益表、财务现金流量表、资产负债表、资金来源与运用表、借款还本付息表	国民经济效益费用流量表
税收和补贴	考虑	不考虑
沉没费用	考虑	不考虑
固定资产折旧	考虑	不考虑
贷款及归还	考虑	不考虑

第三节　敏感性分析

一、敏感性分析概述

1. 敏感性分析的概念

敏感性分析是投资项目评价中最常见的一种不确定性分析方法。所谓敏感性是指影响因素的变化对投资项目经济效果的影响程度。若影响因素的小幅度变化能导致经济效果指标的较大变化，则称投资项目的经济效果指标对参数的敏感性大，或称这类影响因素为敏感性因素；反之，则称为非敏感性因素。

敏感性分析是在项目确定性分析的基础上，通过进一步研究和预测项目的主要不确定因素在产生变化时对经济指标的影响，找出敏感因素，确定其敏感程度以及经济评价指标出现临界值时主要敏感因素变化的界限值，并分析项目达到临界值时承受风险的能力。

敏感性分析考虑的影响因素主要有产量、销售价格、可变成本、固定资产投资、建设周期、折旧率等，评价指标可以选择投资回收期、净现值、内部收益率等。

2. 敏感性分析的目的

通过敏感性分析，找出敏感因素并确定其敏感程度，从而控制敏感性因素在利于项目经济效果的范围内变动。在项目方案分析比选时，对主要不确定因素变化不敏感的方案，其抵抗风险能力比较强，获得满意经济效益的潜力比较大，优于敏感方案，应优先考虑接受。有时，还要根据敏感性分析的结果，采取必要的相应对策。

3. 敏感性分析的分类

敏感性分析一般分为两类，即单因素敏感性分析和多因素敏感性分析。单因素敏感性分析是指在进行敏感性分析时，假定只有一个因素是变化的，其他因素都保持不变，分析可变因素对经济评价指标的影响程度和敏感程度。多因素敏感性分析是指两个或两个以上因素同时变化时，分析其对经济评价指标的影响程度和敏感程度。

二、单因素敏感性分析的一般步骤

1. 确定分析指标

由于投资效果可用多种指标来表示，在进行敏感性分析时，必须先确定分析指标。一般而言，在经济评价指标体系中讨论的一系列评价指标，都可以成为敏感性分析指标。在选择时，应根据经济评价深度和项目的特点来选择一种或两种评价指标进行分析。需要注意的是，选定的分析指标，必须与确定性分析的评价指标相一致，这样便于进行对比说明问题。在技术经济分析评价实践中，最常用的敏感性分析指标主要有投资回收期、方案净现值和内部收益率。

2. 选定不确定性因素，并设定它们的变化范围

影响技术项目方案经济指标的因素众多，不可能也没有必要对全部不确定因素逐个进行分析。在选定需要分析的不确定因素时，可从两个方面考虑：①这些因素在可能的变化范围内，对投资效果影响较大；②这些因素发生变化的可能性较大。通常设定的不确定性因素有产品价格、产销量、项目总投资、年经营成本、项目寿命期、建设工期及达产期、基准折现率、主要原材料和动力的价格等。这些不确定性因素变动的幅度可取±5%、±10%、±15%等。

3. 计算因素变动对评价指标的影响

假定其他设定的不确定因素不变，一次仅变动一个不确定性因素，重复计算各种可能的不确定因素的变化对评价指标影响的具体数值。然后采用敏感性分析计算表或分析图的形式，把不确定因素的变动与评价指标的对应数量关系反映出来，以便确定敏感

因素。

4. 确定敏感因素

敏感因素是指能引起分析指标产生相应较大变化的因素。测定某特定因素敏感与否，可采用两种方法进行。

（1）相对测定法。设定要分析的因素均从基准值开始变动，且各因素每次变动幅度相同，比较在同一变动幅度下各因素的变动对经济评价指标的影响，就可以判别出各因素的敏感程度。衡量敏感程度采用敏感度系数，敏感度系数是指项目评价指标变化的百分率与不确定性因素变化的百分率之比，其计算公式为

$$S = \frac{\Delta A / A}{\Delta F / F} \tag{7-1}$$

式中：S 为敏感度系数；$\Delta A/A$ 为不确定因素 F 发生变动时评价指标 A 相应的变化率，％；$\Delta F/F$ 为不确定因素 F 的变化率，％。

计算得到的敏感度系数 $S>0$ 时，表示评价指标与不确定因素同向变化；当 $S<0$ 时，表示评价指标与不确定因素反向变化。敏感度系数的绝对值越大，表示评价指标 A 对不确定性因素 F 越敏感，反之则不敏感。

（2）绝对测定法。设各因素均向降低投资效果的方向变动，并设该因素达到可能的"最坏"值，然后计算在此条件下的经济效果指标，判断其是否已达到项目在经济上不可行的程度。如果项目已不能接受，则该因素就是敏感因素。绝对测定法的一个变通方式是首先设定有关经济效果指标为其临界值，如令净现值等于 0、内部收益率为基准折现率，接着求出分析因素的最大允许变动幅度，并与其可能出现的最大变动幅度相比较。如果某因素可能出现的变动幅度超过最大允许变动幅度，则表明该因素是方案的敏感因素。

基于以上任何一种方法，根据不同因素发生变化对经济指标影响的大小，即可得到选定因素的敏感性程度排序。同时，将敏感性分析的结果列表或绘图，以利于分析比较和决策。

5. 结合确定性分析进行综合评价，比选可行的方案

根据敏感因素对技术项目方案评价指标的影响程度，结合确定性分析的结果做进一步的综合评价，寻求对主要不确定因素变化不敏感的可行方案，因为此类方案抵抗风险的能力较强，获得满意经济效果的可能性较大。

三、敏感性分析的方法

1. 单因素敏感性分析

单因素敏感性分析方法是每次只变动某一个不确定因素而假定其他的因素都不发生变化，并分别计算其对确定性分析指标影响的敏感性的分析方法。

【例 7-1】 某企业计划投资生产一种新产品，一次性投资 2500 万元，建设期 1 年，第 2 年起每年预计可获得销售收入 750 万元，年经营成本预计为 300 万元，项目寿命周期为 10 年，期末预计设备残值收入 50 万元，基准折现率为 8％。试分析投资、年销售收入、基准折现率等因素单独变动时对该项目净现值的影响。

解： 计算该项目的净现值 NPV：

$$NPV = -2500 + (750-300) \times (P/A,8\%,9) \times (P/F,8\%,1) + 50 \times (P/F,8\%,10)$$
$$= 125.96（万元）$$

对于影响项目净现值的各参数，每个参数的变动都会使净现值发生变化。按照单因素敏感性分析的方法，使总投资、销售收入、基准折现率这三个不确定因素在预测值的基础上分别变动-10%、-5%、$+5\%$、$+10\%$的幅度时，净现值的计算结果列于表 7-10，敏感性分析见图 7-1。

表 7-10　　　　　　　　　　　不确定因素变化对净现值的影响

不确定因素	变化率/%				
	-10	-5	0	5	10
	净现值/万元				
总投资	375.96	250.96	125.96	0.962	-124.04
销售收入	-307.84	-90.94	125.96	342.86	559.76
基准折现率	236.68	180.67	125.96	72.97	21.40

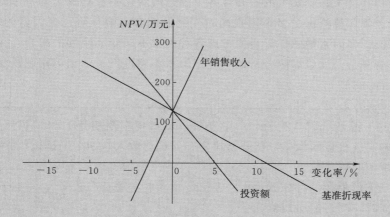

图 7-1　单因素敏感性分析图

(1) 采用相对测定法，确定敏感性因素。

建设投资敏感度系数：

$$[(-124.04-375.96) \div 125.96] \div [10\% - (-10\%)] = -19.85$$

年销售收入敏感度系数：

$$[559.76 - (-375.96) \div 125.96 \div [10\% - (-10\%)] = 37.14$$

基准折现率敏感度系数：

$$(21.40 - 236.68) \div 125.96 \div [10\% - (-10\%)] = -8.55$$

由上述计算可知，建设投资和基准折现率这两个不确定因素对净现值的影响是反向的，年销售收入对净现值的影响是同向的。从敏感度系数的绝对值可知，净现值对年销售收入这个因素变化最为敏感，其次为建设投资和基准折现率。

（2）采用绝对测定法，分别设定建设投资、年销售收入、基准折现率的变动百分比分别为 x、y、z，利用净现值计算公式求出净现值等于 0 时的 x、y、z 值，即项目由可接受变为不可接受时，影响因素可接受的变动值。通过计算得到，x、y、z 分别为 5.04%、−3.00%、12.13%，计算结果表明，当项目净现值由 125.96 万元变为 0 时，只需建设投资增加 5.04%、年销售收入降低 3.00% 或基准收益率提高 12.13%，就会使项目方案变得不可接受，即项目净现值发生相同变化率时，年销售收入的变动幅度最小，即最敏感，其次为投资额和基准折现率，与相对测定法结论一致。

2. 多因素敏感性分析

单因素敏感性分析方法适合于分析项目方案的最敏感因素，但它忽略了各个变动因素综合作用的可能性。无论是哪种类型的技术项目方案，各种不确定因素对项目方案经济效益的影响都是相互交叉综合发生的，并且各个因素的变化率及其发生的概率是随机的。因此，研究分析经济评价指标受多个因素同时变化的综合影响，研究多因素的敏感性分析，更具有实用价值。多因素敏感性分析要考虑各种因素不同变动幅度的组合，分析计算比单因素敏感性分析复杂，如果需要分析的不确定因素不超过三个，则可用解析法和作图法相结合的方法进行分析。

【例 7 - 2】　继续沿用［例 7 - 1］的条件，将折现率调整为 12%，仍然选择项目净现值作为不确定性分析的指标，试分析投资和年销售收入这两个不确定因素同时变动时对该项目净现值的影响。

解：设投资额的变动百分数为 x，年销售收入的变动百分数为 y，则当两个不确定因素同时变动时，项目的净现值为：

$$NPV = -2500(1+x) + (750-300)(1+y)(P/A, 12\%, 9)(P/F, 12\%, 1)$$
$$+ 50(P/F, 12\%, 10)$$
$$= -2500x + 2140.92y + 342.98（万元）$$

令 $NPV = 0$，可得 $y = 1.1677x + 0.1602$。

这是一个线性方程，将其绘制在坐标图上即为 $NPV = 0$ 时的临界线，如图 7 - 2 所示，这条直线将整个坐标平面分成两个区域，直线上方为 $NPV > 0$ 的区域，表示项目可行。直线下方为 $NPV < 0$ 的区域，表示项目不可行。例如图中点 A，表示投资减少 10%、年销售收入增加 10% 时，点 A 位于临界线上方，表示点 A 可行。图中点 B 表示投资增加 10%、年销售收入增加 10% 时，点 B 位于临界线下方，表示点 B 不可行。当

$NPV=a$（$a>0$）时，a 取值不同，坐标图的临界线上方将出现一系列平行直线，线上的点表明两个不确定因素同时变动时对净现值的影响。

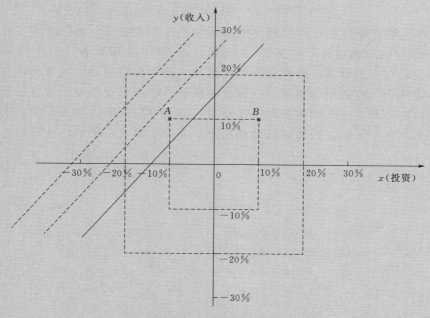

图 7-2　双因素敏感性分析图

【例 7-3】　［例 7-2］中，如果将项目寿命周期也视为不确定因素，试分析投资、年销售收入、寿命周期三个因素同时变动时对该项目净现值的影响。

解：对于三个不确定因素同时变动的敏感性分析问题，采用数学表达式进行分析是比较困难的，可采用单因素敏感性分析的思路，先将项目寿命周期这个不确定因素可能的变动范围确定下来，例如项目原先的寿命周期为 10 年，可以分别分析项目寿命周期为 8 年、9 年、10 年、11 年、12 年时投资和年销售收入同时变动的影响，实质上就将三因素敏感性分析变成了多次双因素敏感性分析。

设项目寿命周期为 n 年，投资和年销售收入变动百分比分别为 x、y，则项目净现值为

$$NPV=-2500(1+x)+450(1+y)(P/A,12\%,n-1)(P/F,12\%,1)$$
$$+50(P/F,12\%,n)$$

分别取 n 为 8、9、10、11、12 时，令 $NPV=0$，可以得到一组直线方程，即

$$n=8\ \text{时},y=1.3633x+0.3518$$
$$n=9\ \text{时},y=1.2525x+0.2434$$

$$n=10 \text{ 时}, y=1.1677x+0.1602$$

$$n=11 \text{ 时}, y=1.1012x+0.0949$$

$$n=12 \text{ 时}, y=1.0479x+0.0425$$

将上述直线方程分别绘制在同一坐标系中，各条直线即为其对应的项目寿命周期内 $NPV=0$ 时的临界线，如图 7-3 所示。由图 7-3 可以看出，项目寿命期延长，临界线向右下方移动，初始投资和销售收入的可接受变动区域增大，与项目净现值的直观认识和理解是一致的。三因素敏感性分析图直观体现了项目投资、销售收入和项目寿命期这三个因素同时变动对项目净现值的影响。因此，项目决策阶段应确保方案在各个不确定因素的综合作用下，不同方案对应的点位于直线上方时才具备可行性。

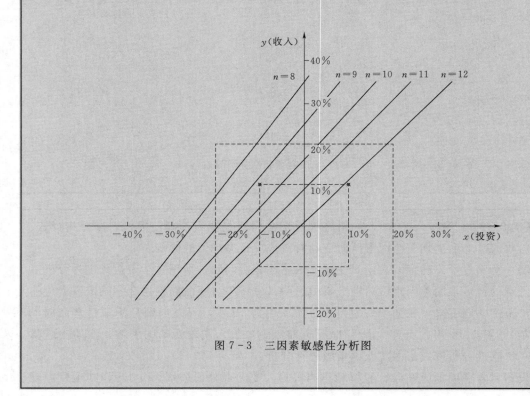

图 7-3　三因素敏感性分析图

四、敏感性分析的局限性

敏感性分析具有分析指标具体、能与项目方案的经济评价指标紧密结合、分析方法容易掌握、便于分析和便于决策等优点，有助于找出影响项目方案经济效益的敏感因素及其影响程度，对于提高项目方案经济评价的可靠性具有重大意义。但是，敏感性分析没有考虑各种不确定因素在未来发生变动的概率，这可能会影响分析结论的准确性。实际上，各种不确定因素在未来发生某一幅度变动的概率一般是有所不同的。可能有这样的情况，通过敏感性分析找出的某一敏感因素未来发生不利变动的概率很小，因而实际上所带来的风险并不大，以至于可以忽略不计，而另一不太敏感的因素未来发生不利变动的概率很大，实际上带来的风险比那个敏感因素更大。这种问题是敏感性分析无法解决的，必须借助于概率分析方法。

习 题 与 讨 论

1. 什么是财务评价？简述财务评价和国民经济评价的联系和区别。

2. 财务评价的目的是什么？

3. 简述财务评价的步骤。

4. 财务评价指标体系如何分类？每一类各包括哪些评价指标？

5. 什么是敏感性分析？简述敏感性分析的步骤和局限性。

6. 某工程项目的净现金流量见表 7-11，财务基准收益率为 12％，要求计算财务净现值、财务内部收益率，判断该项目在财务上是否可行。

表 7-11　　　　　　　　　某工程项目的净现金流量表

年序	0	1	2	3	4	5	6
净现金流量/万元	−110.00	−90.00	60.00	80.00	80.00	90.00	90.00

7. 某投资项目，用于确定性经济分析的现金流量见表 7-12，所采用的数据是根据对未来最可能出现的情况预测估算的。由于对未来影响经济环境的某些因素把握不大，投资额、经营成本和产品价格均有可能在 ±20％ 的范围内变动。设基准折现率为 10％，不考虑所得税，试分别就上述三个不确定因素做敏感性分析（用 NPV 讨论）。

表 7-12　　　　　　　　　某投资项目的现金流量表

项目	年 序			
	0	1	2~10	11
投资/元	15000			
销售收入/元			19800	19800
经营成本/元			15200	15200
期末资产残值/元				2000
净现金流量/元	−15000	0	4600	4600＋2000

8. 某工程项目初始投资为 30 万元，年销售收入为 13 万元，年经营成本为 6 万元，寿命期为 10 年，期末残值为 2 万元。经分析可知，初始投资和年经营成本为不确定因素，试分析这两个因素同时变动对项目净现值的影响（基准折现率为 15％）。

9. 在习题 8 中若年销售收入也是不确定因素，试进行初始投资、销售收入、年经营成本三个因素同时变换的敏感性分析。

第八章 典型工程经济分析

内容提要：通过分析和详解各具专业特色的典型案例，进一步夯实项目投资建设成本分析、国民经济评价、财务评价和敏感性分析等知识点的实际应用，熟练掌握工程经济分析的基本思路、方法与步骤。强化工科学生在单个项目可行性分析、多个可行方案优选决策中的辩证思维能力和综合运用所学知识解决实际工程经济问题的能力。

第一节 防洪治涝（渍、碱）工程经济分析

一、洪涝（渍）灾害的分类、特点及其防治

洪涝灾害包括洪水灾害和雨涝灾害两类。由于洪水灾害和雨涝灾害往往同时或连续发生在同一地区，如先涝后洪、洪涝交错，有时难以准确界定，因此统称为洪涝灾害。

1. 洪水灾害

河流洪水泛滥成灾，淹没广大平原和城市；或者山区山洪暴发，冲毁和淹没土地村镇和矿山；或者由洪水引起的泥石流压田毁地以及冰凌灾害等，均属洪水灾害的范畴。在我国，比较广泛而又影响重大的是平原地区的洪灾，这种洪灾对我国经济发展影响很大，是防护的重点。

洪水灾害，按其特性可分为河流洪水、湖泊洪水和风暴洪水等。其中河流洪水按照成因不同，又可以分为暴雨洪水、融雪洪水、冰凌洪水、风暴潮洪水、溃坝洪水等。

2. 雨涝（渍）灾害

因大雨、暴雨或长期降雨量过于集中而产生大量的积水和径流，排水不及时，致使土地、房屋等渍水、受淹而造成的灾害统称为雨涝灾害。农作物在正常生长时，植物根部的土壤必须有相当的孔隙率，以便空气及养分流通，促使作物生长。地下水位过高或地面积水时间过长，土壤中的水分接近或达到饱和时间超过了作物生长期所能忍耐的限度，必将造成作物的减产或萎缩死亡，从而形成涝渍灾害。

内涝的形成，主要是暴雨后排水不畅，形成积水而造成灾害。在我国南方圩区，如沿江（长江、珠江等）、滨湖（太湖、洞庭湖）的低洼易涝地区以及受潮汐影响的三角洲地区，这些地区的特点是地形平坦，大部分地面高程均在江、河（湖）的洪枯水位之间。每逢汛期，外河（湖）水位高于田面，圩内渍水无法自留外排，形成涝渍灾害，特别是大水年份，外河（湖）洪水可能决口泛滥，形成外洪内涝，严重影响农业生产。

3. 洪涝灾害的特点

从洪涝灾害的发生机制来看，洪涝具有明显的季节性、区域性和可重复性，如我国长江中下游地区的洪涝几乎全部发生在夏季，并且成因也基本相同；同时，洪涝灾害具有很

大的破坏性和普遍性，涉及范围广、突发性强、发生频繁，且能造成巨大损失。但是，洪涝灾害又具有可防御性，人们虽然不可能根治洪涝灾害，但通过各种防治措施，可以尽可能地减免洪涝带来的危害和损失。

4．洪涝灾害的防治

防治洪水的措施，可分为两大类：第一类是治标性措施，即在洪水发生以后设法将洪水安全排泄而减免其灾害所采用的措施，主要包括堤防工程、分洪工程、防汛、抢险及河道整治等；第二类是具有调蓄洪水能力的综合利用水库，或在洪水未发生前就地拦蓄径流的水土保持措施。在实际洪水防治过程中，通常是将上述若干措施组合，通过综合治理，联合运用，尽可能减免洪水灾害，并进一步达到除害兴利的目的。

治涝必须采取一定的工程措施，如农田中由于暴雨产生多余的地面水和地下水，可以通过排水网和出口枢纽排泄到容泄区（指承泄排水渠来水的江、河、湖泊或洼淀等）内，其目的是及时排除由于暴雨所产生的地面积水，减少淹水时间及淹水深度，不使作物受涝；并及时降低地下水位，减少土壤中的过多水分，不使作物受渍。在盐碱化地区，要降低地下水位至土壤不返盐的临界深度以下，以改良盐碱地和防止次生盐碱化。条件允许时应发展井灌、井排、井渠结合控制地下水位，在干旱季节，则必须保证必要的农田灌溉。

平原地区的灾害，常常是洪、涝、渍、旱、碱等灾害交替发生。上游洪水流经平原或圩内，超过河道宣泄能力而决堤、破圩时常引起洪灾。若暴雨后由于地势低洼平坦，排水不畅，或因河道排泄能力有限，或受到外河（湖）水位顶托，使地面长期积水，造成作物淹死，即为涝灾。成灾程度的大小，与降雨量多少、外河水位的高低及农作物耐淹程度、积水时间长短等因素有关，这类灾害可称为暴露性灾害，其相应的损失称为涝灾的直接损失；有的由于长期阴雨和河湖长期高水位，地下水位太高，抑制作物生长而导致减产，即为渍害，或称为潜在性灾害，其相应的损失称为涝灾的间接损失。在土壤受盐碱威胁地区，当地下水位抬高至临界深度以上时，常易形成土壤盐碱化，造成农作物受灾减产，即为碱灾。北方平原例如黄、淮海某些地区，由于地势平坦，夏伏之际暴雨集中，常易形成洪涝灾害；如久旱不雨，则易形成旱灾；有时洪、涝、旱、渍、碱灾害伴随发生，或先洪后涝，或先涝后旱，或洪涝之后土壤发生盐碱化。因此必须坚持洪、涝、旱、渍、碱综合治理，才能保证农作物高产、稳产。

二、防洪工程经济分析

（一）防洪工程经济分析的基本步骤

（1）根据国民经济发展的需要和可能，结合当地的具体条件，拟定技术上可能的各种方案，并确定相应的工程指标。

（2）调查分析并计算各方案的投资、年运行费、年平均效益等基本数据。其中防洪工程投资主要指主体工程、附属工程、配套工程、移民安置的费用以及环境保护、维持生态平衡所需的投资；防洪工程的年运行费主要包括工程运行后每年必须负担的岁修费、大修费、防汛费等项，此外还包括库区及工程的其他维护费、材料、燃料与动力费、工资及福利费等。

（3）分析计算各个方案的主要经济效果指标及其他辅助指标，然后对各个方案进行经济分析和综合评价，确定比较合理的可行方案。

（二）洪灾损失计算

防洪工程是国民经济发展的基础设施，防洪本身不直接创造财富，而是为社会提供安全服务，为受益区人民改善生活、生产条件。防洪效益就是指因修建防洪工程而减免的洪灾损失和可增加的土地开发利用价值，通常以多年平均效益和特大洪水年效益表示。相对而言，防洪受益区范围广，情况复杂，防洪效益不仅体现在能用货币表现的有形效益上，而且体现在不能用货币表现的无形效益（如人员伤亡）上，所以计算较为困难，一般对防洪工程只进行国民经济评价。

洪灾损失可分为直接损失和间接损失，涉及五个方面：①人员伤亡损失；②城乡房屋、设施和物资损坏造成的损失；③工矿停产、商业停业，交通、电力、通信中断等所造成的损失；④农、林、牧、渔各业减产造成的损失；⑤防洪、抢险、救灾等费用支出。

洪灾损失的大小与洪水淹没的范围、淹没的深度、淹没的对象、历时，以及发生决口时洪水的流量、流速有关，由于不同频率的洪水所发引起的洪灾损失不同，一般必须通过对历史资料的分析选定场次洪水，然后统计该场次洪水的洪灾损失。

1. 直接洪灾损失

对某场次洪水，首先应对洪水的淹没范围、淹没程度、淹没区的社会经济情况、各类财产的洪灾损失率及各类财产的损失增长率进行调查分析，有条件的应进行普查（对洪水淹没范围很大，进行普查有困难的地区，可选择有代表性的地区和城镇进行典型调查）。在此基础上，求出在该场次洪水条件下的单位综合损失指标，农村一般以每亩综合损失值表示，城镇一般以每人综合损失值表示。其次调查并计算发生本次洪水时有、无该防洪工程两种情况下的洪水淹没实物指标。最后用洪水淹没面积（农村）或受淹人口（城镇）的差值乘以单位综合损失指标（农村：元/亩；城镇：元/人），即得出针对某一场次洪水有、无防洪工程的直接洪灾损失。

2. 间接洪灾损失

间接洪灾损失是指在洪水淹没区之外，没有与洪水直接接触，但受到洪水危害、同直接受灾的对象或其他方面联系的事物所受到的经济损失，主要表现在淹没区内因洪水淹没造成工业停产、农业减产、交通运输受阻中断，致使其他地区因原材料供应不足而造成的经济损失，亦称为洪水影响的"地域性波及损失"；洪水期后，原淹没区内因洪灾损失影响，生产、生活水平下降，工农业产值减少所造成的损失，亦称为"时间后效性波及损失"。间接洪灾损失的大小与洪水大小和直接淹没对象有关，一般情况是：洪水越大，破坏作用越大，间接经济损失也越大；直接洪灾损失中工矿企业、交通运输损失比重大的地区的间接经济损失大于农业、住宅损失比重大的地区。

如何计算间接洪灾损失，目前国内外还没有成熟的方法。一般是将直接洪灾损失分为四类：①农业（包括农、林、牧、副、渔五业）损失；②工商业损失；③交通运输损失；④住宅损失（包括公私房屋和其他财产）。然后参照国内外相关资料或对已发生洪水引起的间接损失做大量调查分析，估算不同行业和部门的间接损失与直接损失的关系（用百分数 κ 值表示），分别将各类直接损失乘以相应的 κ 值即可得到各类间接损失。将各类的间接洪灾损失相加，即为间接防洪效益。例如三峡工程大洪水的防洪间接效益按直接防洪效益的25％计算。

（三）增加土地开发利用价值的计算方法

防洪项目建成后，由于防洪标准提高，部分荒芜的土地变为耕地，原来只能季节性使用的土地变为全年使用，原来只能种低产作物的耕地变为种高产作物，原来作农业种植的耕地改为城镇和工业用地，从而增加了土地的开发利用价值。由于增加的土地开发利用价值主要体现在土地的不同用途所创造的净收益的差值方面，因此，增加的土地开发利用价值按有、无该防洪工程的情况下土地净收益的差值计算。农业土地增值收益等于低值作物改种高值作物纯收入的增加。城镇土地增值收益等于工程对城镇地价影响的净增值，当防洪受益区土地开发利用价值增加而使其他地区的土地开发利用价值受到影响时（如一项工程可使城市发展转移到工程受益地区，致使替代地点地价跌落），其损失应从受益地区受益中扣除。

（四）多年防洪效益计算方法

1. 实际年系列法

从历史资料中选择一段洪水灾害资料比较齐全的实际年系列，逐年计算洪灾损失，取其平均值作为年平均洪灾损失。这种方法所选用的计算时段，对实际洪水的代表性和计算成果有较大影响。

2. 频率曲线法

频率曲线法的基本思路是：首先根据洪水统计资料拟定集中洪水频率，然后分别算出各种频率洪水有、无防洪工程情况下的直接洪灾损失值，据此可绘出有、无防洪工程情况下的洪灾损失与洪水频率的关系曲线（图8-1），两曲线和坐标轴之间的面积即为防洪工程的多年平均直接防洪效益。值得注意的是，由于天然河道有一定的过流能力，因此曲线的右下方是与坐标轴相交的。

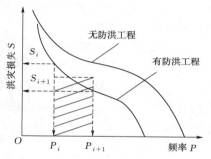

图8-1　洪灾损失-频率关系曲线

根据洪灾损失-频率关系曲线，将其离散化（可按实际洪水记录分级离散），即可计算出多年平均洪灾损失。以图8-1中有防洪工程时的多年平均洪灾损失计算为例，其计算公式为

$$S_0 = \sum_{P=0}^{1} (P_{i+1} - P_i)(S_{i+1} + S_i)/2 = \sum_{P=0}^{1} \Delta P \bar{S} \qquad (8-1)$$

式中：P_i、P_{i+1} 为两级相邻洪水对应的频率值；ΔP 为两级间洪水的频率差；S_i、S_{i+1} 为与 P_i、P_{i+1} 对应的洪灾损失值；$\bar{S}$ 为两级洪水产生的损失均值；$\Delta P \bar{S}$ 为两级间洪水产生的多年平均洪灾损失值，为图8-1中的阴影面积。

3. 其他方法

计算防洪效益除了上述两种基本方法外，还有等效替代法、保险费法等。

三、治涝（渍、碱）工程经济分析

（一）基本步骤

（1）根据治涝任务，拟定技术上可行、经济上合理的若干比较方案。

（2）收集历年的雨情、水情、灾情等基本资料，分析治涝区致涝的原因。

（3）计算各个方案的投资、年运行费、年效益以及其他经济指标。

（4）分析各个方案的经济效果指标、辅助指标及其他非经济因素。

（5）对各个比较方案分别进行国民经济评价以及敏感性分析。

进行经济分析时，应该注意各个方案的条件具有可比性，基本资料、计算原则、研究深度应具有一致性，并以国家有关的方针、政策、规程或规范作为准绳。

（二）治涝（渍、碱）效益计算

1. 洪灾损失的指标

治涝工程的效益，是以修建工程措施后可减少的涝灾损失值表示的。涝灾的损失主要是农作物的减产损失，通常有以下三种指标：

（1）减产率。是指农田受涝（渍）以后，与正常年份比较减产的百分数。减产率乘以正常年份的作物平均产出，即作物减产损失。

（2）绝产面积。是指涝（渍）区颗粒无收的面积。这是一个绝对指标，由于涝（渍）灾有轻重之分，在实际工程中常用减免的农作物绝产面积来表示排水工程的效益，计算公式如下：

$$A_d = \sum_{i=1}^{m} A_i \gamma_i + A_c \qquad (8-2)$$

式中：A_d 为换算的绝产面积；A_i 为减产 γ_i（%）的受灾面积；m 为减产等级数；A_c 为调查的实际绝产面积。

减产成灾程度一般分为轻灾、中灾、重灾和绝产四级。如可规定减产 20%～40% 为轻灾，40%～60% 为中灾，60%～80% 为重灾，80% 以上为绝产。

（3）绝产率。是指不同减产程度受涝（渍）面积折算为颗粒无收面积后，占涝渍区面积的百分数。绝产率乘以淹没面积再乘以年平均单产即可估算农作物受淹损失。绝产率计算公式如下：

$$\beta = \frac{A_d}{A} \times 100\% \qquad (8-3)$$

式中：β 为绝产率；A 为涝区总播种面积。

除减免的农作物损失外，对于排水工程所减免的其他损失，可根据减免的受灾面积上的具体情况进行调查估算。一般可按受损失的财产、设施类别分别进行统计，例如损失房屋（间）、牲畜（头）、公路（km）、铁路（km）等，并将所有的损失值（包括农作物损失）按影子价格折算为货币值。

2. 治涝工程经济效益的计算方法

治涝工程的经济效益可采用内涝积水量法、合轴相关分析法、实际年系列法和暴雨笼罩面积法等方法进行计算，现分述于下。

（1）内涝积水量法。在排水地区造成作物减产的因素十分复杂，不仅与暴雨量有关，而且与涝水淹没历时、淹没深度、作物种类、生长季节等有密切关系。为了计算治涝工程减免的内涝损失，作以下几个假定：①经换算得到的绝产面积 A_d 随内涝积水量 V 而变化，即 $A_d = f(V)$；②内涝积水量 V 是排水口控制点水位 X 的函数，即 $V = f(X)$，并假设内涝积水量仅随控制点水位而变，不受河槽断面大小的影响；③灾情频率与降水频率和控制点的流量频率是一致的。

计算治涝工程效益的具体步骤如下：

1）根据水文测站记录资料，绘制治涝工程前涝区出口控制点站的历年实际流量过程线，如图 8-2 所示。

2) 假设不发生内涝积水，绘制无工程时涝区
出口控制站的历年理想流量过程线。理想流量过程
线是指假定不发生内涝积水且所有排水系统畅通时
的流量过程线，一般用小流域径流公式或排水模数
公式计算洪峰流量，再结合当地地形地貌条件，用
概化公式分析求得理想流量过程线。

3) 推求单位面积的内涝积水量 V/A。把历年
实测流量过程线与其相应的历年理想流量过程线对
比，即可求出历年内涝积水量 V，如图 8-2 所示。
内涝积水量 V 除以该站以上的积水面积 A，即得出
单位面积的内涝积水量 V/A。

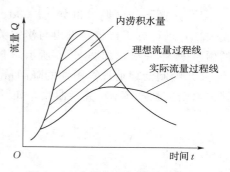

图 8-2　实测与理想流量过程线

4) 求单位面积内涝积水量 V/A 和农业减产率 β 的关系曲线，如图 8-3 所示。该曲线
即为内涝损失计算的基本曲线，可用于计算各种不同治理标准的内涝损失值。

5) 求不同治理标准下各种频率单位面积的内涝积水量。根据各种频率的理想流量过
程线，运用调洪演算，即可求出不同治理标准（例如不同河道开挖断面）下，各种频率的
单位面积内涝积水量。

6) 求内涝损失频率曲线。有了各种频率的单位面积内涝积水量 V/A 及 $\beta-V/A$ 关系
曲线后，即可求得农业减产率，乘以计划产值，即可求得在不同治理标准下各种频率的内
涝农业损失值。求出农业损失之后，再加上房屋、居民财产等其他损失，就可绘出原河道
（治涝工程之前）和各种治涝开挖标准的内涝损失频率曲线，如图 8-4 所示。

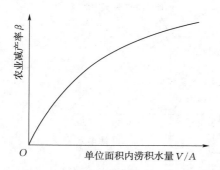

图 8-3　农业减产率 β-单位面积内涝积水量 V/A 关系

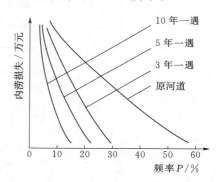

图 8-4　内涝损失-频率关系

7) 求多年平均内涝损失和工程效益。对各种频率曲线与坐标轴之间的面积，取纵坐
标平均值，即可求出各种治涝标准的多年平均内涝损失值。它与原河道（治涝工程之前）
的多年平均内涝损失的差值，即为各种治涝标准的工程年效益。

(2) 合轴相关分析法。该方法利用修建治涝工程前的历史涝灾资料，来估计修建工程
后的涝灾损失。基本假定如下：①涝灾损失随某一时段的雨量而变；②降雨频率与涝灾频
率相对应；③小于和等于工程治理标准的降雨不产生涝灾，超过治理标准所增加的灾情
（或涝灾减产率）与所增加的雨量相对应。

具体计算步骤如下：

1）选择不同雨期（例如 1d、3d、7d、…、60d）的雨量，与相应涝灾面积（或涝灾损失率）进行分析比较，选出与涝灾关系较密切的降雨时段作为计算雨期，绘制计算雨期的雨量-频率曲线，如图 8-5 所示。

2）绘制治理前计算雨期的降雨量 P 和前期影响雨量 P_a 之和 $P+P_a$ 与相应年的涝灾损失（涝灾减产率 β）关系曲线，如图 8-6 所示。

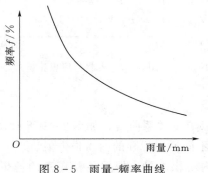

图 8-5　雨量-频率曲线

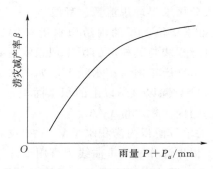

图 8-6　雨量-涝灾减产率曲线（治理前）

3）根据雨量-频率曲线、雨量（$P+P_a$）-涝灾减产率曲线，用合轴相关图解法，求得无工程涝灾减产率-频率曲线，如图 8-7 中的第一象限所示。

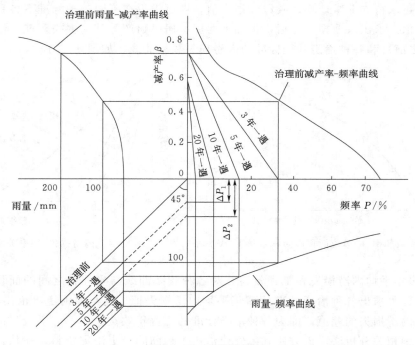

图 8-7　合轴相关图

4）按治涝标准修建工程后，降雨量大于治涝标准的雨量（$P+P_a$）时才会成灾，例如治涝标准 3 年一遇或 5 年一遇的成灾降雨量较无工程的成灾降雨量各增加 ΔP_1 和 ΔP_2，则 3 年一遇或 5 年一遇治涝标准所减少的灾害即由 ΔP_1 或 ΔP_2 造成。因此在图 8-7 的第三象限作 3 年一遇和 5 年一遇两条平行线，其与纵坐标的截距各为 ΔP_1 和 ΔP_2 即可。对其他治涝标准，其作图方法相同。

5）按照图 8-7 中所示方向，可以求得治涝标准 3 年一遇和 5 年一遇的减产率频率曲线。

6）量算减产率-频率曲线和两坐标轴之间的面积，便可求出无工程和治理标准 3 年一遇、5 年一遇的年平均涝灾减产率的差值，由此算出治涝年平均效益。

（3）实际年系列法。该方法适用于无工程和有工程都有长系列多年受灾面积统计资料的地区，可以根据实际资料计算无工程和有工程多年平均涝灾面积的差值，再乘以单位面积涝灾损失率，这就是治涝效益。该方法适用于已建成治涝工程的效益计算。

（4）暴雨笼罩面积法。该方法假定涝灾是由于汛期内历次暴雨量超过设计标准暴雨量所形成的，涝灾虽与暴雨的分布、地形、土壤、地下水位等因素有关，但认为这些因素在治理前后的影响是相同的，涝灾只发生在超标准暴雨所笼罩的面积范围内，假设年涝灾面积与超标准暴雨笼罩面积的比值在治理前后是相等的。

根据历年灾情系列资料，计算并绘制治理前的涝灾减产频率曲线，统计流域内各雨量站的降雨量 P 及其相应的前期影响雨量 P_a，绘制雨量（$P+P_a$）和暴雨笼罩面积关系曲线。计算治理前各年超标准暴雨笼罩面积及实际涝灾面积的比值，用此比值乘以治理后不同治涝标准历年超设计标准暴雨的笼罩面积，即可计算出治理后各不同治涝标准的年平均涝灾面积和损失值，其与治理前年平均涝灾损失的差值，即为治涝工程的效益。该方法适用于较大的流域面积。

对于上述各种内涝损失的计算方法，由于基本假设与实际情况总有些差距，因而尚不完善，但用于不同治涝效益方案比较还是可以的。必要时可采用几种方法互相检验计算成果的合理性。

3. 治渍、治碱效益计算

治涝工程往往对排水河道采取开挖等治理措施，从而降低地下水位。因此，同时带来了治渍、治碱效益。当地下水埋深适宜时，作物的产量和质量都可以得到提高，从而达到增产效果，其估算方法如下：

（1）首先把治渍、治碱区划分成若干个分区，调查治理前各分区的地下水埋深情况、作物种植情况和产量、产值、收入等情况，然后分类计算各种作物的收入、全部农作物的总收入和单位面积的平均收入。

（2）拟定几个治渍、治碱方案，分区控制地下水埋深，计算各地下水埋深方案的农作物收入、全区总收入，其与治理前总收入的差值，即为治渍、治碱效益。

四、案例分析

【例 8-1】　甲河某防洪水库的经济分析。

1. 水库的建设投资与年运行费

设水库计划于 2004 年开工，工期 5 年，至 2008 年建成，起防洪作用。以 2002 年的价格基础做预算，需投资 352030 万元，分年投资计划列于表 8-1；年运行费按分项工程投资的百分比计算，结果列于表 8-2。

表 8-1　　　　　　　　　甲河某水库逐年投资计划表

年　份	2004	2005	2006	2007	2008	合计
逐年投资额/万元	41150	66300	70860	89150	84570	352030

表 8-2　　　　　　　　　某水库分项投资和年运行费

单项工程	投资/万元	年运行费占投资的百分数/%				年运行费/万元
		维修	管理	其他	合计	
土　建	193300	0.8	0.5	0.2	1.5	2900
金属结构安装	65450	1.5	0.8	0.2	2.5	1636
库区迁移	93280			0.1	0.1	93
合　计	352030					4629

2. 水库的防洪效益计算

(1) 现状和建库后的淹没损失。该河在现状情况下洪灾出现频繁，发生 5 年一遇（$P=20\%$）洪水时就开始有淹没损失，并随洪水的增大而增大。水库建成后，该地区防洪标准提高到 10 年一遇，对大于 10 年一遇的洪水亦有一定的减灾作用。按调查计算各淹没等级洪灾损失求得建库前后各频率洪水的淹没损失。其损失计算以 2002 年生产水平和价格为准。现将现状和建库后多年平均淹没损失的计算结果列于表 8-3。

表 8-3　　　　　　　甲河现状和有水库后的多年平均损失计算

洪水频率 P	ΔP	现状情况下损失/万元			有水库后损失/万元		
		各频率洪水损失	两频率洪水平均损失	年损失	各频率洪水损失	两频率洪水平均损失	年损失
0.20		0					
	0.10		54090.0	5409.0			
0.10		108180			0		
	0.05		137040.0	6852.0		19740	987.0
0.05		165900			39480		
	0.04		203962.5	8158.5		67980	2719.2
0.01		242025			96480		
	0.009		265372.5	2388.4		169815	1528.3
0.001		288720			243150		
	0.0009		300105.0	270.1		265935	239.3
0.0001		311490			288720	—	
合　计				23078.0			5473.8

(2) 多年平均防洪效益。该水库主要为防洪效益，附带效益很小。按有、无水库多年平均洪灾损失差计算。2002 年经济水平为

$$23078.0-5473.8=17604.2（万元）$$

效益的年增长率以 3% 计，至 2008 年水库建成时水平为

$$b_0=17604.2\times(1+0.03)^6=21020（万元）$$

3. 经济分析

（1）分析条件如下：

1）以水库建成开始正常发挥效益的 2009 年为基准年。

2）计算效益、费用现值的利率 i 取 6%。

3）水库寿命大于 100 年，经济计算期 n 取 50 年。

4）效益增长率 f 在 n 年内按 3% 计。

5）采用现值法和效益费用比法进行经济分析和敏感性分析。

（2）现值法。投资、年运行费和效益见表 8-4。

1）投资现值为

$$K_0=84570(F/P,6\%,1)+89150(F/P,6\%,2)+70860(F/P,6\%,3)$$
$$+66300(F/P,6\%,4)+41150(F/P,6\%,5)$$
$$=84570\times1.06+89150\times1.1236+70860\times1.1910+66300\times1.2625+41150$$
$$\times1.3382$$
$$=412978（万元）$$

表 8-4　　　　　　　　甲河某水库投资、年运行费、效益计算表

年　度	投资/万元		年运行费/万元		效益/万元	
	逐　年	现　值	逐　年	现　值	逐　年	现　值
2004	41150	55068				
2005	66300	83702				
2006	70860	84395				
2007	89150	100169				
2008	84570	89644				
2009			4629	4367	21651	20425
2010			4629	4120	22300	19847
⋮			⋮	⋮	⋮	⋮
2058			4629	251	92150	5003
现值总计		412978		72962		549929
年金值		26201		4629		34890

2）年运行费现值为

$$C_0=4629(P/A,6\%,50)=4629\times15.762=72962（万元）$$

3）年效益现值。各年效益为等比递增，故可按等比递增系列现值公式计算：

$$B_0 = b_0 \left(\frac{1+f}{i-f} \right) \left[1 - \left(\frac{1+f}{1+i} \right)^n \right] = 21020 \times \frac{1.03}{0.06-0.03} \times \left[1 - \left(\frac{1.03}{1.06} \right)^{50} \right]$$
$$= 21020 \times 26.1622 = 549929(\text{万元})$$

因此净收益现值为

$$P_0 = B_p - (K_0 + C_0) = 549929 - (412978 + 72962) = 133989(\text{万元})$$

（3）效益费用比为

$$R_0 = \frac{B_0}{K_0 + C_0} = \frac{549929}{412978 + 72962} = \frac{549929}{485940} = 1.132$$

因该方案 $P_0 > 0$，$R_0 > 1$，可认为该方案在经济上是合理的。

4. 敏感性分析

考虑费用、效益单项浮动和两项同时浮动，浮动幅度分别按±10%和±15%，测算对效益费用比和净收益指标的影响。现将浮动情况及计算结果列于表 8-5。从计算结果看，当效益减少 15%，或费用增加 10% 而效益减少 15% 时，效益费用比小于 1，表明项目不可行。其他情况对于防洪工程可以认为经济上仍是可行的。

表 8-5　　　　　　　　某水库经济计算敏感性分析　　　　　　　单位：万元

敏感因素	年折算费用 $\overline{C}$	年折算效益 $\overline{B}$	效益费用比 R_0	年折算净收益 $\overline{B} - \overline{C}$
基本方案	30830	34890	1.132	4060
费用加 10%	33913	34890	1.029	977
效益减 15%	30830	29657	0.962	-1174
费用减 10%	27747	34890	1.257	7143
效益加 15%	30830	40124	1.301	9294
费用加 10%、效益减 15%	33913	29657	0.874	-4257
费用减 10%、效益加 15%	27747	40124	1.446	12377

第二节　灌溉工程经济分析

一、灌溉工程的类型

灌溉工程按照用水方式，可分为自流灌溉和提水灌溉；按照水源类型，可分为地表水灌溉和地下水灌溉；按照水源取水方式，又可分为无坝引水、低坝引水、抽水取水和由水库取水等。

当灌区附近水源丰富，河流水位、流量均能满足灌溉要求时，即可选择适宜地点作为取水口，修建进水闸引水自流灌溉。在丘陵山区当灌区位置较高，当地河流水位不能满足灌溉要求时可从河流上游水位较高处引水，借修筑较长的引水管渠以取得自流灌溉的水头，此时修建引水工程一般较为艰巨，通常在河流上筑低坝或闸，抬高水位，以便引水自流灌溉。与无坝引水比较，虽然增加了拦河闸坝工程，但可缩短引水管渠，经济上可能是合理的，应进行方案比较，才能最终确定。

若河流水量丰富，但灌区位置较高时，则可考虑就近修建提灌站。这样，虽然引水管渠工程量小，但增加了机电设备投资及其年运行费，一般适用于提水水头较大而所需提水灌溉流量较小的山区、丘陵区。

当河流来水与灌溉用水不相适应，即河流的水位及流量均不能满足灌溉要求时，必须在河流的适当地点修建水库提高水位并进行径流调节，以解决来水和用水之间的矛盾。并可综合利用河流的水资源。采用水库取水，必须修建大坝、溢洪道、进水闸等建筑物，工程量较大，且常带来较大的水库淹没损失。对于地下水丰富地区，应以井灌提水为主；或井渠结合相互补充提水灌溉。对某些灌区，可以综合各种取水方式，形成蓄、引、提相结合的灌溉系统。

在灌溉工程规划设计中，究竟采用何种取水方式，应通过不同方案的技术经济分析比较，才能最终确定。

二、灌溉工程经济分析的任务和内容

（一）灌溉工程经济分析的任务

灌溉工程经济分析的任务，就是对技术上可行的各种灌溉工程方案及其规模进行投资、年运行费、效益等因素的综合分析，结合政治、社会等非经济因素，确定灌溉工程的最优开发方案，其中包括灌溉标准、灌区范围、灌溉面积、灌水方法等各种问题。

灌溉工程的经济效果，主要反映在有无灌溉或现有灌溉土地经过工程改造后农作物产量和品质的提高以及产值的增加。

灌溉工程经济分析的特点：

（1）农作物产量和质量的提高，是水、肥、种子、土壤改良以及其他农业技术和管理措施综合作用的结果。因此，灌区农业增产的效益应在水利部门与农业等其他部门之间进行合理分摊，对综合措施或综合利用工程的费用，也应在有关受益部门之间进行分摊。

（2）由于水文气候因素的影响，灌溉效益在年际间具有较大的差异，不能用某一代表年来估算，须用多年平均效益表示。为了全面反映灌溉工程的增产情况，还应计算设计年效益、特大干旱年效益。

（3）灌溉系统中的骨干工程和配套工程所需的投资和年运行费，包括配套工程中集体和群众所出的材料和劳务支出，均应在相同基础上进行核算。

（4）要考虑投资和效益的时间因素。

（二）灌溉工程经济分析的内容

灌溉工程的经济分析主要指投资和年运行费计算。

灌溉工程的投资和年运行费是指全部工程费用的总和，其中包括渠道工程、渠系建筑和设备、各级固定渠道以及田间工程等部分。进行投资估计时，应分别计算各部分的工程量、材料量以及用工量，然后根据各种工程的单价及工资、施工设备租用费、施工管理费、土地征用费、移民费以及其他不可预见费，确定灌溉工程的总投资。在规划阶段，由于尚未进行详细的工程设计，常用扩大指标法进行投资估算。

灌溉工程的投资构成，一般包括国家及地方的基本建设投资、农田水利事业补助费、群众自筹资金和劳务投资。过去在大中型灌溉工程规划设计中，国家及地方的基建投资一般只包括斗渠口以上部分，进行灌溉工程经济分析时，还应考虑斗渠口以下配套工程的全

部费用、土地平整费用、工程占地补偿费用。

灌溉工程的年运行费主要包括：①维护费，一般以投资的百分数计，土建工程约为 $0.5\%\sim1.0\%$，机电设备约为 $3\%\sim5\%$，金属结构约为 $2\%\sim3\%$；②管理费，包括建筑物和设备的日常管理费；③工资及福利费；④水费；⑤灌区作物的种子、肥料等；⑥原材料、燃料、动力费，当灌区采用提水灌溉或喷灌方法时，必须计入该项费用，该值根据灌溉用水量的多少与扬程的高低等因素而定。

灌溉工程的流动资金是指工程为维持正常运行所需的周转资金，一般按年运行费的某一百分数取值。

（三）灌溉效益计算方法

1. 分摊系数法

灌区灌溉工程修建以后，农业技术措施一般会有较大改进，此时应将灌溉效益在水利和农业部门之间进行合理分摊，以便计算灌溉工程措施的经济效益，其计算表达式为

$$B = \varepsilon \left[\sum_{i=1}^{n} A_i (Y_i - Y_{oi}) V_i + \sum_{i=1}^{n} A_i (Y'_i - Y'_{oi}) V'_i \right] \tag{8-4}$$

式中：B 为灌区水利工程措施分摊的多年平均年灌溉效益，元；A_i 为第 i 种作物的种植面积，亩；Y_i 为采用灌溉措施后第 i 种作物单位面积的多年平均产量，kg/亩；Y_{oi} 为无灌溉措施时，第 i 种作物单位面积的多年平均产量，kg/亩；V_i 为相应于第 i 种作物产品的价格，元/kg；Y'_i、Y'_{oi} 为有、无灌溉的第 i 种农作物副产品（如棉籽、棉秆、麦秆等）单位面积的多年平均年产量，kg/亩；V'_i 为第 i 种农作物副产品的价格，元/kg；i 为农作物种类的序号；n 为农作物种类的总数目；ε 为灌溉效益分摊系数。

计算时，多年平均产量应根据灌区调查资料分析确定。若利用试验小区的资料，则应考虑大面积上的不均匀折减系数。当多年平均产量调查有困难时，也可以用近期的正常年产量代替。因采取灌溉工程措施而使农业增产的程度，各地区变幅很大，在确定相应数值时应慎重。对于各种农作物的副产品，亦可合并以农作物主要产品产值的某一百分数计算。

现将灌溉效益分摊系数的计算方法简要介绍如下：

（1）根据历史调查和统计资料确定分摊系数 ε。对具有长期灌溉资料的灌区，进行深入细致的分析研究后，常常可以把这种长系列的资料划分为四个阶段采用：

1）在无灌溉工程的若干年中，农作物的年平均单位面积产量，以 $Y_{前}$ 表示。

2）在有灌溉工程后的最初几年，农业技术措施还没有来得及大面积展开，其年平均单位面积的产量，以 $Y_{水}$ 表示。

3）在农业技术有了很大的提高，而水利条件没有改变的情况下年平均单位面积产量，以 $Y_{农}$ 表示。

4）农业技术措施和灌溉工程同时发挥综合作用后，其年平均单位面积产量，以 $Y_{水+农}$ 表示。则灌溉工程的效益分摊系数为

$$\varepsilon = \frac{(Y_{水} - Y_{前}) + (Y_{水+农} - Y_{农})}{2(Y_{水+农} - Y_{前})} \tag{8-5}$$

（2）根据试验资料确定分摊系数。设某灌溉试验站，对相同的试验田块进行下述

试验：

1）不进行灌溉，但采取与当地农民相同的旱地农业技术措施，结果单位面积产量为 $Y_{前}$。

2）进行充分灌溉，即完全满足农作物生长对水的需求，但农业技术措施与上述基本相同，结果单位面积产量为 $Y_{水}$。

3）不进行灌溉，但完全满足农作物生长对肥料、植保、耕作等农业技术措施的要求，结果单位面积产量为 $Y_{农}$。

4）使作物在水、肥、植保、耕作等农业技术措施都是良好的条件下生长，结果单位面积产量为 $Y_{水+农}$，则

灌溉工程的效益分摊系数：

$$\varepsilon_{水} = \frac{(Y_{水} - Y_{前}) + (Y_{水+农} - Y_{农})}{2(Y_{水+农} - Y_{前})} \tag{8-6}$$

农业技术措施的分摊系数：

$$\varepsilon_{农} = \frac{(Y_{农} - Y_{前}) + (Y_{水+农} - Y_{水})}{2(Y_{水+农} - Y_{前})} \tag{8-7}$$

且由上述两式可知：
$$\varepsilon_{水} + \varepsilon_{农} = 1 \tag{8-8}$$

我国半湿润半干旱实行补水灌溉的地区，灌溉项目兴建前后作物组成基本没有变化时，灌溉效益分摊系数大致在 0.20～0.60，平均为 0.40～0.45。丰水年、平水年和农业生产水平较高的地区取较低值，反之取较高值；我国西北、北方地区取较高值，南方、东南地区取较低值。在年际间亦有变化，丰水年份水利灌溉作用减少，而干旱年份则水利灌溉作用明显增加。在实际确定灌溉工程的效益分摊系数时，应结合当地情况，尽可能选用与当地情况相近的试验研究数据。

2. 扣除农业生产费用法

该方法是从农业增产的产值中，扣除农业技术措施所增加的生产费用（包括种子、肥料、植保、管理等所需的费用）后，求得农业增产的净产值作为水利灌溉效益；或者从有、无灌溉的农业产值中，各自扣除相应的农业生产费用，分别求出有、无灌溉的农业净产值，其差值即为水利灌溉效益。这种扣除农业生产费用的方法，目前为美国、印度等国家所采用。

3. 以灌溉保证率为参数推求多年平均增产效益

灌溉工程建成后，当保证年份及破坏年份的产量均有调查或试验资料时，其多年平均增产效益 B 可按下式进行计算：

$$\begin{aligned} B &= A[Y(P_1 - P_2) + (1 - P_1)\alpha_1 Y - (1 - P_2)\alpha_2 Y]V \\ &= A[YP_1 + (1 - P_1)\alpha_1 Y - (1 - P_2)\alpha_2 Y - YP_2]V \\ &= A[YP_1 + (1 - P_1)\alpha_1 Y - Y_0]V \end{aligned} \tag{8-9}$$

式中：A 为灌溉面积，hm^2；P_1、P_2 为有、无灌溉工程时的灌溉保证率；Y 为灌溉工程保证年份的多年平均单位面积产量，kg/hm^2；$\alpha_1 Y$、$\alpha_2 Y$ 为有、无灌溉工程在破坏年份的多年平均单位面积产量，kg/hm^2；α_1、α_2 为产量折减系数，简称减产系数；Y_0 为无灌溉工程时多年平均单位面积产量，kg/hm^2；V 为农产品价格，元/kg。

当灌溉工程建成前后的农业技术措施有较大变化时，均应乘以灌溉工程效益分摊系数 ε。减产系数 α 取决于缺水数量及缺水时间，一般减产系数和缺水量、缺水时间存在如图 8-8 所示的关系。减产系数 α、缺水系数 β 的计算式如下：

缺水系数
$$\beta = \frac{缺水量}{作物在该生育阶段的需水量} \qquad (8-10)$$

减产系数
$$\alpha = \frac{作物在生育阶段缺水后实际产量}{水分得到满足情况下产量} \qquad (8-11)$$

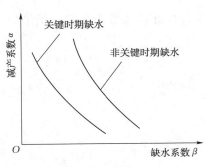

图 8-8 减产系数 α 与缺水系数 β 的关系

4. 其他方法

在计算灌溉工程效益时，如果没有调查资料或试验资料，也可采用如下方法：

（1）最优等效替代费用法。以最优等效替代工程的费用作为灌溉工程的效益，最优等效替代工程要保证替代方案是除了拟建工程方案之外的最优方案。

（2）缺水损失法。以减免的缺水损失作为灌溉工程效益。

（3）综合效益计算法。将灌溉效益与治渍、治碱等效益结合起来进行综合效益计算，减少分摊计算和避免重算或漏算。

（4）影子水价法。水的影子价格反映了单位水量给国民经济提供的效益，因而灌溉水的影子价格可以作为度量单位水量灌溉效益的标准。某年的灌溉效益可根据以下公式计算：

$$B = WSP_w \qquad (8-12)$$

式中：B 为灌区某年的灌溉效益；W 为灌区某年的灌溉用水量；SP_w 为灌溉水的影子价格。

由于不同地区以及同一地区不同年份灌溉水资源量及其分布都是不同的，此外，各地水资源的供求状况、稀缺程度各异，确定灌溉水的影子价格有一定的难度。因此，该方法适用于已进行灌溉水影子价格研究并取得合理成果的地区。

三、案例分析

【例 8-2】 某水库枢纽的开发目标为防洪、发电、灌溉、工业和生活用水。工程于 2013 年开工，5 年内建成。基建投资概算为 150 亿元，在 5 年内的分配为：20 亿元、46.7 亿元、53.3 亿元、20 亿元、10 亿元。2018 年工程投产。水库总库容为 31.50 亿 m³，其中防洪库容 13.27 亿 m³，发电库容 7.05 亿 m³，灌溉库容 9.88 亿 m³，工业和生活用水 4.60 亿 m³（发电、灌溉、工业和生活用水有共用库容 4.81 亿 m³），死库容 1.50 亿 m³。估计水库的平均年运行费为 2.8 亿元。

水库下游的灌溉工程实灌面积 200 万亩，工程于 2015 年开工，4 年内建成，基建投资概算为 20 亿元，基建投资在 4 年内的分配为：9.0 亿元、6.0 亿元、3.0 亿元、2.0 亿元。2016 年开始灌溉，且灌溉面积逐年增加，2016 年灌溉 50 万亩，2017 年灌溉 100 万亩，2018 年灌溉 150 万亩，2019 年达到设计水平，每年灌溉 200 万亩。年运行费按灌溉面积 10 元/亩估算，即年运行费估计为 2000 万元（不包括水库部分）。自达到设计灌溉水平年开始，灌溉工程经济寿命为 50 年（即到 2068 年）。

冬小麦、棉花、玉米为该灌区的代表作物。设计的灌区种植结构和有关经济指标见表 8-6。

表 8-6　　　　　　　　　　　　灌区种植结构及其经济指标

项　　　目	冬小麦	棉花	春玉米	夏玉米
种植面积比/%	60	30	10	60
灌后设计水平年产值/(斤/亩)	900	200	1000	1000
农作物价格/(元/斤)	1.20	8.00	1.10	1.10

注　1 斤＝500g。

在计算农作物的产值时，尚应计入 15% 的副产品的产值。设计水平年取 2018 年。设计单产的估算考虑了农业生产平均每年有约 2% 的增长率。

经调查和对实际资料的分析，灌区内无灌溉时，降雨频率小于 20% 时，农作物可保丰收，最旱年几乎绝产。灌区的灌溉设计保证率为 80%，有灌溉设施后，再遇最旱年，估计可能减产 50%。灌溉效益分摊系数 ε 取 0.50。试计算：

（1）按利用库容比分摊水库枢纽的基建投资和年运行费。

（2）灌区的灌溉面积达到设计水平后的平均净效益。

（3）灌区工程使用年限内的总净收益（折现率取 6%）、效益费用比和还本年限。（采用动态法计算）

（4）灌区工程使用年限的内部收益率。

解：（1）水库共用费用分摊。

1）基建投资的分摊：基建投资 150 亿元按使用库容比分摊；死库容共同分担，故扣除不计；共用重复库容按库容比从兴利库容中扣除。

分摊用总库容 V_s 为

$$V_s = 31.50 - 1.50 = 30(亿\ m^3)$$

防洪库容 V_f 为

$$V_f = 13.27 \ 亿\ m^3$$

分摊用发电库容 V_p 为

$$V_p = 7.05 - \frac{4.81 \times 7.05}{7.05 + 9.88 + 4.60} = 7.05 - \frac{7.05}{21.53} \times 4.81 = 5.47(亿\ m^3)$$

分摊用灌溉库容 V_a 为

$$V_a = 9.88 - \frac{9.88}{21.53} \times 4.81 = 7.67(亿\ m^3)$$

分摊用工业和生活用水库容 V_c 为

$$V_c = 4.60 - \frac{4.60}{21.53} \times 4.81 = 3.57 (\text{亿 m}^3)$$

则有：

防洪应分摊的基本建设投资 K_f 为

$$K_f = 150 \frac{V_f}{V_s} = 150 \times \frac{13.27}{30} = 66.35 (\text{亿元})$$

发电应分摊的基建投资 K_p 为

$$K_p = 150 \frac{V_p}{V_s} = 150 \times \frac{5.47}{30} = 27.35 (\text{亿元})$$

灌溉应分摊的基建投资 K_a 为

$$K_a = 150 \frac{V_a}{V_s} = 150 \times \frac{7.67}{30} = 38.35 (\text{亿元})$$

工业和生活用水应分摊的基建投资 K_c 为

$$K_c = 150 \frac{V_c}{V_s} = 150 \times \frac{3.57}{30} = 17.85 (\text{亿元})$$

2）5 年内每年灌溉部门应分摊的基建投资。根据以上计算方法，水库工程在 5 年内分配给灌溉部门的基建投资见表 8-7。

表 8-7　　　　　　　　水库工程灌溉部门分摊投资表

年　份	2013	2014	2015	2016	2017	合计年
水库总投资/亿元	20.0	46.7	53.3	20.0	10.0	150.0
灌溉部门应分摊投资/亿元	5.113	11.940	13.627	5.113	2.557	38.350

3）水库年运行费分摊。根据上述原则，年运行费 2.8 亿元分摊结果如下：

防洪分摊年运行费 C_f 为

$$C_f = 2.8 \frac{V_f}{V_s} = 2.8 \times \frac{13.27}{30} = 1.239 (\text{万元})$$

发电分摊年运行费 C_p 为

$$C_p = 2.8 \frac{V_p}{V_s} = 2.8 \times \frac{5.47}{30} = 0.511 (\text{万元})$$

灌溉分摊的年运行费 C_a 为

$$C_a = 2.8 \frac{V_a}{V_s} = 2.8 \times \frac{7.67}{30} = 0.716 (\text{万元})$$

工业和城市生活用水分摊的年运行费 C_c 为

$$C_c = 2.8 \frac{V_c}{V_s} = 2.8 \times \frac{3.57}{30} = 0.333 (\text{亿元})$$

（2）灌区的产值估算。

1）将棉花、玉米的产值按价格比折合为小麦的产量：200 斤棉花相当于 $\frac{8}{1.20} \times 200 = 1333.3$（斤）小麦；1000 斤玉米相当于 $\frac{1.10}{1.20} \times 1000 = 916.7$（斤）小麦。

2）正常年亩综合单产和产值。

a. 亩综合单产量 q_0 为

$$q_0 = 0.6 \times 900 + 0.6 \times 916.7 + 0.3 \times 1333.3 + 0.1 \times 916.7 = 1581.68（斤／亩）$$

b. 平均综合产值 u_0 为

$$u_0 = 1581.68 \times 1.20 = 1898.02（元／亩）$$

再加 15% 的副产品的产值，则平均每亩年综合产值 u_t 为

$$u_t = 1898.02 \times (1 + 0.15) = 2182.72（元／亩）$$

3）多年平均灌溉增产的产值。

a. 灌前平均产量损失系数为

$$\alpha_0 = \frac{1}{2}(1 - P_0)\alpha = \frac{1}{2} \times (1 - 0.2) \times 1 = 0.40$$

b. 灌后平均产量损失系数为

$$\alpha_a = \frac{1}{2} \times (1 - 0.8) \times 0.5 = 0.05$$

c. 由于灌溉平均每亩每年增产的产值 B_a

$$B_a = \varepsilon u_t (\alpha_0 - \alpha_a) = 0.5 \times 2182.72 \times (0.40 - 0.05)$$
$$= 381.976（元／亩）$$

d. 由于灌溉全灌区平均每年增产的产值 B_m 为

$$B_m = 381.976 \times 200 = 76395.2（万元）$$

（3）灌溉效益计算。

1）平均年运行费为

$$C_m = C_a + C'_a = 0.716 + 0.200 = 0.916（亿元）$$

2）灌溉净效益现值。折现率取 6%，基准年取 2016 年年初，绘现金流量图，如图 8-9 所示。

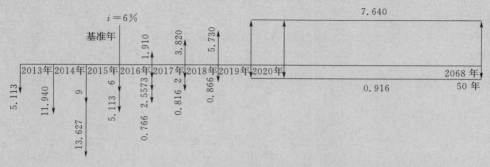

图 8-9 现金流量图（现金流量单位：亿元）

a. 基建投资现值为
$$K_p = 22.627 \times 1.06 + 11.940 \times 1.1236 + 5.113 \times 1.1910 + 11.113$$
$$+ 5.557 \times 0.9434 + 2 \times 0.8900$$
$$= 61.625(亿元)$$

b. 年运行费现值。灌区投入运行后达到设计水平前按各年实际灌溉面积占设计灌溉面积比确定各年运行费。

2016 年年运行费为
$$C_1 = C_a + C_a' \frac{50}{200} = 0.716 + \frac{50}{200} \times 0.2 = 0.766(亿元)$$

2017 年年运行费为
$$C_2 = 0.716 + \frac{100}{200} \times 0.2 = 0.816(亿元)$$

2018 年年运行费为
$$C_3 = 0.716 + \frac{150}{200} \times 0.2 = 0.866(亿元)$$

年运行费现值为
$$C_p = 0.766 \times 0.943 + 0.816 \times 0.890 + 0.866 \times 0.840 + 0.916 \times 15.762 \times 0.840$$
$$= 14.304(亿元)$$

c. 年效益现值为
$$B_p = 1.91 \times 0.943 + 3.82 \times 0.890 + 5.73 \times 0.840 + 7.64 \times 15.762 \times 0.840$$
$$= 111.168(亿元)$$

3）总净收益现值为
$$P_0 = B_p - C_p - K_p = 111.168 - 14.304 - 61.625 = 35.239(亿元)$$

4）效益费用比 R_0 为
$$R_0 = \frac{B_p}{K_p + C_p} = \frac{111.168}{61.625 + 14.304} = \frac{111.168}{75.929} = 1.464$$

5）动态还本年限。折现率取 6%，设还本年限为 n，则可用下式求 n：
$$61.625 = 1.144 \times 0.9434 + 3.004 \times 0.8900 + 4.864 \times 0.8396 +$$
$$6.724 \times 0.8396(P/A, 6\%, n_1)$$

计算可得
$$5.645(P/A, 6\%, n_1) = 53.788$$

即
$$(P/A, 6\%, n_1) = \frac{53.788}{5.645} = 9.5284$$

试算，设 $n_1 = 15$，有
$$\frac{(1+i)^n - 1}{i(1+i)^n} = \frac{(1.06)^{15} - 1}{0.06(1.06)^{15}} = 9.7122$$

设 $n_1 = 14$，有

$$(P/A,6\%,n_1)=9.2950$$

设 $n_1=14.6$，有

$$(P/A,6\%,n_1)=9.5483$$

取 $n_1=14.6$ 年，则动态还本年限为 $n=5+n_1=19.6$（年）

（4）内部收益率。设内部收益率为 r_0，则

$5.113(F/P,r_0,3)+11.94(F/P,r_0,2)+22.627(F/P,r_0,1)+11.113$

$+4.413(P/F,r_0,1)$

$=1.004(P/F,r_0,2)+4.864(P/F,r_0,2)+6.724(P/A,r_0,50)(P/F,r_0,3)$

用试算法计算。经试算求得，经济内部收益率为

$$r_0=9.11\%$$

第三节　水力发电工程经济分析

电力资源有水电、火电、核电、风力发电、太阳能发电等，今后一定时期内我国能源工业还是以水电和火电为主。因此，在水力发电工程经济评价中一般以火电作为其替代方案。为了合理计算水力发电效益，必须对水电和火电的生产特性和经济特性有较全面的了解。

一、水电与火电的生产特性和经济特性差别

（一）水电与火电投资的差别

水电站的投资，一般包括永久性建筑工程（如大坝、溢洪道、输水隧洞发电厂房等）、机电设备的购置和安装、施工临时工程、库区移民安置、水库淹没损失补偿等费用及其他费用。从水电工程基本投资的构成比例看，永久性建筑工程占 32%～45%，主要与当地地形、地质、建筑材料和施工方法等因素有关；机电设备购置和安装费用占 18%～25%，其中主要为水轮发电机组和升压变电站的费用，其每千瓦投资与机组类型、单机容量和设计水头等因素有关；施工临时工程投资占 15%～20%，其中主要为施工队伍的房建投资和施工机械的购置费等；库区移民安置费用和水库淹没损失补偿费用以及其他费用共占 10%～35%，这与库区移民的安置数量、水库淹没的具体情况与补偿标准等因素有关。远距离输变电工程投资，一般并不包括在电站投资内，而是单独列为一个工程项目。由于水电站一般远离负荷中心地区，输变电工程的投资有时可能达到水电站本身投资的 30% 以上，当与水电站进行经济比较时，应考虑输变电工程费用。

水电是一次能源开发与一次能源向二次能源转换同时完成的，从系统分析的观点看，火电也应将一次能源建设和二次能源建设作为一个整体考虑，即相当于火电（以煤电为代表）的煤矿建设、运煤铁路建设和火电厂本身的建设 3 个环节。火电站可建在负荷中心，这样可节省输变电工程费用；若将火电站建在煤矿附近（一般称为坑口电厂），则可节省铁路运输费用。此外，水电是清洁的再生能源，较少污染环境，处理得好，水库还能美化和改善环境，而火电厂和煤矿对周边环境的影响大，应考虑环境保护措施，相关的环保费用也应计入火电投资。因此，火电站的投资应包括火电厂、煤矿、铁路运输、输变电工程

及环境保护等部门的投资。火电厂本身每千瓦投资比水电站少，主要由于其土建工程和移民安置费用比水电站少得多。据统计，在火电厂投资中土建部分占 $24\%\sim36\%$，机电设备部分占 $43\%\sim54\%$，安装费用占 $15\%\sim18\%$，其他费用占 $3\%\sim8\%$。关于煤矿投资，各地区由于煤层地质构造及其他条件的影响，吨煤投资差别较大，火电厂每千瓦装机容量年需原煤 2.5t 左右，相应的煤矿投资约为火电厂每千瓦投资的 $40\%\sim50\%$。有关火电输变电工程及铁路运输的投资合计折算为火电厂每千瓦投资的 $50\%\sim60\%$。火电的排尘与硫、氮化合物和放射性物质的防护处理等投资，约占火电厂本身投资的 25%。综上所述，仅就火电厂本身投资而言，约为同等装机容量水电站投资的 $1/2\sim2/3$，但如加上煤矿、铁路、输变电工程及环境保护措施在内的总投资，一般与同等装机容量的水电站投资（亦包括输变电工程等投资）相近。

（二）水电与火电生产上的差别

水电机组启动、停机、增减负荷快，能灵活适应和改善电力系统的运行，在电力系统中调峰、调频、调相和担负事故备用的作用显著。水电机组运行简单，事故率低，检修时间短，自动化程度高。因此，水电站的厂用电率比火电站少，大致是 1kW 水电有效容量相当于 $1.1\sim1.3$kW 火电有效容量，1kW·h 水电电量相当于 $1.05\sim1.07$kW·h 的火电电量。

（三）水电与火电年运行费的差别

水电站为了维持正常运行每年所需要的各种费用，统称为水电站的年运行费，其中包括：①维护费（大修理、经常性检查、维护与保养、零件维修与更换等费用）；②材料、燃料及动力费；③工资；④水费（电厂发电所用的水量应向水库管理处或其主管单位缴付水费）；⑤其他费用（保险费、行政管理费、办公费等）。

火电厂的年运行费包括固定年运行费和燃料费两大部分，固定年运行费主要与装机容量的大小有关，燃料费主要与该年发电量的多少有关。其中固定年运行费主要包括火电厂的大修理费、维修费、材料费、工资及福利费、水费（冷却水等）以及行政管理费等。必须说明，如果火电投资包括了煤矿建设、运煤铁路建设所分摊的费用，则燃料费应该只计算到电厂的燃煤所分摊的费用；若火电投资仅计算火电站本身的投资，则燃料费应该按照当地影子煤价（国民经济评价时）或现行煤价（财务评价时）计算。

二、水电站的经济效益

水力发电的经济效益主要是向电网或用户提供的电力和电量获得的效益；同时，水电站一般担任电网的调峰、调频（维持电网规定的周波水平）和事故备用等，可提高电网生产运行的经济性、安全性和可靠性，取得电网安全和联网错峰等附加经济效益。

由于水力发电有销电收入，因此水力发电效益既有国民经济效益，也有财务效益。其国民经济效益常采用最优等效替代法或影子电价法计算，财务效益则按售电收入计算。现分述于下。

（一）国民经济效益计算

水电站国民经济效益的计算方法，主要有以下两种。

1. 最优等效替代法

最优等效替代法是将最优等效替代方案所需的年费用作为水电建设项目的年发电效

益。在满足同等电力、电量条件下选择技术可行的若干替代方案，取年费用最小的方案为替代方案中的最优方案，即最优等效替代法。实际工作中一般是依据拟建工程供电范围的能源条件选择其他水电站、火电站、核电站等，或以上几种不同形式电站的组合方案作为拟建水电站的替代方案，在保证替代方案和拟建水电站电力、电量基本相同的前提下，计算出替代方案的费用，其值即为水利工程的发电效益；亦可通过电源优化，比较有、无拟建水电站时整个电力系统的费用节省来计算发电效益。

2. 影子电价法

影子电价法就是按水电建设项目向电网或用户提供的有效电量乘以电价计算——水电站的发电经济效益。其计算表达式为

$$Be = \sum_{t=1}^{n} Q_t (1-r) p (1+t_s)^{-t} + \sum_{t=1}^{n} Q'_t (1-r)(p-p')(1+t_s)^{-t} \qquad (8-13)$$

式中：Be 为发电经济效益（计算期总现值）；Q_t 为第 t 年期望多年平均发电量，按预计可被电网吸收的电量计算；r 为厂用电率或输电损失率；p 为计算电价（按影子价格计算）；Q'_t 为由于设计电站兴建使用电力系统内其他电站在第 t 年由季节性电能变为保证电能的电量；p' 为季节性电能电价（按影子价格计算）；t_s 为社会折现率；n 为计算期。

影子电价法的关键是合理确定影子电价。各电网的影子电价应由主管部门根据电力发展的长期计划进行预测，并定期公布。缺乏资料时，可按成本分析法计算该项目和最优等效替代方案在计算期内电量的平均边际成本，作为该项目的影子电价；也可按电力规划部门对该项目所在电网制定的电力发展的中长期计划，确定规划期内电网将兴建的全部电源点，输电设施及增加的电量，计算规划期内电量的平均边际成本，作为该项目的影子电价。

（二）财务效益计算

在进行财务评价时，通常用售电收入作为水电站的财务效益，一般按下列两种情况进行核算。

（1）实行独立核算的水电建设项目：

$$销售收入所得电费 = 上网电量 \times 上网电价 \qquad (8-14)$$

$$上网电量 = 有效发电量 \times (1-厂电用率) \times (1-配套输变电损失率) \qquad (8-15)$$

$$上网电价 = 发电单位成本（按上网电量计）+ 发电量单位税金 + 发电量单位利润 \qquad (8-16)$$

其中，有效发电量是指根据系统电力、电量平衡得出的电网可以利用的水电站多年平均年发电量。

当采用多种电价制度时，销售收入为按不同电价出售相应电量所得的总收入。

（2）实行电网统一核算的水电建设项目：

$$电网销售收入所得电费 = 总有效发电量 \times (1-厂用电率) \times (1-线损率) \times 售电单价 \qquad (8-17)$$

$$水电站分摊效益 = 电网销售收入所得电费 \times \frac{水电站发电成本}{电网售电成本} \qquad (8-18)$$

此外，还应根据贷款本息偿还条件，测算为满足本建设项目还贷需要的电网销售电价。必要时还应根据水电站发电量的峰、谷特性或在丰水、枯水季节，分析实行多种电价

的现实性和可行性。

水电建设项目的实际收入主要是发电量销售收入所得的电费，有时还包括从综合利用效益中可以获得的其他实际收入。

三、水电项目经济评价

（一）国民经济评价

国民经济评价是水电建设项目经济评价的核心部分，它是从电力系统或从国家整体出发，考察本项目的效益与费用，用影子价格和社会折现率计算本项目对国民经济带来的净效益，评价水电建设项目经济上的合理性。

国民经济评价可以采用以下评价指标：①系统年费用 NF；②效益费用比 B/C；③经济内部收益率 $EIRR$ 等。一般用 $EIRR$ 作为主要评价指标。

（二）财务评价

水电建设项目的财务评价，是根据国家现行财税制度和现行价格，分别测算项目的实际收入和支出，全面考察其获利能力和清偿贷款能力等财务状况，以判别建设项目财务上的可行性。

水电建设项目财务评价主要内容有资金筹措、实际收入和实际支出、贷款偿还能力、财务盈利能力等。

四、案例分析

【例 8-3】　某水电站装机容量 1768 万 kW，多年平均发电量 840 亿 kW·h，建设期 20 年，正常运行期 50 年。根据该电站供电范围内的能源条件分析，拟定燃煤凝汽式火电站作为替代方案，火电替代方案由燃煤火电站及相应的煤矿、运输线路组成。试用最优替代法计算该水电站的国民经济效益。

解：

1. 替代方案规模的确定

（1）火电站。考虑水电站、火电站在电力电量上的差别，替代火电站的装机规模为 $1768 \times 1.1 = 1945$（万 kW），平均每千瓦投资 3120 元（影子价格）。火电站建设工期 5 年，第 6 年开始发电，投资在 5 年内平均投入。年运行费（不包括燃料费）按火电站投资的 3% 计算。替代火电站的年发电量为 $840 \times 1.05 = 882$（亿 kW·h）。

（2）煤矿。由于替代火电站的规模很大，因此需建设专用煤矿，据分析，相应拟定煤矿建设规模为 5×10^7 t，煤矿投资为 450 元/t；煤矿建设工期 8 年，投资在 8 年内平均投入；煤炭生产阶段成本 63 元/t。

（3）铁路。需新建两条共长 1000km 的单线铁路，线路建设 1000 万元/km；铁路机车车辆造价 125 元/km；铁路建设工期 10 年，投资在 10 年内平均投入；铁路运输成本为 69 元/(t·10^3km)。

2. 计算参数的确定

（1）计算期。按满足被替代水电站的装机容量和年发电量同等要求，根据火电站、煤矿、铁路的建设工期反推开工建设时间，分别是第 16 年、第 13 年、第 11 年。

（2）基准点。选定在计算期的第 1 年年初，社会折现率采用 12％。

（3）替代项目的经济使用年限均按 50 年考虑。

3. 替代火电方案费用计算

根据上述替代方案和计算参数，替代方案各项投资与年运行费如下：

火电站平均投资：1945 万 kW×3120 元/(kW·5 年)＝1213680 万元/年

年运行费：1945 万 kW×3120 元/kW×3％＝182052 万元/年

煤矿年平均投资：$5×10^7$ t×450 元/(t·8 年)＝281250 万元/年

年运行费：$5×10^7$ t×63 元/t＝315000 万元

铁路年平均投资：1000km×(1000 万元/km ＋ 125 元/km)/10 年＝100001.25 万元

年运行费：$5×10^7$ t×$1×10^3$ km×69 元/(t·10^3 km)＝345000 万元

现金流量见表 8-8。

表 8-8　　　　　　　　　　　现 金 流 量 表

项目	第 1～10 年	第 11～12 年	第 13～15 年	第 16～20 年	第 21～70 年
年投资/万元	0	100001.25	381250.25	1594931.25	0
年运行费/万元	0	0	0	0	842052

计算时，首先将现金流量折算到第 20 年时点，然后再折算到第 0 年时点，则替代方案费用总现值的计算如下：

$$替代方案费用总现值＝[1213680×(F/A,i,5)+281250×(F/A,i,8)$$
$$+100001.25×(F/A,i,10)+842052×(P/A,i,50)]$$
$$×(P/F,i,20)$$
$$＝2060413（万元）$$

即该水电站在计算期内的发电总效益（国民经济效益）现值为 2060413 万元。

第四节　城镇水利工程经济分析

城镇用水主要包括生活（指广义生活）、工业、郊区农副业生产用水。生活用水主要指家庭生活、环境、公共设施和商业用水；工业用水主要指工矿企业在生产过程中用于制造、加工、冷却、空调、净化等部门的用水。据统计，在现代化大城市用水中，生活用水占 56％～65％，工业用水占 30％～40％，其他用水占 3％～5％。

一、城镇水利工程供水经济效益计算

水利建设项目的城镇供水效益按该项目向城镇工矿企业和居民提供生产、生活用水可获得的效益计算，以多年平均效益、设计年效益和特大干旱年效益表示。

城镇供水财务效益按销售水价计算，而国民经济效益计算较复杂。比如城镇生活用水的重要性和保证率均高于工矿企业用水，因此其国民经济效益应大于工业用水，但由于生活用水的经济价值难以准确定量，因此在进行供水项目经济评价时，可按与工业用水效益相同来计算；亦可在工业用水效益计算的基础上乘以一个权重系数求得，此权重系数应不小于城镇生活用水保证率与工矿企业用水保证率的比值。

在进行城镇供水效益计算时，应注意与经济费用计算口径对应一致。城镇供水建设，通常包括水源建设和水厂、管网建设，城镇供水经济效益的层次应与供水工程建设费用计算的层次相同。例如，采用最优等效替代法时，若替代措施与拟建工程的供水点不同，应将替代工程的供水点建设到拟建工程的供水点；采用水价法和分摊系数法时，若采用的水价和工业产值是到用户的水价和工业的全部产值，则供水费用应包括水源建设和水厂、管网建设的全部费用，否则，其供水经济效益应按相应工程设施费占供水总费用的比例进行分摊，经济评价中只计入与费用计算口径相对应的那一部分经济效益。

另外要注意的是，在进行城镇供水效益计算时，其计算参数应采用预测值。对拟建供水工程来说，其目标是满足今后社会经济发展需要，某一供水区今后社会经济发展固然与这个地区的现状有联系，但也会有很大的差别。例如新建工业企业及各行业工业产值占城市总产值的比例与现状不会完全相同，而不同行业工业万元产值用水量是不同的；同时，随着新技术、新工艺的采用，同一行业万元产值用水量也会减少。与已建工程相比，新建工程的供水工程建设和节水措施将会越来越困难，取得相同供水量需要付出的代价（费用）将越来越大。水源工程建设也有类似的情况。因此，计算新建城镇供水工程经济效益时采用的经济参数应是在现状基础上的预测值，而不能简单地采用统计年鉴上的统计资料。

比较常用的城镇供水效益的计算方法有最优等效替代法、缺水损失法、分摊系数法、影子水价法。

1. 最优等效替代法

一般来说，可作为城镇供水替代方案的有开发本地地表水资源、开发本地地下水资源、跨流域调水、海水淡化、采用节水措施、挤占农业用水或其他一些耗水量大的工矿企业（包括将某些耗水量大的工矿企业迁移到水资源丰富的地区）。以上是几项替代措施不同的组合替代方案（各项替代措施替代多少供水量需根据拟建供水工程供水区的具体条件研究确定，必要时可研究其中不同的组合方案进行比较，选择最优方案作为综合替代方案的代表方案）。节水措施是指节水工程或技术措施，如提高水的重复利用率、污水净化、减少输水损失及改进生产工艺、降低用水定额等。由于各地区的水资源条件千差万别，必须根据各地区的具体情况，对替代方案开展大量的设计研究。

对可以找到替代方案替代该项目向城镇供水的，可按最优等效替代工程或节水措施所需的年费用计算该项目的城镇供水年效益。最优等效替代法在国外应用较广泛，但在我国水资源严重缺乏地区、难以找到合理的、可行的替代方案，此方法在应用上受到限制。

2. 缺水损失法

缺水损失法是按缺水使城镇工矿企业停产、减产等造成的损失计算该项目的城镇供水年效益。该方法适用于现有供水工程不能满足城镇工矿企业用水或居民生活用水需要，导致工矿企业停产、减产或严重影响居民正常生活的缺水地区。

采用该方法时，应进行水资源优化配置，按缺水造成的最小损失计算。一般按限制一些耗水量大、效益低的工矿企业用水造成的多年平均损失计算；或按工矿企业停产、减产造成的减产值，扣除其耗用的原材料、能源等费用计算；如果停产时间较长，还应计入设备闲置的费用。农业缺水损失（此时假定城市供水是调用灌溉水），可根据缺水量和农作物的灌溉定额，推求影响面积，以缺水造成的农业减产值，扣除相应减少的农业生产成本计算。

3. 分摊系数法

该方法是按有该项目时工矿企业的增产值乘以供水效益的分摊系数近似估算，适用于方案优选后的供水项目。

采用分摊系数法关键是如何确定分摊系数，把供水效益从工业总效益中分出来。目前确定分摊系数的方法有投资比法、固定资产比法、占用资金比法、成本比法、折现年费用比法等多种；分摊媒介有分摊工业净产值和分摊工业毛产值两种情况。采用不同的计算方法，计算结果相差较大。过去一般是将根据供水工程在工业生产中所占投资的比例分摊供水后工矿企业增加的净产值，加上工业供水成本费用作为工业供水的经济效益。

4. 影子水价法

该方法按项目城镇供水量乘以该地区的影子水价计算得到城镇供水效益。该方法适用于已经进行水资源影子水价分析研究的地区。这里的影子水价是指水作为产出物的影子价格，应以整个地区多种供水工程的分解成本计算。

随着我国工业化和城市化水平的不断提高，城镇用水量占总用水量的比重越来越大，合理计算城镇供水效益对正确评价供水工程的经济效益具有重要作用。但目前计算城镇供水效益的方法还不够完善，有些方法（如最优等效替代法）在理论上比较合理，但实际计算起来难度较大，特别是在我国水资源短缺的地区就找不到等效替代工程；有些方法（如分摊系数法）可以操作计算，但在理论上又存在一些不尽完善、不尽合理的地方。因此，在分析计算城镇供水效益时应采用多种方法进行计算，互相验证；通过综合分析，确定合理的城镇供水效益。

二、水价计算

我国水利工程供水经历了从无偿供水到有偿供水的过程，水利工程供水收入也经历了从行政事业性收费到经营性收费的过程。中华人民共和国成立以后，在各级人民政府和有关部门的大力支持下，经过物价部门和水利部门的共同努力，水价改革不断推进，水价制度不断完善，先后经历了公益性无偿供水阶段、政策性有偿供水阶段、水价改革起步阶段和水价改革发展阶段。2003 年 5 月，国务院同意国家发展和改革委员会、水利部制定的新的水价管理办法。2003 年 7 月 3 日，国家发展和改革委员会、水利部正式颁发《水利工程供水价格管理办法》（以下简称《水价办法》），于 2004 年 1 月 1 日起施行，水价改革进入新的阶段。

（一）水价的定义

《水价办法》明确规定，水利工程供水价格是指供水经营者通过拦、蓄、引、提等水利工程设施销售给用户的天然水价格，简称水价。

（二）水价的构成

《水价办法》第四条规定水价由"供水生产成本、费用、利润和税金构成"。前两项之和为供水成本，后两项之和为供水所带来的盈利。

1. 供水成本

供水成本计算属于财务分析内容，为此需首先确定财务核算单位。供水成本主要包括固定资产折旧费及年运行费两大部分。其中固定资产折旧费可以按照供水工程固定资产原值乘以基本折旧率求得，但属于劳务投资的部分可以不计折旧费；固定资产原值可以用投资乘以固定资产形成率求得。年运行费包含材料费、燃料动力费、工资、大修理费、维修费及管理费等，其中大修理费由固定资产原值乘以大修理费率求得，其余各种均按财务实际支出计算。对于供水工程财务核算单位而言，尚需向水库管理处（另一核算单位）缴纳水资源费。如果水利工程除供水外，还兼有防洪、发电、航运等综合利用效益，则水利工程投资与年运行费尚需在各部门之间进行分摊。此时单位水量供水成本 $C_水$ 为

$$C_水 = K\alpha(a_1 + a_2 + a_3 + a_4)/W \tag{8-19}$$

式中：K 为固定资产；α 为供水部门分摊费用的百分数；a_1、a_2、a_3、a_4 分别为供水工程固定资产的折旧费率、大修理费率、年运行费（大修理费除外）率和财产保险费率；W 为年供水量。

2. 供水水价

《水价办法》第八条规定"水利工程供水所分摊的成本、费用由供水价格补偿。具体分摊和核算办法，按国务院财政、价格和水行政主管部门的有关规定执行"。公益性功能发生的耗费，应由国家财政资金补偿，而水利工程供水和水力发电等经营性功能发生的耗费，则应全部计入供水、发电成本和费用，通过收取水费和电费获得补偿，并需从中获得适当的投资回报。水利工程供水价格除考虑生产成本费用外，还要计入税金和利润，即

$$供水价格 = 供水成本费用 + 税金 + 利润 \tag{8-20}$$

对于供水部门而言，商品的利税额 M 可按下式确定：

$$M = (K + F)R \tag{8-21}$$

式中：M 为商品水的利税额；K、F 分别为固定资产和流动资金；R 为资金利税率。

《水价办法》第十条指出："根据国家经济政策以及用水户的承受能力，水利工程实行分类定价"。水利工程供水价格按供水对象分为农业用水价格和非农业用水价格。农业用水是指由水利工程直接供应的粮食作物、经济作物用水和水产养殖用水；非农业用水是指由水利工程直接供应的工业、自来水厂、水力发电和除农业以外的其他用水。

农业用水价格按补偿供水生产成本、费用的原则核定，不计利润和税金。非农业用水价格，在补偿供水生产成本、费用和依法计税的基础上，按供水净资产计提利润，利润率按国内商业银行长期贷款利率加 2～3 个百分点确定。

供水水价 $P_水$ 可由下式确定：

$$P_水 = C_水 + (K + F)/WR \tag{8-22}$$

式中：符号意义同前。

三、案例分析

【例 8-4】　某水库工程城镇供水量 $A=1$ 亿 m^3，农业供水量 $B=4$ 亿 m^3，水力发电专用供水量 $C=5$ 亿 m^3，泄洪水量 $D=2$ 亿 m^3；城镇供水保证率 $A'=95\%$，农业供水保证率 $B'=65\%$，水力发电保证率 $C'=98\%$，该水库工程的供水成本费用为 6500 万元。

在水库工程清产核资后的账面数中，实收资本 38000 万元，资本公积金 1200 万元，盈余公积金 800 万元。资金利润率采用 8％，营业税率 3％，随营业税附征城市维护建设税 5％、教育费附加 2％。试求农业供水水价、城镇供水水价及水力发电供水水价。

解：（1）各类供水的成本费用如下：

$$城镇供水成本＝水库工程供水成本 \times \frac{AA'}{AA'+BB'+CC'}＝730（万元）$$

$$农业供水成本＝水库工程供水成本 \times \frac{BB'}{AA'+BB'+CC'}＝2000（万元）$$

$$水力发电供水成本＝水库工程供水成本 \times \frac{CC'}{AA'+BB'+CC'}＝3770（万元）$$

（2）供水资产分摊系数及城镇供水净资产如下：

$$净资产＝实收资本＋资本公积金＋盈余公积金$$

$$＝38000＋1200＋800＝40000（万元）$$

$$供水净资产＝水库工程净资产 \times 供水分摊系数$$

$$＝40000 \times \frac{A+B+C}{A+B+C+D}＝33200（万元）$$

$$城镇供水净资产＝供水净资产 \times 供水分摊系数$$

$$＝33200 \times \frac{AA'}{AA'+BB'+CC'}＝3720（万元）$$

（3）各类供水价格的核定。

1）农业供水价格（不计税金与利润）。

$$农业供水价格＝\frac{农业供水成本费用}{农业供水量}＝\frac{2000}{40000}＝0.05（元 /m^3）$$

2）城镇供水价格。

$$城镇供水价格＝\frac{城镇供水成本＋城镇供水净利润／（1－所得税率）}{城镇供水量 \times [1－营业税率（1＋城市维护税率＋教育附加税率）]}$$

$$＝\frac{730＋3720 \times 8\%／（1－0.33）}{10000 \times [1－3\% \times （1＋5\%＋2\%）]}＝0.126（元 /m^3）$$

3）水力发电供水价格。《水价办法》规定，水力发电专用供水的价格（元/m³），按照水电站所在电网销售电价［元/(kW·h)］的 1.6％～2.4％核定。已知水电站所在电网的销售电价为 0.62 元/(kW·h)，故水力发电专用供水的价格＝0.62 ×（1.6％～2.4％）＝0.01～0.015（元/m³）；结合其他兴利目的的发电用水价格＝0.62 × 0.8％＝0.005（元/m³）。

第五节　建筑工程项目的经济分析

一、建筑设计的经济性

建筑工程包括工业建筑、民用建筑以及农业建筑等。本节介绍工业、民用与农业建筑工程设计中的常用经济指标、设计方案技术经济分析与选择的基本方法、建筑工程经济在建筑设计与施工中的应用。

在建设项目产品全寿命的不同阶段进行工程造价控制，其意义差别是很大的。据分析，方案设计和初步设计阶段对总投资的影响程度占所有阶段影响的90%，以往的工程项目中广受重视的施工阶段对投资影响的程度仅占10%左右。建筑工程方案一旦确定，工程项目的总造价基本就确定了，因此要控制总成本关键在于方案设计阶段和初步设计阶段。设计方案的技术经济分析与评价非常重要。

1. 工业建筑设计参数与经济性的关系

（1）建筑密度。指在工业厂区内，建筑物、构筑物以及各种露天仓库（即堆场）、操作场地的基底面积总和与占用地面积的比例（%）。换言之，建筑密度指建筑物的覆盖率，反映一定用地范围内的空地率和建筑密集程度，它可以反映出总平面设计是否经济合理的指标。建筑密度越大，表明布局越紧凑，对土地的利用率越高；同时紧凑的平面布局还可以减少土石方工程量，缩短管线距离和运输距离，从而降低工程造价和运行成本。

（2）土地利用系数。指工业厂区内建筑物、构筑物以及各种露天仓库（即堆场）、操作场地、铁路、道路、广场、排水设施、地上地下管线等所占的面积总和与整个厂区的建设用地面积之比例（%），它综合反映总平面布置的经济合理性和土地利用效率。

（3）厂区工程量指标。包括场地平整的土石方工程量、铁路和道路广场铺砌面积、排水工程长度、围墙长度与绿化面积等，它是综合反映工程总投资的经济指标。

（4）运营费用指标。包括铁路、道路的运营费用以及单位货物的运输费用等，它反映运输设计是否经济合理。

（5）厂房建筑的平面布局。平面布局应满足生产工艺的要求，力求合理地确定厂房的平面与组合形式，各车间、各工段的位置和柱网、走道等。多个车间之间并列布局，根据生产工序合理排布，尽量减少交叉运输和往返运输。单个车间的平面形状不宜过于窄长，以减少内部交通距离。建筑物尽量避免采用纵横跨，以便采用统一的结构方案，减少结构构建类型和简化构造。

（6）厂房的经济层数。生产工艺要求跨度大、净空高度大，拥有重型设备或起重设备，生产时有较大振动、产生大量热气和气体的重工业厂房采用单层厂房是合理的。生产工艺紧凑，可垂直安排工艺流程，利用重力运输、设备和产品重量较轻的各种轻型车间，采用多层厂房可减少占地面积与基础工程量、缩短运输距离、减少厂区面积等，是经济的选择。此外，层数的选择，应综合考虑地质条件、建材情况、建筑结构形式、面积、施工方法、地震、风、雪等自然因素以及工艺要求等情况确定。

（7）厂房的层高与高度。层高增加，承重墙与隔墙的建造费用、装饰工程费用随之增加，水电、暖通的空间体积与线路增加，楼梯、电梯等设备费用也会增加，起重运输设备及其有关费用增加，因此工程经济的原则是满足净高需求的情况下，尽可能地降低层高。确定厂房层高和高度需考虑的因素有设备高度、操作空间需求、运输方式等。

（8）柱网选择。应合理地选择柱距和跨度。柱距小则檩条跨度小，檩条的造价降低，但柱和屋架的数量增加；反之，柱距变大，则檩条造价升高，但同时柱和屋架的造价降低。当柱距不变时，对单跨厂房，跨度在某一适当范围时单位面积造价最低，跨度过大和过小都会导致造价升高。多跨厂房当跨度一定时，跨数越多柱和基础分摊在单位面积上的造价越低。

（9）厂房的体积与面积。在满足工艺和产能需求的前提下，尽量减小厂房的面积和体积，可以减小厂房的工程量和工程造价。另外，小而散的厂房合并成大厂房，也是一种降低总造价的方法。

2. 民用建筑设计参数与经济性的关系

民用建筑的分类也很多，包括公共建筑（学校、医院、车站、机场等）、居住建筑（住宅、公寓、别墅等），其中住宅建筑占有很大比例，这里重点论述住宅建筑设计参数的经济性问题。土地是一种稀缺而不可再生的资源，在住宅建筑设计中如何科学、合理地利用土地，具有非常重要的意义。本节从住宅建筑设计参数与用地和工程造价的关系两个方面进行分析。

（1）平面形状对用地的影响。住宅区的建筑平面布局需考虑建筑光照、通风与视线遮挡等诸多问题，一般在满足光照通风的前提下，尽可能减小建筑之间的间距是提高土地利用率的一个策略。单个住宅的平面形状越规则，土地的利用率越高。但是也不能因为要节约土地而千篇一律地把住宅设计成"火柴盒"式的建筑，还要兼顾建筑艺术风格、住宅的品位以及与周围环境的协调等因素。

（2）平面形状对造价的影响。平面形状在很大程度上影响工程造价，每平方米建筑面积的外墙周长可以作为评价工程造价的一个指标。由于立面装饰与建筑热工的因素，外墙的造价比内墙高，所以减小外墙的面积可以很好地降低造价。简单规则的平面形状，如方形和矩形，既可以缩短外墙周长，又便于结构承载和施工；而凹凸曲折的平面形状，则大大增加了外墙的周长，同时还使得结构承载不利。适当加大住宅进深，可以缩短外墙周长，节省基础、墙体和外装饰的工程量。当进深一定时，适当增加住宅长度，也会降低外墙的工程量和造价。一般住宅采用单元拼接组合的形式增加长度，但也不宜过长，否则需要设置温度伸缩缝的地方设置双墙，反而增加工程造价。

（3）层高对用地的影响。当住宅的总高度受到日照间距和规划限制在 25m 以内时，方案 A 层高 2.5m，则最多可以建 10 层，总高度 25m；方案 B 层高 2.75m，则最多可以建 9 层，总高度 24.75m。显然，方案 A 的土地利用率明显高于方案 B。

（4）层高对造价的影响。上面两个方案的墙体工程量基本相等的情况下，方案 A 多出 1 层的楼板工程量，但总的建筑面积多出 1 层，住宅的套数也多出 1 层。显然，方案 A 的经济性明显优于方案 B。但住宅建筑层高并不是越低越好，还要兼顾居住净空的需求和居住舒适度的因素，一般住宅的层高在 2.5 ～2.8m 之间。据分析，层高每降低 10cm，造价可降低 1.2% ～1.5%。此外，在寒冷地区，降低层高可以降低冬季采暖费用，经济效果也是很明显的。

（5）层数对用地的影响。住宅用户基本用地指数 ＝ （进深×层数×间距系数）× （每户平均面宽＋平均山墙间距）/层数。根据这个公式，增加层数可以有效地提高土地利用率。但由于受到光照、通风等因素的制约，并非层数越多越好。据分析，住宅层数从 1 层增至 4 层时，节地效果十分显著，超过 6 层后，节地效果明显减弱。这是因为，随着层数的增加，住宅之间的日照间距也相应增加，占地面积在每户建筑中所占比例也逐步减少。

（6）层数对造价的影响。高层建筑需要考虑的因素更多，如结构体系、建设周期、抗震、防火、电梯等方面的问题。合理的层数选择，应从土地费用、工程造价以及其他社会因素等角度综合分析确定。一般来说中小城市的住宅建筑以多层为主，大型城市建筑以高层为主。对于土地价格昂贵的"北上广深"以及其他一些一线城市，以高层住宅为主是经济的。但一线城市也需要在符合规划的前提下考虑市场需求，随着我国居民生活水平的提高，建设一些低密度住宅群，甚至在城市郊区建设一些别墅群也需要重点考虑。

（7）住宅群布局对用地的影响。楼间距越小，土地利用率越高。但是，住宅楼间距的确定，除了考虑日照条件之外，还要考虑通风、视野、绿化、道路、庭院、施工、防火、私密性等一系列的问题。在进行住宅群布局设计时，采用高低搭配、点条结合、前后错列、斜向布局、南北为主、局部东西等手法，可有效地节约用地，优化住宅小区的环境条件，这是住宅建筑方案设计中需重点考虑的。

（8）平面系数对造价的影响。住宅建筑的使用率指使用面积（套内使用面积）与总建筑面积之比（％）。一般住宅使用率如下：高层住宅为75％以上；多层住宅多为80％以上。影响住宅使用率的因素主要有结构面积和交通面积两方面。

（9）结构面积。住宅的结构面积指住宅墙、柱等承重结构和围护结构所占的面积。合理选择结构体系，采用轻质高强材料，可以减小结构面积。

（10）交通面积。是指楼梯间、电梯间、走廊、过道、门厅等交通部分的面积。合理安排单元组合，可提高交通面积的利用效率。

3. 农业建筑设计指标与经济性的关系

农业建筑包括的内容十分广泛，有养殖、种植、水产养殖、农产品加工、农产品贮藏、生物质能源工程等设施。由于主要功能是在其中从事各种生产性活动，农业建筑与工业建筑的技术经济评价有诸多类似之处，如两种建筑的技术经济评价指标均有建筑密度、土地利用系数、厂区工程量指标、层高与总高度、开间与跨度、建筑的面积与体积等。

农业建筑又与工业建筑有明显的不同，这是由于养殖与种植等生产活动的特殊性所致的。由于养殖的对象是有生命的动物，种植的对象是有生命的植物，因此它们对建筑的内部环境就有一定的需求。为了满足这种需求，现代化农业建筑技术经济评价分析中还要包括如下指标：

（1）可持续指标。反映农业建筑的可持续化，项目对周围环境的影响、对土壤和地下水的破坏与可修复性，药物与重金属的残留与可清除性等。大多数养殖类农业项目存在废弃物（粪、尿、污水、有害气体）的排出，设计方案的技术经济评价中要考虑对环境影响的因素。

（2）福利化指标。农业建筑项目的福利化指标，反映养殖过程中为保证动物健康而提供的设施设备的福利化水平。随着我国人民生活水平的日益提高，人们对肉、蛋、奶等动物产品的需求逐步由量的需求提升到量与质并重的层次，这就对动物养殖提出了限制用抗生素和添加剂的要求。为了保证养殖动物的健康，要求工艺设计采用健康养殖的工艺模式，通过在养殖舍设计方案中改善室内环境，增设动物福利性设施设备等是需要考虑的重要指标。

（3）机械化指标。农业建筑的机械装备指标反映农业生产过程中的机械化水平。随着我国城镇化和农业现代化进程的加快，农业生产过程中劳动力资源越来越短缺，劳动力成本大幅提升。这对农业养殖和种植生产提出了减小劳动者数量和降低劳动强度的要求，农业建筑方案设计中强调建筑与机械装备的协同设计，因此设计方案的技术经济评价应考虑机械化指标。

（4）工厂化指标。农业建筑的工厂化指标反映种养殖过程中的工厂化水平。随着我国农业农村现代化进程的加快，农业生产方式和模式的工业化也发展到一定的程度，农业养殖和种植生产也达到了一定程度的工厂化水平，农产品也逐步转变成为"工业品"和"商品"，工厂化农业仍将是我国农业发展的重点方向，因此设计方案的技术经济评价应考虑工厂化指标。

（5）智能化指标。农业建筑的智能化指标反映农业生产过程的智能化水平。随着我国大数据和人工智能的快速发展，农业生产方式和模式的智能化也发展到一定的程度，农业生产过程的智能化和精准化将是我国未来农业发展的重点方向，因此设计方案的技术经济评价应考虑智能化指标。

二、建筑设计方案的技术经济分析

建筑工程设计人员应参与主要方案的讨论，各部门人员共同完成，密切协作，做好多方案技术经济分析与比较，选出技术先进、经济合理的最优方案。设计方案的分析比较一般采用如下方法。

1. 多指标综合评价法

评价重大建筑工程的设计方案时，判别优劣的标准不是单一的经济指标，应考虑多个方面的标准，如技术、经济、生态、环境、自然资源等。因此，必须进行多指标综合评价。多指标综合评价法分为定性评分法（邀请相关人员根据给定的评分项打分）和定量评分法（根据定量评价标准打分）。

在综合评价中，对每个标准的评价包含两方面：①评价技术方案对每个标准的满足度；②评价每个标准的相对重要程度，即权重。

技术综合评价实际上是多目标决策问题，其实质是将不同评价标准的满足度和权重相乘，然后计算综合得分，根据综合得分的多少判断方案的优劣。

2. 单指标评价法

单指标评价所用的指标可以是效益型指标，也可以是费用型指标。效益型指标主要是用于对收益或功能有差异的多方案进行比较选择。对于专业工程设计方案和建筑结构方案的比选，尽管设计方案不同，但收益或功能应该都满足相关规范和标准，差别一般不会太大，此时可采用单一的费用指标评价法，即最小费用法。

3. 价值分析法

价值分析法是一种力求以最低的寿命周期费用，可靠地实现产品的必要功能，剔除其不需要功能，提高其价值的方法。

三、施工方案的技术经济分析

工程施工阶段的技术经济分析，是为了获得最优施工方案，从若干可行的施工工艺方案、施工组织方案中，分析比选出最优的施工方案。工程施工中的经济分析在很大程度上决定了施工组织的实例与施工任务完成的好坏，是施工任务顺利完成的前提条件。

在工程施工阶段进行技术经济评价时，主要进行施工方案的评价和创新评价（包括新结构、新材料和新技术的应用）。施工方案是单位工程或建筑群施工组织设计的核心，是编制施工进度计划、绘制施工平面图的重要依据。

工业建筑、民用建筑与农业建筑的施工过程区别不大，施工技术方案与施工组织方案的内容也大同小异，因此建筑施工方案的技术经济分析，不再对它们区分论述。

1. 施工工艺方案的技术经济评价指标

（1）技术性指标。反映施工方案技术特征或适用条件的指标，可用各种技术性参数表示。如主体结构为钢结构时，可用钢材的总用钢量、工厂化程度、安装精度等参数；如采用装配式建筑时，可用装配化构件的比率、构件的最大尺寸、最大安装高度等参数。

（2）经济性指标。反映完成施工任务必要的实物、劳动力、能源、时间消耗，由一系列实物量、劳动量等指标组成，主要有工程施工成本、专用机械设备的需求量、各种劳动力的需求量、施工中各种水电等资源的消耗量和总劳动消耗量。

（3）效果指标。主要反映施工工艺方案所能达到的效果，主要有工程效果指标（工期、工程效率等）和经济效果指标（成本降低额、材料节约额等）。

（4）其他指标。其他指标指未包括在上述三类指标中的指标。如施工临时占用场地、抵御自然灾害能力，以及采用该施工工艺方案后对企业技术装备、施工素质、信誉的影响等，这些指标可以是定性指标或定量指标。

2. 施工组织方案的技术经济评价指标

施工组织方案是指单位工程以及包括若干工程的建筑群体的施工组织，包括方法、施工流水线、施工交叉作业等组织方案。施工组织方案包括施工组织设计、单位工程施工组织设计、分部工程施工组织设计和施工装备的配置方案、劳动力资源的配置方案、绿色文明施工方案、应急施工方案、安全施工方案等。施工组织方案的评价指标如下：

（1）技术性指标。综合反映工程特征和施工方案特征的指标，如建筑面积、主要工程量、冬雨季施工指标、与施工方案有关的技术指标等。

（2）经济性指标。主要有工程施工成本、专用机械设备配置量、主要材料消耗量、劳动力消耗量、施工均衡性指标等。

（3）效果指标。主要有工期指标、成本节约指标、节能指标、安全指标、绿色文明指标等。

3. 施工方案的经济分析与比较方法

施工方案主要包括施工技术方案和施工组织方案，具体而言，包括施工技术重点与措施、施工技术难点与措施、进度安排、质量保证措施、施工机械的选择与调度、劳动力安排、运输方案、现场平面布局等。大中型工程或有特殊要求的项目进行施工方案选择时，需要进行详细的技术经济分析与比较。常用的方法同样有多指标综合评价法、单指标评价法以及价值分析法三种。

四、案例分析

（一）项目概况

案例分析附表

某市新建市郊园艺观光体验园区项目经济评价案例。该项目位于某市城郊区，占地350亩，是为城市居民提供节假日和业余时间休闲旅游服务的园艺观光体验园区，主要规划有：生态住宿园、果品采摘园、农耕体验园、休闲娱乐园、设施采摘园、园艺展示园、苗木种植园、养殖垂钓园、观赏景观区（带）、园艺产品加工园、管理服务区等。

项目旨在全面推进市域生态休闲旅游业发展，实现区域性生态休闲旅游跨越式发展，建设内容体现"生态""高效"的总体战略思想，符合国家的产业政策和投资方向；项目的投资规模适宜，结构合理，技术方案切实可行。

（二）基础数据

1. 建设内容与规模

项目总投资9125.46万元，总建筑面积46426m²，主要建筑统计详见表8-9。

表8-9　　　　　　　　　　主要建筑统计表

序号	建设内容	建筑面积/m²	备　注
1	管理服务中心	3000	砖混结构、普通装修
2	生态小屋	2500	砖混结构＋日光暖房
3	生态餐厅	4506	异型玻璃温室＋砖混结构、生态景观
4	智能生产温室	10800	文洛型连栋温室
5	节能生产温室	5400	节能型日光温室
6	果品采摘温室	5400	节能型日光温室
7	农耕体验中心	750	砖混结构、普通装修
8	园艺产品加工园	13570	砖混结构、普通装修
9	基础设施建筑	500	包括中水站、泵房、沼气池等，简单装修
10	合计	46426	

2. 项目用地

项目总用地350亩，其中建设用地38.3亩、农业生产用地232.9亩、农业辅助用地78.8亩，详见表8-10。

表8-10　　　　　　　　　　分区用地平衡表

序号	用地性质分类	用地分区	用地面积/亩	比例/%	用地面积小计/亩
1	建设用地	生态住宿园	13.3	3.8	38.3
		管理服务区	25	7.1	
2	农业生产用地	果品采摘园	37.5	10.7	232.9
		农耕体验园	6.8	1.9	
		休闲娱乐园	30	8.6	
		设施采摘园	40.5	11.6	
		园艺展示园	32.3	9.2	

续表

序号	用地性质分类	用地分区	用地面积/亩	比例/%	用地面积小计/亩
2	农业生产用地	苗木种植园	35	10.0	232.9
		养殖垂钓园	38.6	11.0	
		观赏景观区（带）	12.2	3.5	
3	农业辅助用地	园艺产品加工园	34	9.7	78.8
		生态停车区	6.3	1.8	
		广场、大门	5.3	1.5	
		道路系统	33.2	9.5	
合计		总用地面积	350	100.0	

注　1亩≈0.0667公顷。

3. 项目投资估算

本项目为新建工程，投资估算是在完成市场需求预测、生产规模、项目建设方案、环境影响评价、组织和劳动定员等各方面研究论证和方案对比基础上进行的。建筑工程费用参考类似工程的造价，定型设备价格根据生产厂家提供的产品样本和设备出厂价及市场询价，其他费用按有关计费标准估算。固定资产投资构成分析和主要建筑工程投资分析详见表 8-11 和表 8-12。

本项目总投资估算额 9125.46 万元，包括建设投资 7765.85 万元、建设期利息 497.20 万元、流动资金（正常经营年份）862.41 万元。

表 8-11　　　　　　　固定资产投资构成分析表

序号	投 资 内 容	投资金额/万元			占项目总投资额/%
		人民币	外币	合计	
1	项目总投资规模	9125.46		9125.46	100.00
2	建设投资	7765.85		7765.85	85.10
2.1	建筑工程	4972.48		4972.48	
2.2	其他工程	1077.00		1077.00	
2.3	设备购置	412.86		412.86	
2.4	工器具、家具、备品备件	43.08		43.08	
2.5	安装工程	120.34		120.34	
2.6	其他费用（第二部分费用）	584.40		584.40	
2.7	基本预备费	555.69		555.69	
2.8	涨价预备费	0		0	
2.9	投资方向调节税	0		0	
3	建设期利息	497.20		497.20	5.45
4	流动资金	862.41		862.41	9.45

表 8 - 12 　　　　　　　　　　　　主要建筑工程投资分析表

序号	建筑名称	建筑面积 /m²	估算单价 /(元/m²)	投资 /万元
1	管理服务中心	3000	1500	450.00
2	生态小屋	2500	1400	350.00
3	生态餐厅	4506	1800	811.08
4	智能生产温室	10800	1000	1080.00
5	节能生产温室	5400	400	216.00
6	果品采摘温室	5400	400	216.00
7	农耕体验中心	750	1200	90.00
8	园艺产品加工园	13570	1000	1357.00
9	基础设施建筑	500	800	40.00
10	建筑小品、雕塑			362.40
11	合计	46426		4972.48

4. 流动资金估算

本项目生产流动资金的估算采用分项详细计算法，铺底流动资金按全额流动资金的31%，计算流动资金的估算详见附表 8 - 6（可扫描案例中二维码查看，下同）。本项目在正常年所需流动资金为 862.41 万元，其中流动资金借款 595.06 万元，铺底流动资金 267.35万元。

5. 资金来源与筹措

本项目总投资 9125.46 万元，按以下方法筹集：建设单位自筹资金 2764.55 万元，其中自有资金 2764.55 万元，用于建设投资 1871.50 万元，偿还建设期利息 497.20 万元，用于铺地流动资金 267.35 万元。项目建设期内建设投资申请银行中长期借款 5894.35 万元，名义年利率为 7.65%，流动资金的 69% 申请银行贷款，总额度为 595.06 万元。详见附表 8 - 7。

6. 资金使用计划

本项目建设期 2 年，建设投资分年分批投入，第 1 年约占 69.01%，第 2 年约占30.99%。流动资金按生产负荷逐年追加投入。详见附表 8 - 7。

7. 项目建设期、经营期、计算期

项目拟 2 年建成，经营期 9 年，投产期 1 年，计算期 12 年。第 3 年投产期生产能力为 50%，第 4 年起生产能力为 100%。

8. 税与税率

营业税税率为 5%，城市维护建设税税率为 5%，教育费附加费费率为 4%，增值税税率为 17%，所得税税率为 33%，按税后利润的 10% 计提盈余公积金，按 5% 计算公益金。

（三）经济分析（财务评价）

建筑工程项目的经济分析主要是进行财务评价，主要进行财务盈利能力分析、偿债能力分析、资金平衡与资产负债分析、敏感性分析等。

1. 财务盈利能力分析

根据逐年现金流入量和流出量编制了附表 8 - 1。分析可见所得税后，内部收益率为

35.21％，按基准折现率12％计算的税后财务净现值为7007.25万元，静态投资回收期包括建设期为3.86年，扣除建设期后投资回收期为1.86年。

项目第4年进入达产期（产能和收益得到100％的设计能力），根据附表8-2分析，项目年营业收入10274.96万元，销售税金及附加1515.84万元，总成本费用4652.30万元，利润总额4106.83万元。投资利润率为45.00％，投资利税率为61.62％，说明项目具有较好的盈利能力。

2．偿债能力分析

本项目长期借款5894.35万元，在经营期用折旧费、摊销费和未分配利润偿还。根据财务盈利能力、资金来源与使用、资产负债分析表明，本项目的财务状况良好，项目实施后投资收益率为35.21％（税后），静态投资回收期包括建设期为3.86年（税后），贷款偿还期为3.42年（含建设期），该项目具有较强的偿债能力，详见附表8-11。

3．资金平衡与资产负债分析

在项目计算期内，各期资金的来源与运用是平衡有余的。从第1年起，资产负债率是迅速降低的，前三年资产负债率依次为63.56％、26.04％和4.71％，此后9年资产负债率均低于7％。因此，从总体上看，在项目计算期内，项目的资产远大于负债，说明项目具有较好的财务能力。详见附表8-1、附表8-2以及附表8-4。

4．敏感性分析

以生产能力利用本项目基本方案的所得税后财务净现值和动态投资回收期，均满足财务基准值的要求；考虑项目实施过程中一些不确定因素的变化，采用列表法，以净现值、财务内部收益率、动态投资回收期为分析目标，以销售收入、经营成本、固定资产投资为不确定因素进行单因素敏感性的计算和分析。

当不确定因素各发生±20％变化时，其对净现值、财务内部收益率、动态回收期的影响见表8-13。各因素的变化都不同程度地影响项目的净现值、财务内部收益率、投资回收期，其中销售收入的提高或降低最为敏感，固定资产投资次之，经营成本的变化对净现值、财务内部收益率、投资回收期的影响最弱。这就要求投资者在固定资产建设、市场运行过程中加强宣传，严格管理，提高市场的知名度，努力增加客户群；在投资建设过程中尽量控制、减少项目投资资金；在市场运营过程中，尽量优化管理，降低生产成本。

表8-13　　　　　　　　　　敏感性分析表

不确定因素	分析目标	−20％	−10％	基本量	10％	20％	敏感程度
固定资产投资	净现值	8347.97	7677.61	7007.25	6336.89	5666.53	C
	财务内部收益率	38.62	36.65	35.21	33.41	31.53	
	动态回收期	5.07	5.43	5.79	6.15	6.51	
经营成本	净现值	10980.21	8993.73	7007.25	5020.77	3034.28	B
	财务内部收益率	39.38	37.59	35.21	31.90	26.97	
	动态回收期	4.84	5.26	5.79	6.47	7.38	
销售收入	净现值	2238.05	4622.65	7007.25	9391.85	11776.45	A
	财务内部收益率	24.40	31.17	35.21	37.91	39.83	
	动态回收期	7.80	6.61	5.79	5.19	4.74	

（四）经济分析总结

该项目的内部收益率高于基准收益率，投资回收期低于基准投资回收期，投资利润率和投资利税率均较高，风险较小，因此，该项目在财务上是可行的。但也存在如下的主要风险：

（1）销售收入变化的影响较大，在投资建设、市场运行过程中加强宣传，把控服务质量，提高市场的国内外知名度，稳定客户群。

（2）建设投资不是敏感因素，但在建设规划设计与建设过程中，仍要严格控制投资成本，防止过多追加投资。

综上，该项目经济效果较好，有很强的债务清偿能力，具备很好的抗风险能力，是一个经济效益好、能适应市场变化的项目。

相关基础报表与辅助报表见二维码资源（附表 8-1～附表 8-11）。

习 题 与 讨 论

1. 水利工程防洪效益主要表现在哪些方面？

2. 某坝址有 100 年实测洪水资料及各年洪灾损失记录，遇到大洪水时洪灾损失很大，遇到小洪水时洪灾损失很小，遇到一般年份则无洪灾损失；修建水库后洪灾损失大大减小。试问如何用随机变量表达该水库的防洪年效益？

3. 计算治涝工程效益一般采用内涝积水量法与合轴相关分析法，其计算理论与计算方法有何区别？各需要什么资料？如采用暴雨笼罩面积法，需收集降雨量 P 及其前期影响雨量 P_a，P 与 P_a 有何区别？如何计算前期影响雨量 P_a？

4. 试对 ［例 8-2］ 中的灌溉工程进行财务评价。已知该工程的财务收益为灌溉水费收入，冬小麦灌溉水费 10 元/亩，棉花 12 元/亩，玉米 5 元/亩。求财务净现值和财务内部收益率，并对其财务评价结果进行讨论。

5. 某项目两年建成，第 1 年投资 $P_1=100$ 万元，第 2 年投资 $P_2=60$ 万元，第 3 年开始正常运行，使用期为 28 年，使用期末固定资产余值为 0，运行期每年效益 32 万元，年运行费 4 万元，$i_0=6\%$，求该项目的净现值和内部收益率，并判断项目是否可以接受。

6. 某灌区水库枢纽工程总库容 5.6 亿 m^3，其中死库容 0.03 亿 m^3，灌溉兴利库容 3.67 亿 m^3，防洪库容 1.9 亿 m^3，该水库以灌溉为主，并结合灌溉进行防洪、发电。工程 1958 年开始投资兴建枢纽部分，灌区于 1965 年开始投资动工，其中支渠以上工程由国家投资。该水库枢纽与灌区支渠以上总投资 10607.40 万元（包括电站专项投资 996.70 万元），工程投资概况见表 8-14。试对该灌区进行灌溉水的成本核算。

表 8-14　　　　　　　　　　某灌区水库枢纽工程的投资概况表

工程投资/万元				运行管理费 /万元	年均灌溉供水量 /万 m^3
水库枢纽	渠系工程	电站	合计		
2266.32	7344.38	996.70	10607.40	98.42	38795

7. 某地拟新建一个连栋玻璃温室蔬菜生产基地。该项目总投资为 17593.26 万元，在 5 年内逐步投入，资金来源及投资计划见表 8-15。项目基本预备费总体按工程费用和工

程其他费用的 5% 计。考虑到建设期较短,忽略涨价预备费。运行期内需流动资金 1117.41 万元,按生产负荷逐年投入。建设投资贷款在建设期的利率按 5.88% 计;流动资金贷款的利率为 3.05%,按生产负荷逐年投入。

项目计算期为 17 年,其中建设期 2 年,投产期第 2 年,达产期 13 年。投产期第 1 年达产率为 50%,第 2 年达产率为 80%,达产期生产负荷为 100%。另外,该项目为农业种植类项目,按有融资考虑,财务基准收益率取 8%。项目盈余公积金按利润的 10% 计取。试对该项目进行经济分析。

表 8-15　　　　　　　　某拟建蔬菜基地的资金来源及投资计划表　　　　　　　　单位:万元

序号	项　　目	合计	第 1 年	第 2 年	第 3 年	第 4 年	第 5 年
1	总投资	17593.25	8541.39	7934.4472	583.87	320.12	213.42
1.1	建设投资	15870.55	8394.39	7476.16			
1.1.1	建筑工程费	10812.37	6487.42	4324.95			
1.1.2	设备购置及安装	3683.84	1105.15	2578.69			
1.1.3	工程建设其他费用	618.6	402.09	216.51			
1.1.4	预备费	755.74	399.73	356.01			
1.2	建设期利息	605.29	147.00	458.29			
1.3	流动资金	1117.41			583.87	320.12	213.42
2	资金筹措	17593.25	8541.39	7934.4472	583.87	320.12	213.42
2.1	项目资本金	6205.78	3394.4	2476.16	175.16	96.04	64.02
2.1.1	用于建设投资	5870.56	3394.4	2476.16			
2.1.2	用于流动资金	335.22			175.16	96.04	64.02
2.2	债务资金	11387.48	5147.00	5458.29	408.71	224.09	149.39
2.2.1	用于建设投资	10000.00	5000.00	5000.00			
2.2.2	用于建设期利息	605.29	147.00	458.29			
2.2.3	用于流动资金	782.19			408.71	224.09	149.39

8. 某建筑集团拟投资建设预制钢筋混凝土构件厂,需固定资产投资 2 亿元(期初投资一次性到位),流动资产投资 5000 万元(第 3 年年初到位),第 3 年投产,年收入 4000 万元,年总成本费用 2000 万元(含税金、折旧),第 5 年达到 100% 产能,年收入 9000 万元,年总成本费用 4000 万元(含税金、折旧),项目寿命期 20 年,期末回收固定资产残值 2000 万元和流动资产。请对项目进行经济分析。

第九章　工程项目的后评价

内容提要： 通过学习工程项目后评价的内涵和特点，了解工程项目后评价应遵循的基本原则和程序，熟悉项目的过程后评价、项目的效益后评价、项目的影响后评价以及项目的可持续性评价的基本内容，掌握5种常用的工程项目后评价方法。引导工科学生增强可持续发展理念，增强历史责任感、使命感和担当精神。

第一节　项目后评价概述

一、项目后评价的基本概念

项目后评价是指对已经完成的项目或规划的目的、执行过程、效益、作用和影响所进行的系统的、客观的分析。具体地说，后评价就是通过对项目实践活动的检查总结，确定项目预期的目标是否达到、项目的主要效益指标是否实现，检验项目是否合理有效，通过分析评价找出成败的原因，总结经验教训，并通过及时有效的信息反馈，提高未来新项目的决策水平和管理水平，为后评价项目实施运营中出现的问题提出改进建议，从而达到提高投资效益的目的。

项目后评价与项目前评估几乎是同时产生的，始于20世纪30年代的美国，我国的后评价工作始于20世纪80年代。我国投资建设项目后评价的目的是全面总结投资项目的决策、实施和运营情况，分析项目的技术、经济、社会、环境效益及影响，为投资决策和项目管理提供经验教训，改进并完善建成项目，提高其可持续性。项目后评价就项目投资渠道和管理体制而言，可以分为以下几类：

（1）国家重点建设项目后评价。由国家发展改革委员会制定评价规程，编制评价计划，委托独立的咨询机构来对项目进行评价，为国家发展改革委员会投资决策提供反馈信息。

（2）国际金融机构贷款项目后评价。按照后评价的原则、方法和程序，由国际金融机构组织，对世界银行、亚洲开发银行等机构在华的贷款项目进行分析评价，中方项目管理和执行机构主要做一些后评价的准备和材料收集工作。

（3）国家银行贷款项目后评价。国家开发银行对国家投资的大中型项目进行效益调查和评价，对国家政策性投资实行统一管理。

（4）国家审计项目后评价。审计署对国家投资项目、利用外资大中型项目进行项目开工、实施和竣工的财务审计。

（5）行业部门和地方项目后评价。由行业部门和地方人民政府安排投资的建设项目，一般由部门和地方进行后评价。

二、项目后评价的特点

项目后评价的特点主要体现在与前评价的区别上，具体表现在以下几个方面：

（1）项目后评价是在项目建成并运行一段时间后，从项目的影响和可持续性角度，分析项目的准备、实施、完工和运营情况，总结经验教训，改进和完善今后同类项目的决策和管理。而项目前评价是从技术先进性和经济可行性角度，使用预测技术和数据，来分析评价项目本身条件对项目未来和长远效益的作用和影响，以确定项目的投资是否可行，为工程建设立项决策提供依据。

（2）项目后评价是在项目建成投产后，在工程建设项目周期的最后阶段进行的，是对前评价所做预测的检验，判断前评价结论的正确与否，为今后的决策提供依据。而项目前评价处于项目周期中的前期工作阶段，是建设项目决策的依据，也是建设项目实施的前提。后评价以投资运行的监督管理机构或后评价权威机构为主，组织主管部门会同计划、财政、审计、银行等有关部门进行，而前评价主要由投资主体及其主管部门组织实施。

（3）项目后评价着重于项目实际执行结果与前期评价所确定的项目目标的对比分析，除了针对前期评价的内容进行再评价外，还要结合经济和社会、行政、法律等方面进行综合性评价，从中发现问题并加以总结。而项目前评价着重于不同方案的分析对比，主要内容是对项目建设的必要性、可能性和技术方案与建设条件等进行评价，对未来经济和社会效益进行科学预测。

（4）项目后评价是结合行政、法律、经济、社会、建设、生产、决策与实施等各个方面进行综合性评价，要求以事实为依据，以提高效益为目的，以法律为准绳，对项目实施的结果进行鉴定，并间接作用于未来项目的投资决策，为其提供反馈信息。而项目前评价是以定量指标为主，侧重于经济效益的评价，其评价结果直接作为项目投资决策的重要依据。

（5）项目后评价是依据项目建成投产后项目实施的现实资料，并把历史资料和现实资料结合起来进行对比分析，采用的是实际发生的数据和进行后评价时所颁布的参数及后评价时点所预测的数据。项目前评价则主要是以项目开工前的历史资料、经验数据以及国家和部门颁发的政策、规定和参数等文件作为依据进行评价，选用的数据和参数是在项目建设前的预测值或颁布值。

第二节 工程项目后评价的基本原则与程序

一、项目后评价的基本原则

工程项目的后评价内容涉及项目准备、建设、运营等项目的全过程，包含了对项目的过程、效益和影响等的评价，进行项目后评价时，一般应遵循以下原则。

1. 独立性、科学性、实用性、透明性和反馈性相结合的原则

独立性要求项目的后评价不受项目的决策者、管理者、执行者和项目前评估人员的干扰，从机构设置、人员组成等方面进行综合考虑，使后评价机构能够保持相对的独立性，保障项目后评价的客观公正性。科学性要求参与后评价的专家具有广泛的阅历和丰富的经

验，要求所有资料真实可靠。实用性要求报告的文字具有可读性，报告所总结的经验教训具有可借鉴性。后评价结果要有一定的透明度，让更多的单位和个人从中借鉴到经验。后评价的结果反馈到决策部门，作为新项目立项和评估的基础，作为调整投资规划和政策的依据。

2. 动态分析与静态分析相结合的原则

动态分析与静态分析的根本区别在于是否考虑资金的时间价值。静态分析是将资金看作静止的固定实际数值而设置有关价值指标，计算方便，但是不能真实反映项目运营寿命期内的实际经济效果。动态分析则通过采用折现方法，考虑时间因素，对项目计算期内的投入产出进行动态的价值判断，有利于检验评价项目的资金周转速度和资金时间价值的效益。动态分析能够真实反映项目的实际效果，但是计算复杂，在进行工程项目后评价时，应将两类分析方法结合起来使用。

3. 综合分析与单项分析相结合的原则

综合分析是对反映建设项目功能、利润、工期、投资总额、成本等经济效果的指标进行分析，全面综合反映建设项目的整体经济效益，在项目的后评价中起主导作用，但是有可能掩盖某些不利因素和薄弱环节。单项分析即是对个体指标进行分析，从某一方面或某一角度反映项目的实际效果大小。

4. 定量分析与定性分析相结合的原则

建设项目后评价一般是以明确具体的数量指标，进行分析、检验和判断，所以一般是以定量指标为主，但是在突出定量指标为主的同时，不能忽略一些难以用定量指标来衡量的定性指标因素，应该相应的采用定性分析的方法进行评价研究。

5. 全面性和目的性相结合的原则

完整的工程建设项目后评价是对项目的立项决策、建设实施、竣工投产以及运营等全过程的后评价。因此，在对项目进行后评价时，采用的方法所设立的指标应能够全面地反映项目全过程建设的状况，但同时要有针对性，根据工程项目后评价的时点不同、目的不同和要求不同而进行取舍。

二、项目后评价的程序

（一）工程项目后评价的一般程序

工程项目后评价包括从后评价的计划到后评价报告的编制整个过程，如图 9-1 所示。

首先要选择进行后评价的工程项目，实施后评价的项目一般具有三个特性：①特别性，即所要进行后评价的项目要求具有一定的特性，如某行业的第一个项目、大型或特大型项目、重大技术改造项目或技术创新项目、特别成功或者特别不成功的项目、公众特别关心的项目等；②可能性，即进行项目后评价具有机构、资金和时间上的保障，具备了进行后评价的条件；③代表性，即选择的项目在同类项目中具有一定的代表性，如需要专门了解项目影响程度的项目，或建设性质发生变化的项目，或合同中止和建设延期的项目，

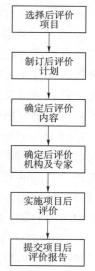

图 9-1　工程项目后评价程序图

等等。

确定进行后评价的项目后，项目管理部门就要制定项目后评价计划。项目后评价计划的制定应该越早越好，最好是在项目前评估和执行过程中就确定下来，以便于项目管理者和执行者在项目的实施过程中收集资料。由于项目后评价报告是作为对工程项目建设成果的一种反馈，因而在制定计划时应该从长远角度和更高层次上进行考虑。

由于项目后评价的范围很广，一般项目后评价的内容要限定在一定的范围之内，因此项目后评价实施之前必须明确评价的范围和深度。项目后评价的范围通常是以项目后评价任务书的形式确定的，包括后评价的目的、内容、深度、时间等，需要特别说明的有关项目后评价必须完成的要求也应该明确指出。

项目的后评价分为两个层次，其一要编写建设项目自我评价报告，其二要进行独立后评价。在独立后评价阶段，工程项目建设部门需要委托独立的评估机构或咨询单位，或者由组织内部相对独立的后评价部门来实施。一般情况下，进行项目后评价要确定一名负责人，该负责人不能参与过该项目的评估、决策和实施。由负责人聘请和组织项目后评价专家组来实施工程项目的后评价。项目后评价专家的选择要根据所评价项目的特点、项目后评价的要求和专家的专业特长以及经验来进行。专家组由内外两部分人员组成。其中内部人员就是组织内部的专家，既熟悉项目前评价和中期评价的情况，又比较了解项目后评价的目的，但是，内部人员不能作为项目后评价的主要评价人员；外部人员一般是后评价咨询机构的专家，他们更为客观公正，更了解后评价的专业和程序，便于做出独立的项目后评价结论。

后评价实施后，将后评价的各种结果进行汇总整理，提交工程项目后评价报告。报告必须真实反映评价的结果，客观描述评价与分析的问题和情况，认真全面地给出对于项目持续发展的对策和建议。

（二）工程项目后评价的实施程序

在项目后评价的程序中，最重要的环节是项目后评价的实施，其主要包括以下内容。

1. 项目后评价资料的收集

项目后评价的实施首先从收集资料开始。项目后评价的基本书面资料包括项目自我评价报告、项目完工报告、项目竣工验收报告、项目决算审计报告、项目概算调整报告及其批复文件、项目开工报告及其批复文件、项目初步设计及其批复文件、项目前评价报告、项目可行性研究报告以及项目审批文件等。

2. 项目后评价现场调查与资料整理

由于项目后评价是对项目实际实施情况与项目目标的对比，对项目进行现场调查是项目后评价实施的另一重要内容，调查的任务包括项目的实施情况、项目目标的实现情况、项目目标的合理性、项目的作用和影响等。然后，对收集到的资料和现场调查结果进行必要的归纳和整理。

3. 项目后评价的分析和结论

按照工程项目后评价内容的要求，对收集到的各种资料进行分析，从而得出项目后评价的结论。分析主要包括三个方面：对项目实施结果的分析、项目实际实施情况与项目前评价结果的对比分析以及项目未来的发展预测分析。经过分析和评价，将项目概况、项目后评价内容、主要问题、原因分析、经验教训、结论和建议、评价方法说明等编写成项目后评价报告，提交给项目管理者。

第三节　工程项目后评价的内容

自 20 世纪 30 年代美国开始进行项目后评价以来，其评价内容的范围从单纯的以财务指标来评价项目，逐步扩展到包括经济评价、环境影响评价、社会评价在内的内容。按项目的周期可以把项目后评价划分为项目的前期决策后评价、工程准备后评价、建设实施后评价和竣工投产后评价等；根据项目后评价的内容，可以划分为过程后评价、效益后评价、影响后评价、可持续性评价等单项评价以及综合评价。本节主要从内容方面对工程项目后评价进行阐述。

一、过程评价

根据项目的生命周期理论，工程建设项目自提出项目开始，至项目竣工投产，最终实现项目的目标，大体可以分为三个阶段，即项目的策划阶段、项目的实施阶段和项目的运营阶段，每一阶段对项目的实际效益都产生重大的影响。过程后评价要依据国家现行的有关法令、制度和规定，对各个阶段项目的工程技术水平、管理水平和决策水平进行分析，评价项目决策、管理、准备、施工等各个执行过程的实际情况，总结经验教训。

1. 项目目标后评价

在项目后评价中，项目目标和目的的评价主要是对照项目可行性研究和评估中关于项目目标的论述，找出变化，分析项目目标的实现程度以及成败的原因，同时对项目原定目标的正确性、合理性进行分析，讨论项目目标的确定正确与否，是否符合发展的要求。

对项目目标的后评价分为对宏观目标的后评价和项目建设直接目的的后评价。宏观目标通常是对地区、行业或国家经济、社会发展的总体影响和作用，项目建设的直接目的是为社会提供某种产品或服务。在进行评价的过程中，无论项目建设的宏观目标还是项目建设的直接目的，一般都用定量指标加以表述，对于难以用定量指标进行表述的，应用定性方法加以描述。

通常采取表 9-1 所示的格式分析项目实施后，是否达到项目前评价中预定的目标，达到预定目标的程度，以及与预定的目标产生偏离的主观和客观原因是什么，在项目以后的实施或运行中，应采取哪些措施和对策，才能保证达到或接近达到预定的目标和目的。

表 9-1　　　　　　　　工程项目预定目标和目的达到程度分析表

目标或目的内容	预定值	项目建成可能达到值	目标目的实现程度/%	偏离的原因分析	拟采取的对策和措施

2. 项目前期工作后评价

对项目前期工作的后评价重点是对项目可行性研究报告、项目评估报告和项目批复、批准文件的评价，即根据项目实际的产出、效果、影响，分析评价项目的决策内容，检查项目的决策程序，分析决策成败的原因，探讨决策的方法和模式，总结经验教训。

对项目可行性研究报告进行后评价的重点是项目的目的和目标是否明确、合理，项目是否进行了多方案比较，是否选择了正确的方案，项目效果和效益是否可能实现，项目是否能够产生预期的作用和影响。其后评价的主要内容包括：①在可研阶段对国内外市场上供求状况的分析、所做的市场预测正确与否；②项目是否按照预定的内容和规模进行建设，发生偏差的原因是什么，预定的建设规模和能力、设备选型和采购方案是否合理、是否符合规模经济与当地特点；③建设项目的技术状况与国家产业技术经济政策及国内外同类项目的技术水平相比，其先进性、合理性、经济适用性、高效可靠性如何，生产工艺、设备标准、技术规程的成熟程度如何，工艺设计和设备制造的水平如何；④原材料、辅助材料、燃料和动力等的供应地、供应数量和质量选择是否正确，有没有保障，建厂地点和厂址选择是否正确，项目建设是否对周围环境产生不利的影响，环境保护和环境污染防治措施及工程是否按国家的规定做到"三同时"；⑤项目的配套设施、基础条件是否可行、合理；⑥项目的投资估算、资金筹集和融资方案是否可行、合理，资金是否按时到位，有无影响工程建设的进度和计划的实施；⑦项目财务分析和国民经济评价的基础数据是否正确可靠等。

项目评估报告是工程项目决策的主要依据，项目的决策者按照项目评估报告提出的评估意见对项目可行性研究报告进行批复，是项目后评价对比评价的根本依据。在项目后评价中，根据实际项目产生的结果和效益，对照项目评估报告的主要参数指标进行分析评价，重点是项目的目标、效益和风险。

（1）评估报告目标分析。项目后评价通过对项目投入、产出、效益、影响的逻辑分析，对照项目评估报告，分析项目达到或实现原定目的和目标的程度，找出变化和差异，分析其原因，同时对评估所确定的项目目标的正确性、合理性进行评价。

（2）效益指标分析评价。项目的主要效益包括技术、经济、环境、社会等各方面，项目的特点不同，分析评价的重点也各不相同。后评价应根据项目的实绩，对照评估报告，对项目评估报告提出的主要效益指标，如项目的投资估算、项目能力、财务效益、经济效益等，以及相关的技术、环境、社会等进行分析评价，重点是指标的变化及其原因。通过评价来鉴定项目评估的质量，改进评估方法，提高评估水平。

（3）风险分析评价。项目后评价根据项目实际评价评估报告的风险分析结论，重点分析风险识别、风险预测和风险对策，关键是市场风险和信用风险。

对项目决策的后评价包括项目决策程序分析、决策内容分析和决策方法分析等三部分内容。项目决策程序分析，主要是分析项目决策的依据和程序是否正确，是否存在先决策后立项、再评估的错误决策程序等，评价决策过程的效率和决策科学化、民主化程度；项目的决策内容分析，是对照项目决策批复的意见和要求，根据项目实际完成或者进展情况，从决策者角度分析投入产出关系，评价决策的内容是否正确，能否实现；项目的决策方法分析，是分析项目的决策方法是否科学、客观，有无主观臆断，是否实事求是。

3. 项目准备阶段后评价

对项目准备阶段的后评价，包括项目勘察设计、投融资、采购招投标、开工准备等方面的评价。

对项目勘察设计的后评价要对勘察设计的质量、技术水平和服务进行分析评价，进行两个对比，一是在勘察设计阶段项目内容与前期立项所发生的变化；二是项目实际实现结果与勘察设计时的变化和差别，分析变化的原因，分析的重点是项目建设内容、投资概算、设计变更等。

项目的投资、融资方案直接影响到项目的效益，对投资、融资方案的评价主要分析评价项目的投资结构、融资模式、资金选择、项目担保和风险管理等。评价的重点是根据项目准备阶段所确定的投融资方案，对照实际实现的融资方案，找出差别和问题，分析利弊。同时还要分析实际融资方案对项目原定目标和效益指标的作用和影响，特别是融资成本的变化，评价融资与项目债务的关系和今后的影响，项目是否可以采取更加合理、经济的投融资方案。

采购、招投标工作的后评价，包括招投标公开性、公平性和公正性的评价。对采购招投标的资格、程序、法规、规范等事项进行评价，同时分析项目的采购招投标是否有更加经济合理的方法。

项目建设内容、厂址、引进技术方案、融资条件等重大的变化可能在项目开工准备阶段发生，这些变化可能对项目目标、效益、风险产生影响。通过对项目建设准备工作的评价，分析是否适应项目建设、施工的需要，能否保证项目按时、按质、按量完成，并不超过预定的工程造价限额。

4. 项目实施阶段后评价

项目建设实施阶段的后评价包括项目的合同执行情况、工程实施及管理、资金来源及使用情况的分析与评价等。项目实施阶段的后评价一方面要与开工前的工程计划对比，另一方面要把该阶段的实施情况可能产生的结果和影响与项目决策时所预期的效果进行对比，分析偏离程度，并找出原因，提出对策，总结经验教训。

在工程项目建设实施过程中，合同包括勘察设计、设备物资采购、工程施工、工程监理、咨询服务等。后评价的合同分析一方面要评价合同依据的法律规范和程序，另一方面要分析合同的履行情况和违约责任及其原因。在工程项目合同后评价中，对工程监理合同的评价十分重要，应根据合同条款内容，对照项目实际，找出问题或差别，分析差别的利弊，分清责任，同时，对工程监理发生的问题可能对项目总体目标产生的影响加以分析，得出结论。

建设实施阶段是项目建设从书面的设计与计划转变为实施的全过程，是项目建设的关键。项目单位应根据批准的施工计划组织设计，按照图纸、质量、进度和造价的要求，合理组织施工，做到计划、设计、施工三个环节互相衔接。对项目实施管理的评价主要是对工程造价、质量和进度的分析评价，工程管理评价是管理者对工程进度、质量、造价等指标的控制能力及结果的分析。这些分析和评价可以从工程监理和业主管理两个方面进行，同时分析领导部门的职责。

项目实施管理评价的另一项重要内容是对项目资金供应与运用情况的后评价，其主要内容包括：①资金来源的对比和分析。将项目评估报告中，预测的资金来源及数额与建设项目实际资金来源及数额进行对比，分析比较产生差异的原因。②资金的来源是否正当，如股票、债券的发行数量、期限、利率是否符合人民银行的审批文件，项目自有资金是否违规从社会高息吸收资金，银行贷款是否有违规行为等。③资金供应是否适时适度。④项目所需流动资金的供应及应用情况。

对项目竣工的后评价应根据项目建设的实际，对照项目决策所确定的目标、效益和风险等有关指标，分析竣工阶段的工作成果，找出差别和变化及其原因，项目竣工后评价包括项目完工评价和生产运营准备等。

5. 项目运营阶段后评价

项目的运营阶段是从项目交付使用、投入生产后，直至项目报废为止的整个过程。运营阶段是实现和发挥项目投资效益的过程，也是项目准备、决策、设计、实施阶段投资效益的集中体现时期，是项目运行过程的最后阶段。项目运营后评价是对工程建设项目投产后的实际运营情况和项目投资的再评价，其目的是通过项目投产后的有关实际数据资料或重新预测的数据，将项目实际经营情况、投资效果与预测情况或者其他同类项目的经营状况相比较，分析和衡量项目实际经营状况和投资效益与预测情况或其他同类项目的经营状况和投资效益的偏离程度及其原因，以系统地总结项目投资的经验教训，并为进一步提高项目投资效益提出切实可行的建议。

由于项目后评价的时点一般选择在项目达到设计生产能力的1～2年内，距离项目生命期末尚有一段较长的距离，项目的实际投资效益也不能充分体现出来，所以项目运营后评价除了对项目实际运营状况进行分析和评价外，还需要根据投产后的实际数据资料来推测未来发展状况，需要对项目未来发展趋势进行科学的预测。

6. 项目管理水平后评价

工程建设项目是一个复杂的系统，其整体功能表现为项目要实现其确定的目标；同时项目系统又是一个开放的动态系统，与外部的环境进行信息的交换以及资源和技术的输入，实施完成并向外界输出。由于工程建设项目是在多层次、多交叉、多标准和多要求的时间和空间里组织实施，在其建设的过程中必须科学、合理地安排各阶段、各环节的相互衔接工作。多个协作单位的经营管理水平与相互协作能力，以及项目竣工交付使用后的经营管理水平直接影响项目实现整体效益，并影响着项目的可持续性发展。

项目管理水平的后评价是对项目实施过程中各阶段管理者工作水平的评价，分析他们是否能够有效地对工程项目各项工作进行管理、是否与协作单位建立必要的联系、是否充分利用人力和资源等，从中总结出项目管理方面的经验教训，并对如何提高管理水平提出改进措施和建议。

项目管理水平后评价是继承前评价和中期评价而成的，三个连续系统构成项目管理水平评价系统。该系统在对工程项目主体经营管理水平进行评价时，其指标设置原则是易于操作、规范性与特殊性相结合、定性指标和定量指标相结合，能够充分反映项目主体经营管理水平。主要包含：①根据提高质量、降低消耗、提高效率、安全生产、保护环境而设置的质量、资源、效率、安全与环保指标；②对于反映工程建设项目主体管理工作不易量化的指标，给出不同等级的鉴定指标，以全面反映项目主体管理职能发挥的状况、对外部经济环境变化的适应能力，以及解决系统运行中出现各种问题的能力。

二、后经济评价

工程项目的效益后评价是对建成投产后的项目经济效益所进行的再评价，以项目建成投产后的实际经济效益数据为基础，通过实际的经济效益数据与可行性研究时所预测的经济效益的比较，评价市场预测是否准确、项目投资是否值得，重新预测项目生命周期内各项经济数据，计算财务内部收益率、财务净现值、贷款偿还期、国民经济内部收益率等主要效益指标，并与可行性研究时所预测的相关指标进行对比，定量分析项目目标实现程度和产生偏差的原因，从中总结经验教训，找出改进措施，为提高工程项目实际效益和投资决策水平服务。

工程项目的效益后评价并不是对一个项目的最终效益评价。后评价时点之后的预测数据，可能受到多种因素变化的影响，所以效益后评价是在截至后评价时点时项目的实际费用和效益，以及对后评价时点之后的项目的持续效益进行可能性最大估计的基础上做出的评价。根据评价的角度不同，效益后评价可以分为项目的财务后评价和项目国民经济后评价。

1. 财务后评价

项目的财务后评价是在国家现行财税制度和价格体系下，从项目的财务角度，分析计算项目直接发生的财务效益和费用数据，以及依据这些数据重新预测得到的项目计算期内将要发生的数据，综合考虑项目实际的财务状况，据以判别项目在财务意义上的成功与失败，并与项目前评价进行比较。在内容上，财务后评价与前评价中的财务分析基本相同，但是在评价中，采用的数据不能简单地使用实际数，应将实际数中包含的物价指数扣除，使其与前评价中的各项评价指标在评价时点和计算的范围上都可比。

首先，进行项目财务后评价要收集现有的数据资料，如前评价时的预测资料、后评价时点处的实际资料、区域经济资料、国内有关经济政策法规等与财务预测有关的资料。根据以上的基础数据，对项目生命周期内各年的财务数据进行重新预测。

其次，由于前评价和后评价所处的时点不同，在工程项目后评价中，财务价格不可避免地发生变化，导致价格变化的因素有相对价格变动因素和物价总水平上涨因素。为了避免因素变化导致的价格变化，使项目与项目之间，项目评价指标与基准评价参数之间，以及项目后评价与项目前评价之间具有可比性，采用基价对财务价格进行调整。

然后，按照盈利能力和偿还能力编制财务后评价基础报表，对财务指标进行重新计算，并与前评价的财务指标进行对比，计算偏离程度，分析前评价预测指标与后评价财务指标产生偏差的原因，总结经验教训，并编制财务效益对比表，见表9-2。

表9－2 财 务 效 益 对 比 表

序号	分析内容	报表名称	评价指标名称	指标值		偏离值	偏离原因
				前评价	后评价		
1	盈利性分析	全投资现金流量表	全部投资回收期				
2			财务内部收益率（税前）				
3			财务净现值（税前）				
4		自有资金现金流量表	财务内部收益率（税后）				
5			财务净现值（税后）				
6		损益表	资金利润率				
7			资金利税率				
8			资本金利润率				
9	偿还能力分析	资金来源与运用表	借款偿还期、偿债准备率				
10		资产负债表	资产负债率				
11			流动比率				
12			速动比率				

对于工程项目财务后评价，除了进行财务指标的定量计算，定性分析也是其重要组成部分，对不易定量的要素进行分析，并对定量分析得出的结论进行综合、整理，主要包含了以下内容：

（1）通过定量数据分析项目目前的经济效益状况如何，处于什么水平。

（2）项目经济效益的实际数据与预测有什么差别，其偏差的主要原因是什么。

（3）项目目前主要存在什么问题，为什么出现这些问题，如何解决这些问题。

（4）项目有什么改进设想，预期会产生什么效果。

（5）项目可行性研究达到了什么水平。

（6）对本项目的分析可以吸取什么经验教训。

2．国民经济后评价

国民经济后评价是按照资源合理配置的原则，从国家整体的角度来考察项目的费用和效益，采用影子价格、影子工资、影子汇率和社会折现率等参数，对后评价时点以前各个年度项目实际发生的财务费用、财务效益和后评价时点以后项目计算期内未来各年度预测的财务费用、财务效益进行调整，计算分析项目需要国家付出的代价和对国民经济的贡献，以判断项目的经济合理性和宏观可行性。对工程项目进行国民经济后评价，目的在于把国家有限的各种资源用于国家最需要的项目上，使全社会的有限资源能够得到合理的配置和有效的利用，使国民经济能够持续稳定增长。

国民经济后评价的内容主要是在项目财务后评价的基础上进行价格调整，首先编制全部投资效益费用流量表、国内投资效益费用流量表、经济外汇流量表等国民经济后评价的基础报表；其次计算项目国民经济后评价指标，包括经济内部收益率、经济净现值、经济换汇成本、经济节汇成本等，按照换汇成本的判据参数、社会折现率等对国民经济后评价指标进行优劣评判，其中换汇成本的基准判据是中国银行发布的现行外汇汇率；然后比较项目国民经济后评价指标与国民经济前评价指标的偏离程度，分析偏差产生的原因，总结工程项目的经验教训，进一步提高工程项目国民经济效益的对策与建议；最后编制工程项目国民经济效益对比表，见表 9 - 3。

表 9 - 3　国民经济效益对比表

序号	分析内容	报 表 名 称	评价指标名称	指标值		偏离值	偏离原因
				前评价	后评价		
1	经济盈利性分析	全投资社会经济效益费用流量表	经济内部收益率				
2			经济净现值				
3		国内投资社会经济效益费用流量表	经济内部收益率				
4			经济净现值				
5	外汇效果分析	出口产品国内资源流量表及出口产品外汇流量表	经济换汇成本				
6		替代进口产品国内资源流量表及替代进口产品外汇流量表	节汇成本				

三、影响评价

对于工程项目的影响后评价，通常是在项目投产 5～8 年后的完全发展阶段，分析项目在经济、环境、社会方面对其周围地区所产生的影响和作用。项目的影响后评价一般是站在国家的宏观立场上，其主要内容涉及经济、环境和社会三方面。

1. 经济影响后评价

经济影响后评价主要是分析项目对所在地区、行业、部门和国家的宏观经济影响。经济影响后评价要与项目效益评价中的经济分析区别开，避免重复计算。经济影响后评价主要内容包括：①分配效果，即项目的效益在各个利益主体之间的分配比例是否合理，以及项目对不同地区收入分配的影响；②技术进步，即项目对推动人们在生产中使用效率更高的劳动手段、先进的工艺方法，使社会生产力不断发展的作用；③产业结构，即项目建成后对国家、地方的生产力布局、结构调整和产业结构合理化的影响。由于经济影响后评价的部分因素难以量化，一般只能做定性分析，一些国家和组织把这部分内容并入社会影响后评价的范畴。

2. 环境影响后评价

项目的环境影响后评价，是对照前评价时批准的环境影响报告书，重新审查项目环境影响的实际结果，审核项目环境管理的决策、规定、规范、参数的可靠性和实际效果。实施环境影响评价应遵照《中华人民共和国环境保护法》的规定，在审核已实施的环境影响报告和评价环境影响现状的同时，对未来进行预测，对有可能产生突发性事故的项目，要有环境影响的风险分析。如果项目生产或使用对人类和生态危害极大的剧毒物品，或项目位于环境高度敏感的地区，或项目已经发生严重的污染事件，那么还要提出一份单独的项目环境影响评价报告。由于各国的环保法不尽相同，评价的内容也有所区别。按照时间域的不同，环境影响后评价可以分为环境回顾评价、环境现状评价、环境影响评价和环境后评价，内容一般包括项目的污染控制、区域的环境质量、自然资源的利用、区域的生态平衡和环境管理。

（1）在项目的污染控制方面，检查和评价项目的废气、废水、废渣、噪声和粉尘是否在总量和浓度上达到了国家和地方政府颁布的标准，项目选用的设备和装置在经济和环保效益方面是否合理，项目的环保治理装置是否做到"三同时"并运转正常，项目环保的管理和监测是否有效等。

（2）评价项目对区域环境质量的影响，要分析项目中对当地环境影响较大的若干种污染物，分析其与环境背景值的相关关系，以及与项目"三废"排放的关系。

（3）评价项目对自然资源的保护与利用，包括水、海洋、土地、森林、草原、矿产、渔业、野生动植物等自然界中对人类有用的一切物质和能量的合理开发、综合利用、保护和再生，重点是节约能源、水资源、土地利用和资源的综合利用等。

（4）对区域生态平衡影响的评价，主要是分析人类活动对自然环境的影响。

（5）对环境管理的评价，包括对环境评价报告的审理、环境监测管理、环保法令和条例的执行情况、环保设备及仪器仪表的管理、环保制度和机构的建立、环保的技术管理和人员培训等评价。

项目环境影响后评价在上述评价内容的基础上，重点分析随着项目的进展和时间的推进对周围的环境所引起的变化。项目环境影响后评价的特点在于，不同的工程建设项目，对不同区域的环境背景影响各不相同，评价者在进行评价时，应选择合适的权重系数，全面进行综合，得出环境影响评价的结论。

3. 社会影响后评价

目前，对社会影响后评价与社会后评价的区分比较混乱。项目的社会影响评价是从项目的角度来分析其影响，是对项目在经济、社会、环境方面产生的有形的和无形的效益和结果所进行的一种分析；而社会评价是从社会的角度来评价，是评价社会各方，特别是项目所在的地区的各类群体对项目的看法和意见，以此作为评判项目成果的基础。

对于项目的社会评价，有四种不同的理解：①以经济学为基础的社会费用效益分析方法中的社会评价，社会费用效益分析通常包括效益分析和公平分配分析两部分内容，其中效益分析相当于国民经济评价，而公平分配分析则被认为是一种社会评价；②以社会学、人类学为基础的社会分析，用社会学和人类学的方法，来解释社会和文化因素对项目成败的影响程度；③社会影响评价，包括项目对个人、组织和社区的影响；④在前三种方法的基础上，结合国情制定的社会评价方法，包括社会效益与影响评价和项目与社会相适应的分析，既分析项目对社会的贡献与影响，又分析项目对社会政策贯彻的效用，研究项目与社会的相互适应性。

项目的社会影响后评价，内容主要包括以下几个方面：①就业影响，既包括项目的直接就业效果又包括项目的间接就业效果，可用一个类别相同而又采用了影子价格的已评项目进行对比；②地区收入分配影响，即项目对公平分配和扶贫政策的影响，用以计算项目对贫困地区收入的作用，体现国家的扶贫政策，促进贫困地区的发展，该方法可用于评价项目对当地实际的收入分配影响；③居民的生活条件和生活质量的影响，包括收入变化、人口和计划生育、住房条件和服务设施、教育和卫生、营养和体育活动、文化历史和娱乐等；④受益者范围及其反映，相关问题主要包括对照原定的受益者分析谁是项目真正的受益者、投入和服务是否达到了原定的对象、实际项目受益者的人数占原定目标的比例、受益者人群的收益程度如何、受益者范围是否合理等；⑤各方面的参与状况，重点是当地政府和居民对项目的态度，对项目计划、建设和运行的参与程度，项目的参与机制是否建立等；⑥地方社区的发展，即项目对当地城镇和地区基础设施建设和未来发展的影响，社区的社会安定、社会福利，社区的组织机构和管理机制等；⑦妇女、民族和宗教信仰，包括妇女的社会地位、少数民族和民族团结、当地居民的风俗习惯和宗教信仰等。

社会影响后评价方法是以定性为主，定性和定量方法相结合，常用的有多目标评价法和矩阵分析法。

四、目标及可持续性评价

1. 项目可持续性的内涵

对于工程建设项目而言，可持续性分析有两层含义：①项目对投资主体或者地方持续发展的影响；②项目对国家持续发展的影响。从项目自身的可持续性发展看，可持续性是指项目的建设资金投入完成后，项目的既定目标是否还能够继续，是否可以持续地发展，接受投资的业主是否愿意并可能依靠自己的力量继续去实现既定目标，项目是否具有可重复性，也就是说是否可以在未来以同样的方式建设同类项目。从项目后评价的角度，项目的可持续性分析是从财务、技术、环境和管理等方面，分析项目生存和发展的可能性，研究项目目标和效益能否实现，以及实现指标的必要条件和风险。

2. 项目可持续性因素分析

项目可持续发展因素一般分为内在可持续发展因素和外部可持续发展因素。内在可持续发展因素是指项目本身固有的可持续性因素，与项目设计和项目密切相关，包括了规模、技术、市场竞争力、环境、机制、人才等因素。项目的外部可持续发展因素是指项目外部可能影响项目可持续发展的因素，尤其是对项目的可持续发展可能形成制约的重点因素，外部因素不会因项目的需要而改变，需要项目去适应外部因素的发展。

（1）内在因素。对于内在因素的分析，主要从规模、技术、市场竞争力、环境、机制、人才等方面来进行，分析项目是否有经济规模，经济效益和竞争力如何。对于没有经济规模的项目，是否能够扩展到经济规模；项目所选用的技术，其先进性、可靠性和适用性如何，是否有发展潜力，该技术在市场和获利能力方面竞争能力如何；项目产品在市场上的竞争力以及对市场变化的适应能力如何；项目本身对于“三废”污染的治理，能否满足国家和地方环保政策的要求；项目的体制与管理水平，能不能适应和促进项目的发展，能否协调项目不同利益群体的关系；项目在人员结构、人力资源开发和利用方面是否得当，是否有利于人才施展才能。

（2）外部因素。对外部因素的分析，包括了对资源、自然环境、社会环境、经济环境、资金等无法因项目改变而改变的因素的分析。对于资源开发项目或者大量利用不可再生自然资源的项目，资源的储量和持续可行性是影响项目持续发展的重要因素，资源开发的持续时间是影响项目寿命的制约因素；不可再生资源的持续性会影响项目的发展和经济效益；自然、社会、经济环境因素，影响着项目的生存和发展；项目的资金是否能够有可靠的来源，是否能够按时到位，都对项目的发展产生至关重要的影响。

3. 项目的可持续性评价与项目后评价的预测

项目可持续性评价通过对影响项目的可持续性因素的分析和评价，找出关键性的因素，就项目的可持续性发展做出评价结论，必要时提出能够使项目实现可持续发展的建议。项目可持续性评价可以用表 9 - 4 的形式对评价结果进行归纳。

表 9 - 4　　　　　　　　　　　　项目可持续性因素分析表

可持续性发展因素	因素分析	评价结论	建议
1. 内在持续性发展因素			
规模因素			
技术因素			
市场竞争力因素			
环境因素			
机制因素			
人才因素			
2. 外部持续性发展因素			
资源因素			
自然环境因素			
社会环境因素			
经济环境因素			
资金因素			

项目的可持续性后评价具有重要的意义，是对项目后评价时点以后进行预测的重要内容。从工程项目后评价的内涵可知，工程项目的后评价，除了根据项目实施所得到的数据对项目后评价时点以前已经完成的部分进行总结反馈，还需要对工程建设项目自后评价时点以后的发展进行预测。项目后评价与项目前评估时预测的基本内容和方法是相同的，都是对项目未来的目标、市场、技术、运营、财务、经济、环境、社会等各个方面进行全面系统的分析和预测，但是，项目后评价时的预测与前评估时的预测又有所不同。后评价是在项目投入运营实施以后所进行的，有关评价内容的各项指标已经有部分或者全部数据，此时进行预测比前评估时更为实际和准确，并且通过项目的可持续性分析得到的结论或者建议，对项目后评价时项目的预测产生影响。

第四节　工程项目后评价的基本方法

项目后评价结论的科学性，很大程度上取决于后评价方法。后评价的基本方法主要包括对比分析法、逻辑框架分析法、层次分析法、因果分析法、成功度评价法等。

一、对比分析法

对比分析的原则是在同度量基础之上的对比分析，目的在于找出项目实施中的变化和差距，从而分析出项目的成败及其原因，并提出改进的方法。通常有"前后对比"和"有无对比"两种。

"前后对比"是指将项目实施之前与项目完成之后的情况加以对比，但是许多大型建设项目实施后的效果，除了由项目本身带来的作用，还包括了项目以外其他因素的作用，因而在对项目进行后评价时，关键在于分清楚项目作用的影响与项目以外作用的影响，剔除非项目的因素，对归因于项目的效果加以正确的定义和度量。"有无对比"是将项目实际发生的情况与若无项目时可能发生的情况进行对比，度量项目的真实效益、影响和作用。如图 9-2 所示，有无对比是项目的实际效果 B 与无项目时的实际效果 D 的比较，即在受益地区之外，找一个类似项目区的"对照区"。

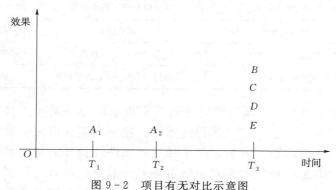

图 9-2　项目有无对比示意图

A_1—项目开工；A_2—项目完工；B—项目实际效果；C—项目实施前的预测效果；D—无项目实际效果；E—无项目，外部条件与开工时相同；T_1—项目开工时间；T_2—项目完工时间；T_3—项目后评价时间

在图 9-2 中，项目的有无对比不是前后对比（B/A_1 或 B/E），也不是项目实际效果与项目前预测效果之比（B/C），而是项目实际效果与若无项目时实际或可能产生的效果的对比（B/D）。有无对比需要大量可靠的数据，最好有系统的项目监测资料，也可引用当地有效的统计资料。

二、逻辑框架分析法

逻辑框架分析法是一种综合、系统地研究和分析问题的思维框架模式，采用一张简单的框图将几个内容相关且必须同步考虑的动态因素组合起来，其核心是项目事物层次间的因果逻辑关系，即项目"如果"提供了某种条件，"那么"就会产生某种结果。这些项目条件包括项目的内在因素和项目所需要的外部条件。

逻辑框架分析法的模式是一个 4×4 的矩阵，由垂直逻辑和水平逻辑组成。垂直逻辑层次由目标、目的、产出和投入组成，由三个自下而上的逻辑关系相连，如图 9-3 所示。

目标通常是指高层次的目标，即宏观计划、规划、政策和方针等，其层次目标的确定和指标的选择一般由国家或

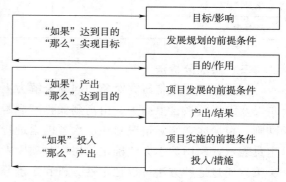

图 9-3　逻辑框架分析法中的因果关系

行业部门负责。目的是指项目直接的效果和作用，一般应考虑项目为受益目标群带来什么，主要是社会和经济方面的成果和作用，其评价指标应根据具体项目来确定。产出是指项目的建设内容或投入的产出物，一般要提供项目可计量的直接结果。投入是指项目的实施过程及内容，主要包括资源的投入量和时间等。

客观验证指标、验证方法和重要的假定条件构成了逻辑框架法中的水平逻辑关系，见表 9-5。

表 9-5　　　　　　　　　　　水平逻辑关系示意表

概述	验 证 指 标	验 证 方 法	重要的假定条件
目标	国家规定的宏观层次上的间接效果	资料分析、调查研究	实现目标的主要条件
目的	项目的直接效果和作用	调查研究	实现目的的主要条件
产出	项目定性或定量的产出	资料分析、调查研究	实现产出的主要条件
投入	项目投入所需要的要素	项目计划书、项目评估报告	实现投入的主要条件

采用逻辑框架分析法进行项目后评价时，可根据后评价的特点和项目的特征在形式和内容上做出调整，以适应不同评价的要求。逻辑框架分析法一般可以用来进行项目目标评价、项目成败的原因分析以及项目可持续性评价等。与项目计划的逻辑框架不同，项目后评价的逻辑框架的客观验证指标，一般反映项目实际完成情况及其与原预测指标的变化或差别，因而，在项目后评价中应用逻辑框架分析法，各层次的目标尽可能用客观的可度量的验证指标，一般每项指标具有三个数据，即原来预测值、实际发生值、预测和实际发生值之间的变化和差距，构造项目后评价的逻辑框架矩阵，见表 9-6。

表 9-6　　　　　　　　　　　项目后评价逻辑框架矩阵表

目标层次	验证对比指标			原因分析		可持续性
	项目原定指标	实际实现指标	差别或者变化	主要内部原因	主要外部原因	
宏观目标						
项目目的						
项目产出						
项目投入						

三、层次分析法

层次分析法是将研究对象和问题分解为不同的组成因素，按照各个因素之间的相互影响以及隶属关系自上而下、由高到低排列成若干层次结构，在每一个层次上依照某一特定准则，根据客观实际情况对该层次各因素进行分析比较，对每一层要素的相对重要性进行定量表示，利用数学方法确定该层次各项因素的权重值，通过排序结果对问题进行分析和决策。通过这种方法可以把定性分析和定量分析有机地结合起来，并且使复杂的问题显得层次分明、相互关系清楚，便于逐个处理。

运用层次分析法分析问题时，将决策者的思维过程和主观判断系统化、数量化和模型化，简化了对问题的系统分析与计算。由于后评价项目往往涉及众多的因素和指标，并且各种指标的性质存在差异，表现形式也不完全一致，在进行项目后评价时，多种因素对项目总体目标或效果产生的影响，仅从单一指标去衡量或评价一个项目的实施效果未免有失偏颇，运用层次分析法，可从系统的角度对项目总体效果进行全面、客观的评价。

在进行项目后评价时，往往会遇到这样的情况，即多种因素以不同的方式共同作用，影响着项目总体的目标或效果，运用层次分析法可将一个复杂的问题分解为它的组成部分或组成要素，例如，项目的目标、前提条件或约束、宏观政策、必须遵守的原则或准则、可供选择的技术方案等。按照要素的不同属性，可将这些因素组成相应的层次，上一个层次的因素对相邻的下一个层次的全部或某些因素起着支配作用，形成按层次从上到下的逐层支配关系，具有这种性质的层次称为递阶层次。

运用层次分析法的过程基本可以归纳为五个步骤：①根据项目评价的指标体系建立层次结构模型；②构造判断矩阵；③层次单排序；④层次总排序；⑤一致性检验。

通过对问题的分析，建立一个有效合理的递阶层次结构对于运用层次分析法解决系统评价问题具有决定性的意义。一般来说，可建立如图 9-4 所示的层次结构图。

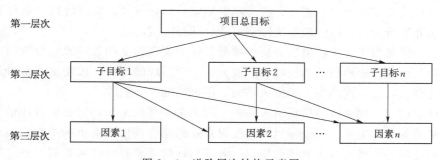

图 9-4 递阶层次结构示意图

四、因果分析法

在项目后评价时，为了发现问题、分析问题，提出解决问题的对策、措施和建议，就需要运用一定的方式方法，对已经产生的变化进行因果分析，即主要对造成变化的原因逐一进行剖析，分清主次及轻重关系，以便于总结经验教训，提出改进或完善的措施和建议。

因果分析法采用因果图的方式来实现。在对工程项目质量或效益等方面的技术经济指标进行评价时，由于若干因素的共同作用，在项目的设计、施工建设、运营管理过程中，实际指标与前评估阶段预期的目标产生一定的差距，以至于影响到项目实施的总体目标或子目标。在对项目产生影响的因素当中，又不都是以同等的效力作用于实施效果或指标的变化过程，必定有主要的、关键的原因。在项目的评价当中，必须从复杂的原因中整理出头绪，找出使指标产生变化的真正关键的原因。因果分析图就是分析和寻找影响项目主要技术经济指标变化原因的有效方法，如图 9-5 所示。

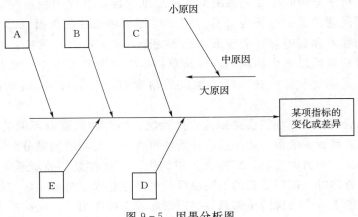

图 9-5 因果分析图

五、成功度评价法

成功度评价法是依靠评价专家或专家组的经验，综合各项指标的评价结果，对项目的成功程度做出定性的结论，也就是通常所称的打分方法。项目成功度评价需对照项目立项阶段所确定的目标和计划，分析实际实现结果与其差别，以评价项目目标的实现程度。另外，在做项目成功度评价时，要十分注意项目原定目标合理性、实际性以及条件环境变化带来的影响并进行分析，以便根据实际情况评价项目的成功度。

成功度评价是以用逻辑框架法分析的项目目标的实现程度和经济效益分析的评价结论为基础，以项目的目标和效益为核心，所进行的全面系统的评价。成功度通常可以分为五个等级：完全成功的、成功的、部分成功的、不成功的、失败的。

评价项目的成功度对项目后评价来讲是一项非常重要的工作，它是项目评估专家对项目后评价结论的集体定性。一个项目通常要对众多的综合评估因素指标进行定性分析，才能断定各项指标的等级，对于具体的项目，各项指标的重要程度各不相同，通过项目成功度评价，确定各项指标的重要程度，最后得出成功度评价的等级，见表 9-7。

表 9-7　　　　　　　　　　　　项 目 成 功 度 评 价 表

评定项目指标	项目相关重要性	评价等级
宏观目标和产业政策		
决策及其程序		
布局与规模		
项目目标及市场		
设计与技术装备水平		
资源和建设条件		
资金来源和融资		
项目进度及其控制		
项目质量及其控制		
项目投资及其控制		

续表

评定项目指标	项目相关重要性	评价等级
项目经营		
机构和管理		
项目财务效益		
项目经济效益和影响		
社会和环境影响		
项目可持续性		
项目总评		

表9-7中，评定项目指标是指评定具体项目的成功度时，选择与项目相关的评价指标。项目相关重要性分为重要、次重要和不重要三级，评价人员应根据具体项目的类型和特点，确定出各项指标与项目相关的重要性程度。项目成功度评价等级划分为A、B、C、D、E五级，其中，A（成功）：完全实现或超出目标，相对成本而言，总体效益非常大；B（基本成功）：目标大部分实现，相对成本而言，总体效益较大；C（部分成功）：部分目标实现，相对成本而言，取得了一定效益；D（不成功）：实现的目标很少，相对成本而言，取得的效益很小或不重要；E（失败）：未实现目标，相对成本而言，亏损或者没有取得效益，项目放弃。

习 题 与 讨 论

1. 什么是项目的后评价？
2. 为什么要对项目进行后评价？
3. 项目后评价分为哪几类？
4. 简述项目后评价的特点。
5. 项目后评价与前评价的主要区别是什么？
6. 开展工程项目后评价应遵循哪些基本原则？
7. 简述工程项目后评价的一般程序。
8. 工程项目后评价工作由谁来开展？如何开展？
9. 工程项目后评价的内容主要包括哪些？
10. 工程项目后评价的主要方法有哪些？
11. 项目的效益后评价如何开展？
12. 项目效益后评价中财务后评价与国民经济后评价有何区别和联系？
13. 项目的影响后评价如何开展？
14. 项目成功度评定指标有哪些？
15. 项目持续性后评价有何意义？

第十章　价值工程基础理论与方法

内容提要：通过学习价值工程的产生与发展历程、基础理论及其应用特点，掌握价值工程的核心理念，了解价值工程与工程建设与管理的关系，掌握价值工程对象选择的方法和原则、方案评价的内容以及提高价值的途径。激励学生传承和践行敬业、精益、专注和创新的工匠精神。

第一节　价值工程的产生与发展历程

一、价值工程的起源

价值工程（value engineering，VE）是由美国通用电气公司工程师劳伦斯·戴罗斯·迈尔斯（Lawrence D. Miles，1904—1985）于 20 世纪 40 年代创立的。第二次世界大战期间，美国在军事工业方面迅速发展，但由于战争消耗过大，导致各类资源都非常紧张，为了提高武器的性能和缩短交货期，忽略了成本控制的问题，使得成本费用不断上升，美国通用电气公司负责采购的副经理迫于物资短缺不得不采用廉价替代品，并在其后的生产中开始系统性地进行物资代用，从而大幅度降低成本。

其中，最具代表性的事例便是"石棉板事件"。美国通用电气公司当时需要大量的石棉板，而石棉板却供应紧张、价格昂贵。对此，迈尔斯提出了两个问题："为什么要用石棉板？它的功能是什么？"经过调查得知，石棉板的功能一是保持清洁，二是防止火灾。弄清这两个问题后，迈尔斯又提出一个问题："还有没有具有这种功能的其他材料？"根据这种思考，迈尔斯找到了一种价格便宜、货源充足、不易燃烧的纸作为代用品，不仅实现了原来的功能，而且降低了成本。

第二次世界大战之后，美国政府取消了战时生产的补贴制度，原材料价格普遍上涨，推动产品成本提高，企业之间竞争日趋激烈。为在激烈的市场竞争中占据优势、降低成本、合理利用资源，美国通用电气公司继续致力于解决如何使产品物美价廉的问题。针对电冰箱和烤炉，公司组织有经验的设计人员运用功能分析的思想进行重新设计，结果取得了成功。在实践的基础上，经过综合整理和归纳，迈尔斯于 1947 年在《美国机械师》杂志上公开发表了《价值分析》一文。在该篇论文里，迈尔斯提出了价值工程的基本理论，标志着价值工程理论的正式诞生。迈尔斯从分析产品的功能、寻找代用材料开始，将价值工程理论逐步从原材料采购发展到改进产品设计及制造过程。他在研究中发现，任何产品之所以有使用价值，是因为它具有能满足人们某种需要的功能。用户购买某种产品，是因为这种产品具有满足用户需要的功能，如果产品不具备满足用户需要的功能，用户就不会购买这种产品。

经过实践和研究，迈尔斯还发现，想生产创造出价廉物美的产品，即价值高的产品，如果不改变原来的设计方案，就不可能大幅度地降低产品的成本。这是因为产品成本的绝大部分是在设计阶段确定的。迈尔斯还在实践中归纳出价值工程活动中必不可少的 13 条原则，这些原则是价值工程工作程序必须遵守的。迈尔斯克服了各种保守思想的阻力，组成了专门研究小组，花了 5 年时间进行研究探索，通用电气公司投资 300 万美元支持这项工作，到 20 世纪 50 年代初，价值工程技术基本成熟。1961 年迈尔斯推出了专著《价值分析的方法》，1972 年修订再版，更名为《价值分析与价值工程技术》。这本权威性著作发展完善了价值工程理论，建立了以功能定义、功能整理、功能分析和功能评价等为中心内容的一套完整的科学方法。这本专著较之以往的论著更为强调价值工程学科的系统性，强调它是一个完整的方法系统。

除迈尔斯所做的开拓性贡献之外，许多学者也为价值工程理论的发展做了卓有成效的工作。例如，拜塞威（Charles W. Bythewy）在美国价值工程师协会 1965 年年会上提出了功能分析系统技术（function analysis system technique，FAST）。该技术强调建立功能系统图，重视功能的系统分析，从而使功能分析更加科学和完善。

二、价值工程应用的概况

价值工程由迈尔斯于 1947 年初步创立，但真正在通用电气公司内部推广应用是从 20 世纪 50 年代开始。当时，迈尔斯从各部门抽调 60 余人举办价值分析研究班，指导进行了 160 小时的价值分析技术基本训练。这批人员受训结束后回到各自的工作部门，作为专门的价值分析人员，在通用电气公司内部推广应用价值分析技术。由于价值工程致力于研究对象的功能和成本合理匹配，美国通用电气公司在运用这一方法时取得了显著的经济效益，到迈尔斯退休时 17 年里共节约成本 2 亿多美元。如此高的效益，自然引起了其他企业的关注。西屋电气公司、国际商业机器公司、美国无线电公司等在 20 世纪 50 年代初相继应用价值工程。此外，价值分析研究班还吸收其他公司人员参加，这些人回到各自公司后也积极推广应用价值工程，使这门管理技术广泛开展起来。1956 年，价值工程推广到船舶工业和军事工业。1959 年，宇航工业把价值工程应用于阿波罗登月计划。20 世纪 60年代，价值工程在其他部门迅速得到推广。到 20 世纪 70 年代初，已运用到各行各业，并且都取得了显著的经济效益。

价值工程在美国如此迅速的发展，同军事工业部门的广泛应用和积极推广是分不开的。1952 年美国国防部海军舰船局派调查团到通用电气公司进行考察，结论是价值分析对降低产品成本确实很有成效，于是从 1954 年开始采用价值分析技术，建立专门机构，并将价值分析的名称改为价值工程。1955 年和 1956 年，美国空军和陆军也相继开始在物资器材的供应方面采用价值工程，并将应用的范围扩大到武器制造和军工技术方面。

美国国防部为了进一步推广价值工程，于 1959 年在军事装备采购规划中规定，在供货合同中增加价值工程的条款。同年，在海军舰船局的订货合同中规定，承接军工产品生产的企业必须采用价值工程，承包企业应用价值工程使造价降低可以提取节约费用的 20%～30%。实行这一措施的当年就节约了 3500 万美元。20 世纪 60 年代，越南战争升级，军事装备费用激增，财政压力增大，为降低军备费用，美国国防部再次掀起应用价值工程的热潮。当时的国防部长麦克纳马拉和总统约翰逊亲自出面宣传应用价值工程。

价值工程能在美国迅速发展的另一个原因是社会各界对价值工程的重视和大力推广。20 世纪 50 年代，美国国防部大张旗鼓推广应用价值工程后，引起美国政府和社会各界人士的重视。从 1964 年起，美国联邦政府各部门相继采用价值工程，联邦政府负责的工程项目每年可节约数亿美元的投资。1965 年，美国垦务局将所有工程技术人员集中进行价值工程培训；1966 年，垦务局规定所有外包合同都要载明价值工程奖励条款。1972 年，俄亥俄河上的拦河大坝运用价值工程的理论和方法取得显著效果。该坝设计完成后，组织价值工程专家进行价值分析，从坝的功能和费用两个方面进行综合分析研究，提出了新的改进方案。闸门由 17 扇减为 12 扇，加上其他一些改进措施，共节约资金 1930 万美元，而请专家只花了 12.9 万美元。1971—1972 年，美国卫生部、教育部、福利部都相继应用价值工程。1977 年，美国参议院以第 172 号决议案的形式，号召各部门推广应用价值工程。1979 年，时任美国总统卡特致电美国价值工程师协会年会，认为价值工程是降低成本、提高经济效益的有效方法。此外，美国社会各界人士对价值工程十分重视，美国采购工作者协会积极宣传和鼓励企业应用价值工程，美国电子工业协会也大力号召电子工业企业应用价值工程。

价值工程不仅在美国得到广泛的应用，而且在世界许多国家也得到积极推广。1955 年，价值分析被介绍到日本。日本生产性本部派了一个成本控制考察团去美国，经过约一个月的考察，认为价值工程是降低成本的有效方法，但是，当时的工业界只重视扩大产量，不大重视降低成本，大多数企业对于如何积极地研究、引入和开展价值分析都不重视。到 1960 年，由于日本生产发展，经济增长，市场竞争开始激烈化，改善企业素质和降低成本的必要性受到了重视。同年 10 月在日本物资管理协会主办的采购工程研究班上，通过美国顾问哈因里奇的介绍，日本有更多企业开始采用价值工程方法，尤其是物资采购部门，在节省物资费用方面取得了很大成果。

1961 年，日本产业能率短期大学主办的价值工程学习班，培养了一批价值分析的专家，提高了价值分析的效果，使企业的领导人员和管理人员认识到价值分析的真正意义。

1965 年，日本价值工程师协会（SJVE）成立，作为美国价值工程师协会（SAVE）在日本的支部而发挥作用，同时致力于价值工程的普及工作。

在日本的企业中，价值工程从开始到它的最终目标，一般分为四个阶段。这四个阶段是随着时代的需要而变化的。

（1）第一阶段，降低材料费用。以前的成本分析以降低成本为主要目的，一般把构成成本主要部分的材料费的责任推给物资部门和采购部门，降低这些费用的工作也由物资部门来承担。为了补充原来部门的采购技术，采用了价值分析的方法。通过使用收集情报的方法或开发创造能力的头脑风暴法，提出改变形状、尺寸和材质的设想，产生设计修改方案。但是，这需要获得设计部门的认可，因而常遇障碍。

（2）第二阶段，现有产品的改进。从第一阶段的经验可以看出，要从根本上降低成本，必须通过改变设计、改变材料、改变加工方法，即对现有产品重新进行设计，全面改革产品。为此，把设计、物资、生产及其他各部门的专家们编成一个小组，进行有组织的价值分析活动。这个阶段一个很重要的问题就是要得到企业的最高决策者的支持。

（3）第三阶段，新产品的价值分析。改进现有产品，在改进中要额外花一笔改进费用，所以希望在新产品的开发阶段就采用价值工程，这是因为人们已认识到成本主要是在设计阶段决定的。

（4）第四阶段，系统的价值分析。一般来说，某种特定的产品需要与其他产品相结合，构成一个包括软件在内的系统。如果对一种产品进行价值分析，也许是有效果的，但把这种产品作为一个系统的组成部分，从整个系统来看，则不一定有效果。所以要对整个系统的产品进行价值分析，不仅要把价值分析用于产品，而且还要扩大到系统的组成部分，包括设备、程序、工艺、软件、组织体制等。

价值工程在建筑业中的应用始于20世纪60年代，最初是在施工阶段进行。美国的建筑工程承包合同中增加了鼓励承包商开展价值工程活动的条款，1970年前后，价值工程开始应用于设计阶段，其产生的效益大大高于施工阶段开展价值工程活动的效益，不仅降低了工程建造成本，而且使项目的运行费用也大大降低。进入20世纪80年代，价值工程在建设项目中的应用得到不断发展，这将在后面的内容中详细介绍。

三、价值工程在我国的应用与发展

我国于1978年前后才开始应用价值工程。首先在长春第一汽车制造厂、北京第一机床厂、上海机床厂等企业中应用，并取得可喜的成果，然后逐步在辽宁、上海、北京等地普遍展开。价值工程应用的行业也不断扩大，从最早应用的机械行业扩大到仪表、电子、电器、电机、纺织、轻工、冶金、化工、造船、建筑、运输等行业。

1981年8月，我国第一机械工业部向全国机械行业颁发《关于积极推行价值工程的通知》，这是我国政府机关第一次用行政命令推广应用价值工程。1982年开始创办全国性专业刊物《价值工程》。1983年国家经委把价值工程列为18种现代管理方法之一，号召在全国范围内推广应用。第一届全国价值工程学术会议于1984年3月在重庆召开，对推动全国价值工程管理技术的应用与发展起到了积极作用。1986年2—4月，上海举办的价值工程电视讲座取得了极大的成效。1987年，上海市价值工程协会成立，1988年中国企业管理协会价值工程研究会、全国高校价值工程研究会等相继成立，标志着全国价值工程的理论研究与实际应用有了进一步的发展。1992年由中央电视台向全国播映的价值工程电视讲座起到了在全国范围内推广应用价值工程的积极作用。

目前，价值工程的应用范围早已跨出了产品生产领域，进入交通运输、邮电通信、旅游、医疗卫生、环境保护以及农业、商业、外贸、金融、保险、税收、服务行业、机关事务等部门，可以说，国民经济各个部门都不同程度地应用了价值工程技术。但是，必须看到，价值工程在我国各行业和各地区的应用和发展还很不平衡。有人曾对《价值工程》杂志上公开发表的价值工程成果项目进行过统计分析，结果表明，我国价值工程应用的成果主要集中在工业领域，而工业领域中价值工程的应用又主要集中在普通机械制造业和专用设备制造业。

第二节 价值工程的基本概念及理论基础

一、价值工程的定义

1. 概念界定

价值工程创始人迈尔斯认为："价值工程是一个完整的系统，用来鉴别和处理在产品、工序或服务工作中那些不起作用却增加成本或工作量的因素。这个系统运用各种现有的技术、知识和技能，有效地鉴别对用户的需要和要求并无贡献的成本，来帮助改进产品、工序或服务。"

曾任美国价值工程师协会副主席的马蒂（J. Marty）对价值工程的定义为"价值工程是通过有组织的努力，使产品、系统或服务工作达到合适的价值，以最低的费用提供必要的功能。"

国内文献更多的是采用我国于 1987 年制定的关于价值工程的国家标准《价值工程的基本术语和一般工作程序》（GB 8223—87）中的定义："价值工程是通过各相关领域的协作，对所研究对象的功能与费用进行系统分析，不断创新，旨在提高研究对象价值的思想方法和管理技术。"

综上所述，价值工程是从功能出发，以提高产品、劳务、工程或工作的价值为目的的一种科学方法。且从上述定义分析，价值工程的对象是指为获取功能而发生费用的事物。如工程项目、产品、设备、工艺、服务等。价值工程的目的是以研究对象的最低寿命成本可靠地实现使用者所需的功能，以获取最佳的综合效益，也就是最大限度地提高价值。即在保证满足用户功能要求的前提下，尽可能减少资源消耗，使寿命周期成本最低。

在说明价值工程理论及作业程序时，经常应用三个名词：价值分析、价值工程、价值管理，它们是价值方案在不同时期的名称。在从事任何价值相关研究时，上述三者都可以用于说明价值工程技术的应用方法。价值工程所应用的系统研究技术，称为工作计划。工作计划可作为界定工作范围的指标，以决定达成各项功能的最经济组合，同时可帮助我们发现设计上的高成本之处。价值工程也可作为设计者制定其计划需求时必要的功能分析方法。

总体而言，价值工程可以精练描述为：系统方法导向作业——用制式工作计划来发现不必要成本并加以消除；综合各专业人员的国际作业——由经验丰富的设计者与价值工程顾问组成；寿命成本导向作业——核算持有及营运设施的全部成本，已经证实有效的管理技术；功能导向作业——探讨必要功能与回收价值之间的关系。

2. 价值工程特点

价值工程作为一种现代管理技术和思想方法，有其自身独到的特点，具体表现为以下几个方面：

（1）以使用者的功能需求为出发点。功能是物品最本质的特点。确定物品的功能及其水平只能以用户的需求为依据，那种脱离用户的实际需求，盲目追求多功能、高水平的想法及做法是不符合价值工程原理的，势必会造成成本的增加和价值的降低。

（2）对所研究的对象进行功能分析。通过功能分析，系统研究功能与成本之间的关系，准确掌握用户所需的功能，以此作为新产品开发设计或老产品改造的依据，使用户的功能需求得到可靠的满足。

（3）致力于提高价值的创造性活动。提高价值就是全面而有效地利用社会资源，提高经济效益。以最少的社会资源消耗取得最大的综合效益，这就是开展价值工程活动的目的所在。而提高价值的关键则在于有效地开展创造性活动。总之，创造性活动是开展价值工程最重要、最关键的一步。离开有效的创造性活动，价值工程将失去它应有的生命力。

（4）应有组织、有计划地按一定工作程序进行。在开展价值工程活动时，特别是面对一些较复杂的产品和重大项目时，为达到以最低的寿命周期成本、可靠的实现用户要求的功能、切实提高产品价值的目的，必须有组织保证。要把企业有关各方面的人员充分组织起来，密切配合，发挥集体智慧和创造力，以保证卓有成效。

二、价值工程的理论基础

1. 不必要成本溯源

在系统地应用价值工程之前，明晰在任何设计中不必要成本的不可避免性以及造成不必要成本的原因是十分必要的。在任何一次设计中，都不可能绝对地考虑到所有的施工细节而对成本、性能以及可靠性做最佳的平衡取舍。例如建造工程，其设计本身是相当复杂的，但无论设计者的设计能力多么强，仍然有不必要的成本隐含在其设计中。因此，从管理角度讲，就是要通过价值工程的研讨，不断改进设计的价值，使其中隐含的不必要成本降至最低。造成不必要成本的原因主要表现在以下几个方面：

（1）时间不足。所有建筑师、工程师以及设计者都必须在指定期限内完成工作。而且在有限的时间内，要对各种可能的成本加以比较，以达到最佳的价值。因此时间不足是造成设计上不必要成本的原因之一。此外，在施工上强迫缩短工期，将导致成本增加。

（2）资料有限。我们正处于技术"爆炸"的时代，新材料及新产品不断上市，要认识所有的新事物是不可能的，而且在我们确认新产品的效果前，也很难贸然地接受这些新产品。

（3）构思缺乏。没有人能事无巨细地设想所有的事情，有些构想若加以具体化，会成为一项最佳设计方案，设计者在回顾起过去的设计方案时总是发出后见之明的感叹："如果当时设计上稍微改变一下就好了！"而在设计时他们并无此构想。

以上内容都是客观上无法回避的局限，也是我们说不必要的成本不可绝对避免的根本依据，只有通过不断的反复、积累和实践才能得到逐步改善。

（4）错误的观念。过去的经验有时会造成我们错误的观念，是因为随后的新发展可能改变以前认为是正确的事情。因此，必须确认在设计上已经充分考虑各种替代方案。

（5）习惯性思维。常常需要在一定时期制定各种必要的规范，从当时的条件看，这些规范是最优的或是合理的，当然有时也是权宜性的。但无论如何，从创造发展的角度看，任何规范都不应是永久不可变的。而往往由于习惯的作用，这些规范就变成了一个公司、一个行业或一个地区乃至整个社会的永久性的规定。同样，由于习惯的作用，设计者往往对两个不同区域的建筑采用相同的标准。对甲地，为适应其炎热气候而采用空调系统的设计，而对乙地也不加分析地采用。事实上，针对乙地的气候条件，设计一套排气装置也完全可以达到同样效果。

（6）保守的心态。墨守成规的心态常常支配人们的理智，先入为主的观念使得人们不能随着认识的深入而更新原有的错误观念，这些因素也妨碍了设计价值的改善。例如某设计者就一项高速马达的齿轮箱选择材料工艺。以往该零件均为价格为 161 美元的加工制造品，因此人们普遍认为只有加工制造品才能承受所需的强度。该设计者知道此零件也可采用铸造方式，只是因为大家直觉上都认为不可行而没有进一步研究其可行性。事实上后来经价值工程研究小组深入研究后才发现，以铸造方式同样可达到规定的强度，而材料价格仅需 15 美元。而原来的保守观念在此之前却被延续了十年之久。

（7）政策等社会因素。政策等社会因素往往直接或间接地牵扯到对人的利益导向的影响，从而使人们不能或不愿改善设计中的不必要成本，比如说根据以往设计合约的收费标准，设计收费为施工造价的 7％～12％，约占全部成本的 3％以下。虽然材料造价飞涨，但设计者的费用往往仍停留在原来的水准，致使设计者没有能力对各种方案的积极性做充分的比较。

总之，造成设计中不必要成本的原因是多方面的。除了设计者本身的主客观因素外，业主、建造承包者以及政府管理部门的因素也是不容忽视的。而价值工程所研究的正是如何针对上述各因素探讨最有价值的解决方案的技术。

2. 理想功能费用比思想

（1）概念界定。一般来说，价值工程是一种研究方案创新与优选的管理技术和思想方法。它研究的是产品和作业，通过各相关领域人员的协作对所研究对象的功能与费用进行系统的分析，不断创新，力图以对象的最低寿命周期费用可靠地实现用户所要求的必要功能，以提高其价值，取得较好的技术经济效益。为了全面把握和理解价值工程的含义，以下逐一介绍其中涉及的，也是本书中最基本、最重要的三个概念：

1）功能。功能概念是价值工程的分析核心。所谓功能指价值工程分析的对象能够满足人们某种需要的一种属性。具体来说，对产品而言，其功能就是它的用途；而对作业来说，是指其作用；对企业则指其变投入为产出；如果对人来讲，是指他的职能，也就是他的岗位职责要求他应起的作用。下面以产品为例给出价值工程中功能概念的完整理解。就产品的功能而言，它既附属于产品，却又不等同于产品，也就是说产品是作为其功能的载体而存在的。人们使用产品，实际上是使用它的功能。从这个意义上讲，企业生产产品实际上是为了生产产品的功能；用户购买产品实际上也是为了购买产品的功能。如产品具有相同的某种功能，那么无论购买哪一种产品都能满足用户对这种功能的需求，这时就可以说这些产品在该功能上是可以互相替代的。

从用户对功能的需求出发，产品的功能可以分为必要功能和不必要功能。必要功能是指用户需要并予以承认的功能，它是不可缺少的；不必要功能则是指用户不需要或不承认的功能。国外研究资料表明，在通常情况下，产品中往往含有大约 30％的不必要功能。价值工程分析的目的是帮助业主取得最大价值，从价值工程的定义中可以看出，达到这一目的的首要前提就是正确评判哪些是该产品用户所需要的必要功能，哪些又是用户不承认的不必要功能，在此基础上通过价值分析，使不必要成本降至最低，才能真正实现价值工程的目的。

应当强调的是，任何产品实现相应功能的能力或程度都不是无限的，也就是说总有一个量的度量，称其为产品的功能水平。产品的功能水平分别反映了一个事物质和量的两方面规定性，两者密不可分。另外，具有相同功能的不同产品或设计，其功能水平往往是不同的。

2) 寿命周期费用。价值工程的另一个重要概念就是产品或作业的寿命周期费用。要完整理解这一概念，必须首先了解寿命周期的含义。任何事物都有其产生和发展的过程。事物从产生（甚至包括它的孕育阶段）开始，到它结束为止这段时间即为该事物的寿命周期。一件产品从设计、制造、使用、维修直到最后不能再修复使用最终报废为止的整个时期，称为产品的自然寿命周期。但许多产品，尤其是机器设备，往往并不都是按其自然寿命周期加以使用的。随着经济发展和科学技术的进步，原有产品的技术性能落后了，经济效益较低，虽然还没有达到它的自然寿命周期期限，尽管还能使用，但继续使用这种产品已很不经济了，因此从经济角度讲也必须停止使用。这种从产品设计开始到用户停止使用为止的整个时期称为产品的经济寿命周期。价值工程中所谓的寿命周期就是指产品的经济寿命周期。

为详细理解寿命周期费用，以产品为例来说明寿命周期费用的概念及其具体构成。所谓产品的寿命周期费用是指用户为了满足某种需要，从购买产品开始，到使用以满足某种需要，在产品的整个寿命周期内所花费的全部费用。它包括产品设计成本 C_1，每件产品所分摊的利润、税金 C_2 以及用户购买产品后在使用过程中要支付的使用费用 C_3，如维修费、管理费、能源费、人工费、报废费（扣除残值后的）。如果以 C 表示产品的寿命周期费用，则有

$$C = C_1 + C_2 + C_3 \qquad\qquad (10-1)$$

式中：$C_1 + C_2$ 为产品的价格。

另外，在计算寿命周期费用时要注意，它并不是 C_1、C_2 与 C_3 的简单相加，还需要考虑货币的时间价值，把各个费用折算成现值。

为什么价值工程中所研究的"成本"是指产品的寿命周期费用，而不仅仅是产品的研制成本 C_1 或产品的销售价格（购置费）$C_1 + C_2$ 呢？这是因为，用户购买一种物品，不仅关心购买时要花多少钱，而且也关心购买后，在消费使用过程中还需要多少开支。有些杂牌产品，虽然购置费用相对名牌产品低一些，但由于使用不便，故障率高，维修次数多，使用费用大，人们戏称这种产品是"买得起，用不起"。这也就是说，从寿命周期费用看，不如买名牌产品合算，因而用户都不愿意购买杂牌产品。即使市场上暂时没有名牌产品出售，人们也不愿购买杂牌产品，而是持币待购。这就是为什么价值工程要研究寿命周期费用 C，而不是研究排除使用费用 C_3 以外的购置费用 $C_1 + C_2$ 的一个重要原因。

另外，产品使用费用 C_3 在产品寿命周期费用 C 中占到较大的比重。由于购买产品是一次性集中支付，资金数量较大，而使用费用是零星支付，每次支付的数量相对来说小一些，所以人们在习惯上比较重视产品的购置费而忽视产品的使用费。但是细水长流，算起总账来，使用费用的数量不小。因此，对这么大的一部分费用是不能忽视的。这也是价值工程要考虑产品的寿命周期费用，而不仅是产品购置费用的另一原因。

产品寿命周期费用与产品寿命周期成本是两个不同的概念，它们所包含的内容是不一

样的，不能混为一谈。一般来说，用户与企业的利益既有一致的地方，又有矛盾的地方。当 $C_1 + C_2$ 下降，即产品寿命周期费用下降时，企业与用户的利益都得到了满足，这是用户与企业利益一致的方面。它们之间的矛盾表现在，用户总希望买到物美价廉的商品，而且在使用过程中开支比较小，即要求寿命周期费用 C 越小越好，而企业则力图尽量扩大盈利，希望 C_2 越大越好。C 的下降与 C_2 的提高常常是矛盾的，为解决这一矛盾，同时兼顾到企业和用户两者的利益，价值工程致力于降低寿命周期费用，而不仅仅是寿命周期成本，实际上就是要求进行价值分析时，要站在用户的立场上来考虑问题，而不仅仅考虑企业一方的得失。这是价值工程基本思想的集中表现。

3）价值。价值工程中的"价值"与政治经济学中所说的"价值"，含义是完全不同的。政治经济学中的"价值"，指的是凝结在商品中的一般无差别的人类劳动，它是商品的两个因素之一，它反映的是商品生产者之间交换劳动的社会关系，商品的价值量是由社会必要劳动时间决定的。价值工程中的"价值"是指对象所具有的功能与形成功能的费用之比，它是衡量一个对象经济效益高低的尺度。

价值工程关于价值的概念为评价对象的功能与寿命周期费用提供了科学的标准。价值工程认为，按照用户的需要，能够以最低的寿命周期费用提供必要的功能，则价值最大。每个人可能都会有这样的体会：去商店购买东西，一要看货，想想它能否满足我们的要求；二要问价，想想值不值得买，这"值不值"实际上就是价值工程中"价值"的概念。例如，我们购买电冰箱，面前有两种商品，如果它们的功能相同，价格不同，那么我们就会买功能实现程度高的那一种，道理同前面是一样的。可见，在评价对象价值大小时，认为凡是性能高的价值大，或者认为凡是费用低的价值小多是片面的，性能高但费用高昂、费用低但性能差都不符合用户的要求，都不能算价值大。通过上述的分析，可以把价值的一般表达式写成：

$$V = F/C \qquad\qquad (10-2)$$

式中：V 为价值；F 为功能（指功能强度）；C 为寿命周期费用（$C = C_1 + C_2 + C_3$）。

从式（10-2）可以看出，价值与功能成正比，与寿命周期费用成反比，价值是功能与寿命周期费用的函数。从式（10-2）可以定性地得出提升价值的五种办法，见表 10-1。

表 10-1　　　　　　　　　　　　价 值 提 升 分 析 表

序号	模式	办　法	特　点
1	$\dfrac{F\uparrow}{C\downarrow} = V\uparrow$	提高功能，降低寿命周期费用	是价值工程主攻方向
2	$\dfrac{F\rightarrow}{C\downarrow} = V\uparrow$	功能不变，降低寿命周期费用	着眼于降低寿命周期费用
3	$\dfrac{F\uparrow}{C\rightarrow} = V\uparrow$	提高功能，寿命周期费用不变	着眼于提高功能
4	$\dfrac{F\uparrow\uparrow}{C\uparrow} = V\uparrow$	功能大大提高，寿命周期费用略有降低	着眼于提高功能
5	$\dfrac{F\downarrow}{C\downarrow\downarrow} = V\uparrow$	功能略有下降，寿命周期费用大大下降	着眼于降低寿命周期费用

（2）产品功能与寿命周期费用的关系分析。一般来说，在一定的技术条件下，随着产品实现其功能的能力或程度（即功能强度或产品性能）的提高，产品成本 C_1 和产品分摊的利润、税金 C_2 之和上升，使用费用 C_3 下降，寿命周期费用 C 如图 10-1 所示的马鞍形变化。

从图 10-1 可以看出，在产品性能较低时，虽然 C_1+C_2 较低，但 C_3 较高，整个寿命周期费用也偏高。反之，在产品性能较高时，虽然 C_3 较低，但 C_1+C_2 较高，则整个寿命周期费用也偏高。因此，只有当性能适当，才能使寿命周期费用最低。同时，寿命周期费用有一个最低点 C_{min}，产品性能相应有一个最适宜水平 F_0。

性能恰好为 F_0、寿命周期费用为 C_{min} 是一种理想状态。无论现实产品或现有设计方案，一般都没有达到这种理

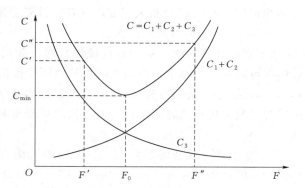

图 10-1 产品寿命周期费用与产品
性能的关系

想状态。如果用 C' 表示现实寿命周期费用，F' 表示现实产品性能，则现实寿命周期费用 C' 与理想状态时的 C_{min} 之差一般都大于 0，也就是说在 C' 与 C_{min} 之间存在一个费用可能降低的幅度 $A=C'-C_{min}$；在 F' 与 F_0 之间存在一个性能可能提高的幅度 $B=F_0-F'$。目的就是通过开展价值工程活动，使寿命周期费用降低至接近最低点 C_{min}，使性能接近最适宜的水平 F_0。值得注意的是，不能把产品寿命周期费用与产品性能的关系绝对化了。有时性能的提高，并不一定要求寿命周期费用也相应地增加，而 C_1+C_2 与 C_3 也不一定是沿着相反方向发生变化的。情况是多样的，上面的分析只是就一般的情况而言。

（3）量化方法介绍。上面对价值进行了定性的分析，既然价值是一种衡量标准，就不能只停留在对价值进行定性分析的基础上，还应该寻求对价值进行定量分析的方法。功能的创造和使用是要花费一定的人力和物力资源的。这种生产和使用过程中的活劳动消耗和物化劳动消耗构成了价值工程对象的寿命周期费用。从这个意义上讲，功能的创造、使用同寿命周期费用的花费是同一过程的两个不同的侧面，它们是互相关联的两个概念。在相同的技术经济条件下，功能相同的产品，消耗应该大体相同。也就是说，在一般的情况下，对象的功能与寿命周期费用客观上存在着一定的数量比例关系，正如图 10-1 所描绘的那样。在不同的技术经济条件下，不存在相同的功能与寿命周期费用的比例关系。正因为功能与寿命周期费用有这样的关系，就有可能对价值进行定量分析。价值工程的一个创造就是使价值成为一个可测度的量。C 的数量化一般不存在什么问题，因为它是以货币为计量单位的。但 F 的数量化则比较困难，因为 F 往往是技术或效果指标，有些可以定量，如精度、强度、容量、音量、光洁度、光通量等；有些则不能直接定量，如艺术功能、美学功能等。所以，定量分析价值在很大程度上也就取决于定量分析功能，功能数量化解决了，价值的定量分析也就不存在什么问题了。另外，虽然在一般情况下，对象的功能与寿命周期费用客观上存在着一定数量关系，但功能与寿命周期费用毕竟是两个不同质的东

西，两者之间缺乏严格的数量比例关系，将两者进行对比分析，也存在一定困难。以下概要介绍价值工程功能量化的几种方法。

1) 功能费用化。在公式 $V=F/C$ 中，如果 F 用实现该功能的最低寿命周期费用表示，C 用实现该功能的目前寿命周期费用表示，由于 F 是最低寿命周期费用，C 是目前寿命周期费用，所以 C 总是大于 F，只有当目前寿命周期费用降低至最低寿命周期费用的时候，V 等于 1，这时价值才最大。

2) 直接计算功能。对能够直接计量的功能用性能、质量、技术参数直接计量。这时价值就可以表示为每个寿命周期的单位费用所提供的功能，如强度/单位费用、精度/单位费用、容量/单位费用、音量/单位费用、光洁度/单位费用、光通度/单位费用等。用该方法进行定量分析价值时，单位费用提供的功能越多，则价值越大，即 V 的绝对值决定了价值的大小。

3) 功能评分或功能系数化。不少功能无法直接计算，虽然有些功能可以直接计量，但因为功能性质上存在差异，功能之间没有统一的计量单位。于是通过给功能评分或通过计算个别功能的得分占总功能得分的比重的方法使功能数量化，最后通过功能系数与费用系数之比来求价值 V。

第三节　价值工程对象选择的方法和原则

本节将根据价值工程对象选择的方法和原则，详细介绍价值工程研究过程中每一步应该做什么、怎么做，即从研究准备、信息分析、方案创造、方案评价到最后的提案提交与汇报等各个阶段，以及研究后阶段的工作。

一、研究准备阶段

研究准备阶段的任务是为后面的正式研究活动进行一系列的准备。本阶段工作的目的是：协调好项目参与各方的关系，明确价值工程研究的目标，并使项目参与各方都能理解和支持价值工程研究活动，互相配合，保证信息通畅，以便收集到充分的信息。在本阶段，应该完成以下几项工作：召开动员会并选择参与价值工程研究的人员、组建价值工程研究小组、明确价值工程研究的持续时间、选择价值工程研究的地点和环境条件、收集初步信息、考察现场、成本或费用分析、准备有关模型和有效数据、选择价值工程研究的重点。详细内容分述于后。

（1）召开动员会并选择参与价值工程研究的人员。在正式开始价值工程研究活动之前的 1~2 个星期召开一次动员会是非常有效的。参加动员会的人员可以包括：价值工程协调人，1~2 个价值工程研究小组核心人员，业主代表和设计方代表，等等。动员会的目的是初步了解项目的要求和业主的目标以便明确开展价值工程研究所需要的资料，并为组建价值工程研究小组进行准备；同时价值工程协调人可以借此机会了解设计的约束条件和边界条件，了解价值工程研究的范围。

会议可以讨论一些战略性问题，如价值工程研究小组的人员结构、价值工程研究持续时间、业主方和设计方参加研究活动的人员，以及其他一些具体的事务，如从哪一天开始、食宿等的安排。价值工程协调人对项目的主要方面了解清楚以后，就可以向各个单位提出要求，明确各个单位应该提供的信息资料，以便各单位有时间分别准备。

（2）组建价值工程研究小组。合适的组织结构是价值工程研究活动取得成功的关键。在组建价值工程研究小组时，必须仔细考虑和权衡，既要全面考虑各个相关领域的专家代表，又要保证价值工程研究小组的规模。强调以下几个关键问题：

1）价值工程研究小组的规模应以 6～12 人为宜，不宜太少，也不应过多。

2）价值工程研究小组应该考虑项目参与各方或利益各方的代表，如业主代表、用户代表、运行管理代表（或物业管理代表）等。

3）应根据所研究的问题或研究的时间来选择参与者，如在项目早期开展价值工程研究，应选择那些对项目宏观问题和战略问题比较熟悉的专家参与；而在项目后期开展研究，则要选择具体专业领域内的专家，选择对具体问题和具体战术问题比较熟悉的专家。

4）可选择原设计人员参与，也可以选择独立于原设计单位的设计人员参与。

5）要十分重视价值工程协调人的素质和作用。

（3）确定价值工程研究的持续时间。由于项目的规模、特点和复杂程度不同，不同项目的价值工程研究持续时间也不相同。即使是同一项目，由于研究的时间段不同（前期还是后期）、研究的任务和重点内容不同，价值工程研究的持续时间也应该有所区别。

（4）选择价值工程研究的地点和环境条件。地点和环境的选择将对价值工程研究的成效产生重要影响。最好将研究人员组织到远离其原工作环境的地方，通常的做法是由业主或其他单位在另外的地方（远离现场）安排一个会议室，如果没有这种条件，也可以在酒店里借用会议室。

（5）收集初步信息。显然，价值工程研究的成效依赖于信息的质量、数量以及对信息的理解和掌握程度。在正式开始价值工程研究之前，设计人员要花很多精力收集整理信息，价值工程协调人应负责组织整理有关信息，使之条理清楚，简明易懂，使价值工程研究人员容易理解消化。

（6）考察现场。在开始价值工程研究之前，先考察一下工程现场，有助于研究人员把项目形象化、具体化，更容易想象项目的某些方面，也可帮助研究人员更好地理解项目。即使现场是荒地或农田，通过考察也可以了解现场出入口、地表概况和周围情况等。对于那些改造项目或扩建项目，现场考察就更为重要，可以帮助研究人员更好地了解已有结构情况。如果价值工程研究人员不能全都去现场考察，至少价值工程协调人应该去。若价值工程协调人都无法前去现场考察，那就只好借助于现场照片了，这是必不可少的。

（7）成本或费用分析。价值工程研究的结果是形成许多提案，而这些提案的形成是在费用估算的基础上产生的，因而费用分析就是价值工程研究的关键之一，也是很重要的方面，其数据应该尽可能详细与精确。有关费用的数据首先是用来确定项目中价值偏低的部分，在提出改进方案后，再用于评估改进方案的造价，并因此得出对比结果。

（8）准备有关模型和有效数据。在正式的价值工程研究活动开始之前，应将各种数据和模型准备好，以帮助价值工程研究人员尽快、准确地确定价值低的部分，明确研究的具体对象。各种信息应该以一定的格式准备好，以方便价值工程研究专家和非专业人员理解，确保价值工程研究人员能够识别有节约潜力的领域。各种模型也应该建立在广泛的信息基础上，以免价值工程研究人员陷入不相关的细节中。

1）费用模型。应该建立一套与价值工程研究活动有关系的费用模型，表明项目各组成部分的成本。多数情况下都是由价值工程协调人、预算工程师或测量师事先准备，在价值工程研究活动过程中再修订细化，也有的在价值工程研究阶段才进行估算，建立费用模型。费用模型可以用两种基本形式来表达，即图表式示意图（diagrammatic）和形象示意图（graphic），选用任何一种都可以。

2）二八定律（Pareto's law）。在价值工程研究中可以采用二八定律来选择确定研究对象，即有 20％ 的构件或功能花费了 80％ 的成本，这 20％ 的构件或功能是价值工程研究所关注的重点。可以在费用模型形象图中用一条线划分出占 80％ 费用的构件或功能，清楚地显示出费用高的构件或功能。

3）空间分析。除费用模型以外，进行空间分析，建立空间模型也是很有价值的。空间分析主要是指业主所需求的面积分配与实际设计的面积分配的对比分析。在价值工程研究过程中，价值工程研究人员还可能会提出自己的意见，认为如何调整和分配更合理。这种分析比较有助于发现业主需求与实际设计之间的不和谐之处，也有助于暴露、解决某些不合理之处。对面积重新进行分配或取消其中某些不合理的或不必要的空间，这也是对项目的很大贡献，是对项目的增值。

4）比较参数。某些参数可以反映项目的效益。将费用模型和功能分析结合起来，可以发现或明确价值工程研究对象。有的参数是由设计者确定的，也有的必须由价值工程协调人准备。

（9）选择价值工程研究的重点。一般来说，在建筑业中，从多个产品中选择一个或多个进行价值工程研究的情况并不多见，除非某单位同时在从事许多项目的开发或服务而需要有选择地区别对待。在西方许多国家，建筑业普遍要求开展价值工程研究活动，如何从同一个项目中选择确定价值工程研究的重点是需要考虑的主要问题。

要确定价值工程研究的重点，其基础就是要建立适当的模型或比较参数，根据这个基础，再加上价值工程研究人员的经验（主要是过去项目的经验），就可以比较容易地选择确定价值工程努力的方向了。

二、信息分析阶段

信息分析阶段的目标是让参与价值工程研究的每一个成员都能充分理解和了解所研究的项目，并且能够拓宽视野。其次，通过本阶段的各项活动，使各成员能够凝聚成一个整体，形成一个团队，共同协调工作。另外，在本阶段要引导价值工程各成员寻找发现有潜力、有研究价值的部分，寻找提高价值的机会。

（1）项目介绍与说明。作为价值工程正式研究活动的第一阶段，信息分析阶段的第一项工作就是对项目的有关情况进行介绍与说明。通常是在项目参与单位中选择一位高级代表进行介绍，比如业主代表、设计负责人或业主的顾问。通过介绍，明确价值工程研究的目标，并使价值工程人员加强使命感、紧迫感，使他们明确研究目的，为后面的研究工作打下基础。

（2）功能定义。价值工程的核心是功能分析，功能分析包括功能定义、功能整理与功能评价三部分内容，功能定义与功能整理的过程，是明确价值工程研究对象应具有何种功能的过程，同时也是对功能及功能之间联系进行系统分析的过程。通过功能定义与功能整理，既为功能评价创造条件，又为以后的方案创造奠定基础。

价值工程对象的现行设计方案，是实现用户要求功能的一种手段的具体化。在设计的最初阶段，只有功能这一抽象概念，并没有具体的结构。以功能为出发点，通过综合大量的经验和知识，才能产生具体的结构。功能定义就是确认设计的出发点，如果忘记了这个出发点，就不能做出价值高的设计。价值工程就是根据已下了定义的功能来制订改进方案的。因此，必须正确地给价值工程对象的功能下定义。

三、方案创造阶段

在价值工程研究活动中，最令人兴奋的就是方案创造阶段。组织得好，可以调动价值工程研究人员的极大热情，在活跃的气氛中产生丰富的成果。本阶段的目的是在前一阶段功能分析和评价的基础上，发挥创造性思维，针对不同的功能要求创造出尽可能多的代用方案。首次参与价值工程研究的人员可能会对本阶段的丰富成果感到吃惊，本阶段的成果也可以使那些对价值工程研究有所怀疑的人充分认识和理解价值工程的重要性。本阶段应注意以下内容：

（1）创造性思维方法的运用。用创造性思维方法，比如头脑风暴法、哥顿法、类比法等（后面将要介绍的这些方法），可以使人摆脱传统的解决问题的思维模式，有助于找到更为有利的创新方法。运用创造性思维方法，要求人们积极思考，大胆创新。方案创造是一种智力开发性工作，只有发挥创造力才能取得创新成果。而发挥创造力需要依靠人们发自内心的积极进取精神。积极思考，有利于点燃智慧的火花，产生创造性设想。大胆创新，则有利于发挥自由奔放的思维能力，突破旧框框的束缚，获得创造性成果。

（2）多多益善原则。在方案创造阶段，方案的数量比质量更为重要。一个新的想法，既可能是解决问题的一个可行方案，也可能是引导产生其他意见和想法的催化剂，引导启发更多方案的产生。许多价值工程研究的最佳方案，就是在看似荒诞的想法的启发下产生的。方案的优劣，只有通过比较才能鉴别。方案提得越多，获得最佳方案的可能性就越大，满足用户的要求就越彻底。因此，在方案创造中，应当多提方案，越多越好。如果提出的方案寥寥无几，漏掉了许多可行方案，那么从这些有限的方案中选择，就难以断定所选的方案是否最优，因为所漏掉的方案可能就是最优的方案。

（3）"搭便车"思考方法（Hitch hiking of ideas）。有时候，有人会提出一些看似荒诞的、难以实现的想法，但是绝对不要低估这些想法，它们可能成为其他想法的基础，有人可能会受此启发（搭便车）而产生很有价值的方案。一个建议或想法可能会对整个价值工程研究活动产生极大的影响。

（4）优先考虑上位功能。方案创造应当优先考虑上位功能，因为上位功能比较抽象，围绕它进行方案创造，思路比较开阔，易于提出较多的有成效的方案。而下位功能一般比较具体，容易使人的创新思路受到限制，但据此提出的方案往往比较具体可行。这种上位功能和下位功能对方案创造的影响及其关系见表 10-2。

表 10 - 2　　　　　　　　上位功能和下位功能对方案创造的影响

上位功能	下位功能	上位功能	下位功能
功能定义比较抽象	功能定义比较具体	设想复杂、实施困难	设想具体、可行
创新思路比较开阔	创新思路比较狭窄	易于获得突破性的改进方案	难以冲破现有框框
所提设想数量较多	所提设想数量较少	改进效果较大	改进效果较小

（5）发挥价值工程协调人的作用。在方案创造阶段，价值工程协调人的角色相当重要，将在很大程度上影响本阶段的工作成效。价值工程协调人应该在以下几个方面起到组织、引导和控制作用。

1）引导价值工程研究人员采用创造性思维方法。价值工程协调人必须选择恰当的创造性思维方法，并且指导参与人员运用这些方法进行方案创造活动。这就要求价值工程协调人掌握各种创造性思维方法，并且知道在什么场合该用什么方法。通常，价值工程协调人还要充当"开球"的角色，即首先提出一些想法，以"抛砖引玉"，促进其他人员的思考。

不同的参与人员对不同的创造性方法有不同的偏好。价值工程协调人要善于从害羞的人那里获得有价值的建议，使研究活动能够从每个参与者那里都得到收获，而不仅仅是听从声音响亮的或最有胆量发言的人的意见。价值工程协调人还要控制讨论过程按计划进行，当发现有偏离主题的情况或趋势时，应立即将话题引导到正题方向。

2）组织整个创造性讨论过程。要组织并控制整个创造性讨论过程，按照先从项目总体概念和构思，再到详细的具体部分的实施方案。这种思路和步骤是按照由宏观到微观、由粗到细的程序进行的。组织讨论的问题可能包括项目运行、维修保养以及现场施工、建筑、结构、机械和电气等方面。

3）能够识别有价值的想法。价值工程协调人能够根据自己的经验，迅速理解、把握有潜力有价值的想法，并引导价值工程研究小组深入讨论，直至产生有价值的方案。

4）创造有益的环境气氛。在创造宽松有益的气氛这方面，价值工程协调人的作用是十分关键的，特别是在方案创造阶段。如果价值工程协调人能够用笑话或幽默的方法激发研究人员的创造性和活力，使各成员感觉轻松愉快，将有助于缓解研究人员的紧张和压抑心理，取得更大成效。同时，价值工程协调人应引导研究人员不要急于对别人的意见和想法进行判断和评论，这是不太容易的事。价值工程协调人应礼貌而又坚决地阻止这种行为。可能每个价值工程协调人都有自己的办法去引导和控制各个成员。一种有效的办法是对妄加评论者进行惩罚，比如每随意评论一次罚一角钱，这既可以活跃气氛，又可以培养团队精神。

5）记录。创造阶段所产生的任何意见和想法都要尽可能记录下来，由价值工程协调人或其助手记录，通常是记录在粘贴纸上，然后挂在墙上，以便每个人都能看到。但是，要保持同步记录每一个想法或意见是很困难的，通常会降低讨论的速度，影响会议的效率；有时，这种记录很可能会有遗漏，或由于边听边思考而影响记录。为了避免上述情况的发生，通常采取发言人自己记录的办法，在介绍完自己的想法以后，将其记录下来交给记录员，在会议结束时将所有的意见和想法汇总，用于下一阶段的研究和评价。

四、方案评价阶段

价值工程的目的是提供可行的、可能被实施的建议或方案，如果所提的建议不能被实施，其价值就不能实现。不管一个建议或设想有多么好，只有别人接受并付诸实施了才能体现其价值。为了使价值工程的建议能够得到实施，必须保证每一个建议都经过深思熟虑，并且有计算依据，有详细而不模糊的论据，这一点是十分重要的。所以对每一个建议方案进行分析评价并将其发展成为提案是需要大量时间的，这就意味着在价值工程研究的成果中要限制提案的数量，保证提案的质量。因此，本阶段的目标是筛选创造阶段的建议和设想，选择最好的想法来发展细化，形成提案。

方案评价方法有多种，每种方法也各有特点，分别适用于不同的情况。价值工程协调人要了解这些方法的特点，并根据不同情况选择适当的方法。下面是几种普遍应用的方法。

（1）独裁法。所谓独裁法，就是由价值工程协调人选择他认为有价值、有潜力、值得细化的建议，不需要听任何人的意见。这个方法速度快，可以为下一步的方案细化预留较多的时间，也可以避免由于参与人员没有经验而产生的问题和困难。其缺点是不能充分利用其他参与人员的知识和经验。价值工程协调人是一个推动者、协调者，并不一定是该问题领域的专家，由他独自决定容易产生问题，一般尽量少用独裁法。相对而言，只有在时间很有限而且参与人员都没有经验的情况下才使用独裁法。

（2）修正独裁法。所谓修正独裁法，也是由价值工程协调人提出一些有价值的建议，但要征求小组其他成员的意见，这是对前述方法的一种改进，参与人员可以根据自己的知识和经验提出一些意见。按照这种方法选定的一些想法可能也会存在一些问题，但毕竟经过小组的讨论，问题可能会少一些。这种方法的速度可能会慢一些，但由于所选择的建议的质量会好一些，因而可以抵消一些负面影响。

（3）讨论排序法。所谓讨论排序法，就是让参与价值工程研究的人员充分讨论，对每一个价值工程建议发表意见，并进行排序或打分。

这是最简单的排序方法，对某一个建议要么接受，要么拒绝。尽管看似简单，但有时候也要花费很多时间。因为有许多建议处于选择或抛弃的边缘，可能会为此花费很多时间去讨论。另外，这种方法也不可能为业主提供一个得分高低的排序，而这个排序在以后的费用控制中可能是很有用的。

上述讨论排序方法的优点是，对每个建议都进行了讨论，因此，每个选中的建议都有技术方面的支持。但对缺乏经验的价值工程协调人来说，要控制这些讨论有时是很困难的，一方面是时间的控制；另一方面，要使所有的人都平等参与讨论，而不能由某一两个人主宰这些讨论。

（4）投票法。投票法也是经常应用的方法。投票前可以经过讨论，也可以不经过讨论。通过投票决定是否对某个建议进行进一步的发展细化，超过规定票数的建议被选中。可规定每位参与人员只能选择几个建议，即他只拥有几票，所有票数的总和可少于所有建议的总和（比如一半），对每个建议每个人只能投一票，得票数多的建议自然是优秀的、值得进一步发展细化的。

投票法速度快，可以使所有的成员都参与，对价值工程协调人来说比较容易控制。但是也有缺点，可能支持某一建议的人并不是该领域的专家，由于他不太了解这个方案究竟是否可行，有时候根据表面情况投票所选择的建议实际上并不可行。

五、提案提交与汇报阶段

价值工程需要将提案提交给决策者和原设计者，并且要向他们介绍这些提案。如果对提案不理解或者误解，他们很可能会拒绝这些提案，所以必须尽一切可能确保每一个提案都能被有关人员理解。本阶段的任务是将提案向有关人员作口头汇报，以便他们在阅读提案报告时比较容易理解。

根据经验，比较好的办法是在价值工程研究的最后一天向决策者汇报，此时，价值工程研究小组尚未解散，也就是说，假如决策者在听取汇报时提问的话，他们随时可以回答相关的专业问题。

一般而言，听取汇报和介绍的人员可能有两种。首先，当采用外部设计人员进行价值工程研究时，原设计人员就是其中一种，这些人对每个提案的技术性问题很感兴趣。第二种是管理的决策者或者是其他有兴趣的或相关利益的各方代表，如物业使用、维护方面的人员等，但他们对技术性问题可能不像设计人员那么有兴趣。但最主要的是，所有的决策者都来了，他们只有完全理解了价值工程提案才能做出正式决策。

六、研究后阶段

价值工程研究过程的结束并不意味着价值工程活动的终止。研究结束后还有一些必要的工作要做，以使价值工程研究活动的效益真正得到实现。这其中最主要的工作就是确保那些可行的、优点突出的提案能够真正实施。价值工程研究的最终成效依赖于提案的顺利实施。不管价值工程研究提出了多少提案，也不管这些提案有多么好，如果实施提案的数量不多或没有实施，就意味着价值工程研究的失败。所以在研究后阶段，工作的核心是采取适当的措施确保最好的价值工程提案能够实施，而不被抛弃。另外，研究后阶段也是一个很好的积累和总结经验的过程，将更有利于今后的价值工程研究活动。研究后阶段主要有三项工作，即报告的编写和审核、提案实施、后续工作。

（1）报告的编写和审核。由于在价值工程研究阶段没有足够的时间编写价值工程研究报告，因此，在价值工程研究结束后，首先要编写一份正式的书面报告。报告也分两种，首先是初步报告，这是在提案实施前编写，帮助决策者确定实施哪些提案；在提案实施之后还应再编写一份最终报告。二者的区别是后者包括对提案的处理情况（是否实施），以及对价值工程研究经验教训的总结等。显然，不同的价值工程研究对象，其价值工程报告的内容和范围也有很大不同。业主的需求和要求不同，以及开展价值工程研究的时间不同，价值工程报告的内容也不同。可根据报告的详细程度分为简化报告、标准报告和详细报告三种。概要报告可以包括以下内容：

1）各提案的提要。这可能是价值工程研究报告中最重要的部分，也是阅读人数最多和最先阅读的部分，还可能是某些人所愿看的唯一内容。要对各提案进行浓缩，形成提要和总结，根据不同的专业，按一定的顺序介绍清楚。

2）各提案和设计建议。报告应该包括价值工程研究形成的每一个提案，提案的内容和格式如前述。

3）价值工程研究成员名单。参与价值工程研究的成员名单也很重要，可以说明研究小组的实力和权威性。通常将各成员的联络方式也提供到报告中，以便阅读报告的人有问题时联络。

4）项目描述。通常要将项目的目标、约束条件、设计的阶段等描述清楚。有的人对项目情况不太了解，查阅起来就比较方便。另外，若干年后，这些报告也可以作为资料供其他人借鉴。

5）价值工程研究所依据的图纸清单。该部分内容可以反映价值工程研究时的设计深度。除了一般的图纸目录以外，最好能包括业主提供的补充资料清单，如公用配套设施的费用等。

6）费用估算的复印件。这是价值工程研究过程中费用估算的依据，除此以外，尚应说明价值工程提案的费用估算依据或参考资料目录。

7）价值工程研究小组的有关建议及功能分析表。既然功能分析是价值工程研究的关键，功能分析的结果也应该包括在报告中。应当注意的是，要将功能分析与项目的目标和价值工程研究的成果联系起来，避免引起混乱。

8）价值工程研究的创造性设想及其排序。典型的创造性设想及其排序表已在前面介绍过，在价值工程报告中加上这部分内容，可以与最终提案形成对比，表明哪些想法和建议被发展成了提案，而没有被选中的设想和建议可能也是很有价值的，但是由于时间所限，没有进一步发展，若需要，今后还可以进一步对其发展细化。

9）价值工程研究方法。对所采用的价值工程研究方法进行描述，从价值工程研究准备阶段到研究活动完成的每一步骤，以及对研究后阶段的全部工作进行概述。也可以包括价值工程研究的日程安排情况，这对说明价值工程研究不同于一般的费用控制是很有效的。

（2）提案实施。价值工程研究产生了多个优秀方案并不意味着这些方案就一定能实施，需要认真考虑和策划如何提高提案的实施比例。价值工程研究也需要很好的收尾工作，要对收尾工作进行策划，这成为价值工程研究后阶段工作的重要组成部分。这个工作最好由价值工程研究小组中的业主方代表来完成，要对实施提案的阻力进行分析，并提出对策。

（3）后续工作。首先，应该跟踪那些未确定的开放的提案，使之有确定的结果。其次，认真总结整个价值工程研究工作的经验，形成总结报告，供下次价值工程研究参考。下一阶段进行价值工程研究时，通过阅读本次价值工程总结报告，可以得到许多启发和帮助；同时也有助于建立一个完整的数据库，集中所有的研究结果。在项目的使用阶段，也可以根据项目的运行和使用情况编写一份评价报告，总结价值工程研究的效益和影响，同样也会对今后其他项目的价值工程研究提供帮助。

第四节　价值工程在建设项目中应用的特点

一、价值工程的核心思想

作为一门独立的学科，价值工程具有一系列区别于其他管理技术的特点和核心思想，认识这些内容，有助于我们在实践中得心应手地运用价值工程，充分发挥价值工程的优势。

（1）以提高价值为目标。提高研究对象的价值是价值工程活动追求的目标。从实质上说，提高价值就是以最小的资源消耗获取最大的经济效果，提高研究对象的经济效益，进而提高整个社会的经济效益。价值工程不同于质量管理，也不同于成本控制。通过功能和成本的综合研究，能够有效地提高产品质量，降低产品成本，实现提高价值的目标。

（2）以功能分析为核心。价值工程的核心是功能分析。用户对产品的实质要求是产品的功能。因而围绕着产品的功能进行分析，就能摆脱原产品、原设计、原施工方法和习惯等的束缚，获得最合理的设计和施工方法。功能分析是贯穿价值工程的核心内容。

（3）以集体智慧为依托。价值工程涉及面广，研究过程复杂。一般而言，需要技术人员、经济管理人员、有经验的工作人员共同研究，发挥集体智慧。由于企业通常采用垂直领导体制，部门间缺乏横向联系，为充分发挥各方面人员的聪明才智，必须以适当组织形式进行价值工程活动。

（4）以创造精神为支柱。价值工程强调"突破、创新、求精"，充分发挥人们的主观能动作用，发挥创造精神。首先对原设计方案进行功能分析，突破原设计方案定下的框框。然后在功能分析的基础上，发挥创造精神，围绕用户要求的功能，创造更新更好的方案。创造精神是价值工程的支柱。

（5）以系统观点为指针。从方法论上讲，价值工程活动十分强调用系统的思想和系统的分析方法提高价值。这里有两层含义：①把价值工程的研究对象本身当作一个系统来研究；②对开展价值工程活动的全过程用系统工程的思想、原理和方法进行分析研究。迈尔斯说："价值分析是一个从识别和处理产品、工艺或服务中产生无贡献成本（或努力）因素的完整系统"。由于把价值工程的研究对象和价值工程活动看成是一个系统工程，而它又涉及企业设计、生产、经营、管理等各个方面，因此，在价值工程活动的各个步骤中，需运用多种学科的理论知识和经验，用系统的思想和系统分析方法来研究分析。价值工程研究的对象是一个复杂的功能系统，对于如何实现总体功能，需要仔细有效地用系统分析方法分析各分功能之间的逻辑联系，绘出功能系统图，剔除不必要功能和过剩功能，填补不足功能，从而提高研究对象的价值。

（6）价值工程活动的领域侧重于新产品的开发设计阶段。通常，价值工程研究对象（产品）成本的70%～80%决定于开发设计阶段，在新产品开发设计阶段开展价值工程活动，就能在新产品投产前确定其合理结构、工艺、材料、外协、生产组织、经营管理等，使研究对象的功能和成本优化，从而提高价值。若只在新产品投产后进行价值分析，大幅度降低成本是比较困难的。在施工阶段才采取措施降低产品成本的程度是有限的，只有从设计上改进才能突破这个极限。应当说明，价值工程活动侧重于开发设计阶段，并非忽略其他阶段提高价值的活动。在改进设计、工艺、材料采购与代用等方面综合运用价值工程，效果会更显著。

二、我国建筑业存在的问题

1984年我国经济体制改革以建筑业为突破口进行全行业改革。近年来，建筑业又推行了多次改革，并取得了巨大成绩。过去的效率低下、质量差、投资浪费等现象已得到极大的改善。新技术、新材料、新结构已扩大了应用范围，工程质量也大大提高；但是，也毋庸讳言，建筑业的现状与改革的目标仍有不小的差距。目前，我国建筑业仍然存在不少问题，比较突出的有以下几个方面。

（1）技术素质下降，工程质量滑坡。从大型施工企业来看，近几年来出现了一种倾向：一线工人越来越少，只好招农民工、临时工充实一线。有的实现两层分离，即管理层和劳务层分离。企业保留管理层，临时招收劳务层工人。许多企业为了盈利，偷工减料、粗制滥造，留下了大量的事故隐患，严重影响工程质量。近几年来，重大安全事故频发，工程质量滑坡，已经引起有关部门以及党和国家领导人的高度重视，迫切需要采取措施加强管理，改善工程质量，杜绝安全事故。

从设计角度看，有的业主为了降低成本，寻找私人或不具备资质的小型设计单位设计。这些单位和个人的经验和水平有限，导致设计不合理，甚至出现重大设计错误。

（2）浪费现象严重，工程造价上升。管理手段落后，施工中的各种浪费严重，使工程成本大幅度上升，这是工程造价上升的一个重要原因。由于设计而导致的浪费是工程造价上升的另一个重要原因，而且难以解决。另外，现行的设计取费机制，也缺乏对设计创新和优化的激励，这在一定程度上影响了设计者创新的积极性和主动性。

（3）技术与经济仍有脱节现象。搞技术的人不注意经济，搞经济的人不懂技术，二者不能很好地结合，特别是设计单位较注意技术的先进性、适用性、安全性，但对经济效益的注重程度仍显不够，技术经济分析开展得不够广泛和深入。

以上多方面问题，反映在建筑产品中，集中表现为建设项目的价值不高，这种情况不仅国内有，国外也有，甚至在工业发达国家也很普遍。

三、建设项目中应用价值工程的特点

如前所述，建筑产品与一般工业产品有许多不同之处，因而在建设项目中应用价值工程有其显著的特点。

（1）建筑产品的多样性特点决定了建设项目应用价值工程具有普遍性的特点。建设项目的多样性体现在许多方面，如建筑形式、内外装饰、色彩等。同一个建设项目中，可以对其功能、建筑形式、结构、设备等不同的问题和方面开展价值工程活动。在不同的建设项目中，也可以对同样的问题进行价值工程研究。所以每一个建设项目都非常有必要进行研究和分析。

在建设项目中开展价值工程研究的普遍性特点，决定了价值工程研究活动市场的广阔性和任务的艰巨性，所以要进行普及宣传和推广活动。

（2）建筑生产的单件性特点决定了建设项目应用价值工程具有一次性的特点。建筑产品的多样性决定了建筑生产的单件性，即建筑产品大多是单件生产。在制造工业应用价值工程，其影响体现在以后的多次重复生产上，效益反映在几千件乃至几百万件产品上；在建筑业应用价值工程一般只局限于单件产品上，具有一次性的特点。尽管如此，相同类型建筑产品，相同专业的问题，其应用价值工程的特点仍具有共性和规律性。建设项目应用价值工程的一次性特点，决定了建设项目开展价值工程研究的普遍性。

（3）建筑产品的投资巨大、价值高昂的特点，决定了建设项目的价值工程活动具有高效性，节约的潜力大，开展价值工程活动的效益高。一般而言，建筑产品的投资都很大，价值昂贵。虽然建设项目中应用价值工程所得到的收益仅局限于某一单件产品上，但由于建筑产品的造价通常远远高于一般工业产品的成本，即使将造价降低很小的百分比，其节约的绝对数量也是很大的。所以在建设项目中应用价值工程具有效益高的特点。

（4）建筑产品具有的使用寿命长的特点，决定了建设项目中开展价值工程应注重测算

全寿命周期费用。建设项目的全寿命周期费用包括建设成本和使用阶段的使用成本，由于建设项目的使用寿命长（通常在 50 年以上），每年用于建设项目的设施维护、清洁、设备维修、零件更换及管理人员工资等成本开支也很高，因而在整个寿命期内，其使用成本的总和也很高。因此，在建设期就考虑降低使用成本，通过开展价值工程活动降低全寿命周期成本是非常重要的。

（5）建筑产品具有的建设周期长以及劳动密集型的特点，决定了建设项目价值工程研究不仅要注重提高产品的质量和功能，降低成本，而且要注重缩短建设周期，降低劳动生产强度，提高劳动生产率，注重提高建设项目的可施工性。

（6）建筑产品所具有的结构复杂、用途多样的特点，决定了建设项目中应用价值工程具有系统性的特点，要进行全局协调，统筹兼顾。

（7）在建设项目中开展价值工程活动，不仅可以提高项目的质量，降低工程造价，还可以加快建设速度，提高建设水平和综合经济效益。

四、建设项目中开展价值工程的经济效果

美国最早在建设项目中开展价值工程活动的专家是戴尔·伊索拉（Dell Isola），他曾对开展价值工程活动的 500 个建设项目进行过统计分析，结果表明，其建设成本降低了 5％～35％，而运行费用的降低额度，则随开展价值工程活动的投入和重点的不同而有不同的结果。有的项目，因为建设成本预算超过了投资计划，所以通过开展价值工程活动，注重对建设成本的控制；而有的项目，因为业主只负责建设，不负责经营，所以不必要关心运行成本，因而在价值工程活动中对降低运行成本的要求不太强烈，暂时不考虑或者放松了对运行成本的考虑。价值工程活动降低运行成本的幅度是与业主的重视程度和价值工程活动的投入有关的。统计情况表明，价值工程活动可降低运行成本的 5％～20％。国外开展价值工程活动的经验表明，即使按照保守估计，开展价值工程活动也可以降低建设成本的 5％～10％，每年的运行成本也可以降低 5％～10％，而开展价值工程活动的投入成本则很小，仅为总造价的 0.1％～0.3％。

由于建设项目总投资一般都比较大，开展价值工程活动所产生的经济效益也是十分巨大的，少则几十万元，多则几百万元，甚至上千万元。所以在建设项目中推广价值工程活动的前景十分广阔。

五、价值工程综合分析及方案详细评价的主要内容

价值工程综合分析及方案的详细评价是对在概略评价中选定或保留的方案设想，经过进一步的具体化和试验研究，所进行的更为细致的评价。其目的是通过全面、翔实和准确可靠的评价分析，为最佳方案的确定提供科学而客观的依据。因而无论是从内容上还是从方法上都要比概略评价更为深入、详细和复杂。相对而言，详细评价更强调评价内容及方法的定量性和系统性。总的来讲，详细评价也包括技术、经济、社会和综合四个方面的评价。以下分别加以详细阐述。

（一）技术评价

技术评价的内容主要是将各方案设想在技术上进行对比。具体说来，就是从各方案所提供的技术性能指标、制造和使用要求、能源消耗及"三废"处理等各方面与原项目所要求的功能强度加以对比，评价各方案在满足功能要求条件下哪一个与原项目的提法更为吻合。通常从以下几个方面加以评价：必要功能的实现程度（如系统的性能、质量、寿命等）、可靠性、可操作性、可维修性、安全性、系统的整体协调性、与环境条件的协调性。在进行具体的技术评价时，应当力求技术指标的定量化，常用的方法有（综合）评分法和技术价值法。

（1）（综合）评分法。评分法是对方案进行技术评价时最常用的方法，在其他许多领域中都有着广泛应用。它虽然具有一定的主观随意性，但它毕竟是人们在深厚的专业知识和丰富的实践基础上给出的，并且最后的结果又是利用专家集体智慧所产生的，因而这种评价方法具有比较好的科学性，尤其是对某些不易直接度量或无其他方法加以定量分析的情形，更不失为一种有效方法。

（2）技术价值评定法。为了克服综合评分法中单纯用最终得分来表示方案的技术可行性效果，从而使评价结果不很直观，同时在不同的评价项目中评价结果不具可比性等缺点。根据价值工程的基本原理，引入"技术价值"这一概念，从而形成方案技术评价的另一方法——技术价值评定法。

一个方案设想的技术价值是指以一个实现项目技术要求的理想方案为基准时，所评价的诸方案与理想方案相比所具有的技术可行性。因理想方案的技术价值为1，所以每一个待评价方案的技术价值都可以用一个无因次的小于1而又大于或等于0的比例系数来表示。其数值大小表示该方案在技术方面接近理想方案的程度，数值越大，说明该方案在技术方面越接近于理想方案的程度。一般定义一个方案设想的技术价值为该方案的最终得分与理想方案所对应的总得分之比，即

$$X_i = \frac{F_i}{F_{max}} \quad (i=1,2,\cdots,n) \qquad (10-3)$$

式中：X_i 为第 i 个方案的技术价值；F_i 为第 i 个方案的技术所得总分；F_{max} 为理想方案的技术评价总分，即各评价指标上的最高得分之和；n 为待评价方案设想的个数。

方案的技术价值评定法是在利用综合评分法给出各方案总得分基础上利用式（10-3）进行评价的。

（二）经济评价

所谓经济评价，就是在充分考虑企业内部和外部相关经济因素和现实条件的基础上，客观评定各方案设想的经济效益高低，并与该项目原有方案相对比，以检验方案是否达到预定的目标成本，以及是否达到成本降低幅度的要求，为最佳方案的确定提供经济方面的依据。

经济评价是方案评价中最重要的一环。由于在现有的科学技术条件下，实现某一功能的手段往往很多，而价值工程的核心思想就是"要以最低的费用向用户提供所需要的功能"，因此，方案设想的经济性好坏是决定方案最终取舍的关键因素。相应地，方案评价中的经济评价必须详细认真地进行。

1. 经济评价的内容

经济评价的内容基本上包括以下一系列的经济指标：

（1）成本。成本是方案经济评价必须考虑的最重要的指标之一。方案设想的成本目标，应以制造成本与使用成本（即前面所提到的寿命周期成本）最低为最优方案。关于成本的概念，如产品成本、项目费用（生产费用、经营费用）、变动成本、固定成本、沉没

成本、机会成本、边际成本、相关成本等，以及成本估算方法（重量外推法、体积外推法、统计估算法、指数法、类比估算法、费用构成法等），可以参阅相应的技术经济学书籍，这里不再赘述。

（2）投资回收期。对于规模较大的方案设想，投资指标的核算是计算效益损耗比的重要依据。而投资回收期的长短则是决定方案设想是否宜于采用的决定性经济指标。

（3）经营收入。经营收入是衡量技术方案总产出的主要指标之一，在经济评价中主要用于推求方案的净收益。

（4）盈利。盈利包括项目方案的税金和利润，是综合反映技术方案对项目运营效益和耗费两方面产生各种影响的重要指标。

（5）方案实施费用。实施费用是为保证方案设想的实施所必需的费用，包括由于所有设备和工具因停止使用或另行处理而发生的损失费用，以及实施改进方案所带来的人力、物力和财力等各方面的节约费用。

（6）方案实施的经济条件。经济条件包括市场需求，现有或可提供的设备及其生产能力，用工及其技术力量，资金、能源和材料的供应、生产协作以及运输条件等。尽管这些条件往往不像以上诸指标一样可以或比较容易地采取定量表示形式，但它们都是保证项目方案设想在实施过程中能够达到预期目的的必要条件，必须在经济评价中实事求是地加以客观估计。

2. 经济评价的方法

经济评价是在方案设想实施前对其所进行的预测性评断，属于事先评价范畴。为保证评价的科学性，应根据评价要求、现实条件和方案的具体特点等进行全面系统的综合分析，并选择合理的评价方法。应当指出的是，对方案设想的评价可以只采用一种方法，也可以同时使用几种方法。常用的方法主要有以下几种：

（1）经济价值评价法。类似于技术评价中的技术价值评定法，可以采用一个相似的比例数值来反映方案的经济价值。所谓经济价值，即在经济上主要指建造成本方面达到理想方案的程度。

经济价值评价的公式（以建造费用近似代替项目的整体费用）可表示为

$$Y = \frac{H_{理}}{H} \qquad (10-4)$$

式中：Y 为待评方案的经济价值（系数）；$H_{理}$ 为理想方案的建造费用；H 为方案设想的实际建造费用。

由式（10-4）可以看出，Y 值越接近于 1 越好，它表示所评估的方案与理想方案越接近。一般而言，$Y=0.7$ 就是比较好的方案。如果 $Y<0.7$，则表示方案的经济评价较差，通常需由较高的技术价值 X 来补偿。在实际应用经济价值法进行方案评价时，一般无法精确地计算项目的实际建造费用，只能根据方案设想的蓝图，通过正确核算项目方案所用材料费用，再利用各种有效的成本估算方法进行估算。

（2）差量分析评价法。差量分析评价法是在充分了解不同方案的收益及成本之间差别的基础上，通过对比，从中选择最优方案的评价方法。它包括总额对比法和差额对比法两类方法。所谓总额对比法，就是指对各方案的效益及损耗费用的所有组成指标进行总算并加以对比；而差额对比法只对各方案的效益及损耗费用的所有组成指标中的不同内容进行计算，并加以对比。总额对比法与差额对比法的具体应用不外乎就是一般的成本及收益核算方法，公式很多，这里就不再详述。

（3）变动成本法。一般而言，承包商实行的成本核算都是采用完全成本法，即将其固定成本和变动成本汇总后计入总成本。但由于随着产出量的变化，两类成本费用对总成本及单位成本的影响不同，固定费用不随产量变化而变化，但却随着产量不同，单位成本所分摊的固定费用有所不同；而变动费用虽对单位成本而言不随产量变化而变化，但就总成本而言却随产量的增加而呈阶梯性波动增加，因此，如果在单位成本的变动中同时包含了产量变化和方案改进这两种因素，那么，采用完全成本法计算，就无法正确区分每种因素对单位成本变动的影响程度。比如在改进方案实施的同时，如果产量也有所增加却没有剔除由此产生的影响，则根据成本进行方案评价，就势必要夸大方案改进的效果；反之，若在改进方案实施的同时产量有所下降，则又可能低估该方案的效果。因此，为剔除产量变动对单位成本所产生的影响，以便如实地评价由于方案改善而带来的成本降低的效果，也常常采用变动成本法，即把成本中固定费用与变动费用区分开来，将两种费用分别计入成本。

（4）资金现值评价法。考虑到 VE 项目从筹建到实施和运营往往时间跨度很大，资金占用对经济效果影响很大，因此，在这类方案的经济评价中必须充分考虑到资金的时间价值，即采用资金现值评价方法。

（三）社会评价

方案的社会评价主要是分析评价方案的社会效果，谋求企业利益、用户利益及社会利益的一致，谋求从企业角度对方案的评价与从社会角度对方案的评价一致。社会评价的内容视方案的具体情况而定，例如方案的功能条件与国家的技术政策和科技发展规划是否一致；从企业角度计算的人、财、物的节约与社会范围内从总体利益出发要求的节约是否一致；方案的实施与社会的环境污染及国家法律、条例、规定的要求是否一致等。

（四）综合评价

所谓综合评价是指在对方案进行了技术评价、经济评价和社会评价的基础上，再对方案做总的评价。对方案进行综合评价时，应首先确定评价项目，然后分析每个方案对某一评价项目的满足程度，最后再综合分析、判断方案的总体价值的大小，以总体价值大的方案为优。对方案进行综合评价的方法很多，下面简要介绍几种。

（1）优缺点列举法。优缺点列举法是从技术、经济、社会三个方面，详细列举各方案的优缺点，然后综合各方案的优缺点，从整体上评价各方案的优劣。优缺点列举法属于定性分析评价方法。这种方法便于全面考虑问题，简便易行，但分析评价比较粗糙，缺乏定量依据。

（2）综合评分法。综合评分法在方案技术评价时已经做过介绍，只不过在综合评价时，评价项目除反映技术方面的优劣外，还要反映经济和社会效果。

（3）S 值评价法。前面已经讲过，对方案进行技术评价，可以用技术价值 X 来表示其在技术方面接近理想方案的程度；对方案进行经济评价，可以用经济价值 Y 来表示其在经济方面接近理想方案的程度。同样，可以用综合价值 S 将方案的技术价值和经济价值综合起来进行评价。

$$S = \sqrt[1/3]{XYZ} \qquad (10-5)$$

式中：X 为方案的技术价值；Y 为方案的经济价值；Z 为方案的社会价值；S 为综合价值。

很明显，理想方案的 S 值 $S_{理}=1$，所以方案的 S 值越接近于 1，说明方案越优。S 可以理解为方案在技术、经济两方面接近理想方案的程度。根据对 X、Y 的规定，$S>0.1$ 时为好的方案。

习 题 与 讨 论

1. 价值工程的含义是什么？
2. 价值工程对象有哪些选择的原则？
3. 哪些方法可以对功能价值进行评价？
4. 功能分析如何成为价值工程活动中的重要环节？
5. 哪些内容属于方案创新的范畴？
6. 简述价值工程在建筑项目中的主要作用。
7. 理想工程费用比是指什么？
8. 价值工程的关键环节有哪些？
9. 提高产品价值有哪些途径？
10. 价值工程的三个基本要素是什么？
11. 某市高新开发区有两幢科研楼和一幢综合楼，其设计方案对比项目如下。

A 方案：结构方案为大柱网框架轻墙体系，采用预应力大跨度叠合楼板，墙体材料采用多孔砖及移动可拆装式分室隔墙，窗户采用中空玻璃塑钢窗，面积利用系数为 93%，单方造价为 1438 元/m²。

B 方案：结构方案同 A 方案，墙体采用内浇外砌，窗户采用单玻璃塑钢窗，面积利用系数为 87%，单方造价为 1108 元/m²。

C 方案：结构方案砖混结构体系，采用多孔预应力板，墙体材料采用标准黏土砖，窗户采用双玻璃塑钢窗，面积利用系数为 97%，单方造价为 1082 元/m²。

方案各功能的权重及各方案的功能得分见表 10-3。

表 10-3　　　　　方案各功能的权重及各方案的功能得分表

功能项目	功能权重	各方案功能得分		
		A	B	C
结构体系	0.25	10	10	8
楼板类型	0.05	10	10	9
墙体材料	0.25	8	9	7
面积系数	0.35	9	8	7
窗户类型	0.10	9	7	8

试应用价值工程方法选择最优设计方案。

附表一 复利系数表

复利系数表 （$i=1\%$）

n	一次支付		等额序列				等差序列		n
	$(F/P,i,n)$	$(P/F,i,n)$	$(F/A,i,n)$	$(A/F,i,n)$	$(P/A,i,n)$	$(A/P,i,n)$	$(P/G,i,n)$	$(A/G,i,n)$	
1	1.01000	0.99010	1.00000	1.00000	0.99010	1.01000	0.00000	0.00000	1
2	1.02010	0.98030	2.01000	0.49751	1.97040	0.50751	0.98030	0.49751	2
3	1.03030	0.97059	3.03010	0.33002	2.94099	0.34002	2.92148	0.99337	3
4	1.04060	0.96098	4.06040	0.24628	3.90197	0.25628	5.80442	1.48756	4
5	1.05101	0.95147	5.10101	0.19604	4.85343	0.20604	9.61028	1.98010	5
6	1.06152	0.94205	6.15202	0.16255	5.79548	0.17255	14.32051	2.47098	6
7	1.07214	0.93272	7.21354	0.13863	6.72819	0.14863	19.91681	2.96020	7
8	1.08286	0.92348	8.28567	0.12069	7.65168	0.13069	26.38120	3.44777	8
9	1.09369	0.91434	9.36853	0.10674	8.56602	0.11674	33.69592	3.93367	9
10	1.10462	0.90529	10.46221	0.09558	9.47130	0.10558	41.84350	4.41792	10
11	1.11567	0.89632	11.56683	0.08645	10.36763	0.09645	50.80674	4.90052	11
12	1.12683	0.88745	12.68250	0.07885	11.25508	0.08885	60.56868	5.38145	12
13	1.13809	0.87866	13.80933	0.07241	12.13374	0.08241	71.11263	5.86073	13
14	1.14947	0.86996	14.94742	0.06690	13.00370	0.07690	82.42215	6.33836	14
15	1.16097	0.86135	16.09690	0.06212	13.86505	0.07212	94.48104	6.81433	15
16	1.17258	0.85282	17.25786	0.05794	14.71787	0.06794	107.27336	7.28865	16
17	1.18430	0.84438	18.43044	0.05426	15.56225	0.06426	120.78340	7.76131	17
18	1.19615	0.83602	19.61475	0.05098	16.39827	0.06098	134.99569	8.23231	18
19	1.20811	0.82774	20.81090	0.04805	17.22601	0.05805	149.89501	8.70167	19
20	1.22019	0.81954	22.01900	0.04542	18.04555	0.05542	165.46636	9.16937	20
21	1.23239	0.81143	23.23919	0.04303	18.85698	0.05303	181.69496	9.63542	21
22	1.24472	0.80340	24.47159	0.04086	19.66038	0.05086	198.56628	10.09982	22
23	1.25716	0.79544	25.71630	0.03889	20.45582	0.04889	216.06600	10.56257	23
24	1.26973	0.78757	26.97346	0.03707	21.24339	0.04707	234.18002	11.02367	24
25	1.28243	0.77977	28.24320	0.03541	22.02316	0.04541	252.89446	11.48312	25
26	1.29526	0.77205	29.52563	0.03387	22.79520	0.04387	272.19566	11.94092	26
27	1.30821	0.76440	30.82089	0.03245	23.55961	0.04245	292.07016	12.39707	27
28	1.32129	0.75684	32.12910	0.03112	24.31644	0.04112	312.50472	12.85158	28
29	1.33450	0.74934	33.45039	0.02990	25.06579	0.03990	333.48630	13.30444	29
30	1.34785	0.74192	34.78489	0.02875	25.80771	0.03875	355.00207	13.75566	30
31	1.36133	0.73458	36.13274	0.02768	26.54229	0.03768	377.03938	14.20523	31
32	1.37494	0.72730	37.49407	0.02667	27.26959	0.03667	399.58581	14.65317	32
33	1.38869	0.72010	38.86901	0.02573	27.98969	0.03573	422.62911	15.09946	33
34	1.40258	0.71297	40.25770	0.02484	28.70267	0.03484	446.15723	15.54410	34
35	1.41660	0.70591	41.66028	0.02400	29.40858	0.03400	470.15831	15.98711	35
36	1.43077	0.69892	43.07688	0.02321	30.10751	0.03321	494.62069	16.42848	36
37	1.44508	0.69200	44.50765	0.02247	30.79951	0.03247	519.53286	16.86822	37
38	1.45953	0.68515	45.95272	0.02176	31.48466	0.03176	544.88354	17.30632	38
39	1.47412	0.67837	47.41225	0.02109	32.16303	0.03109	570.66158	17.74278	39
40	1.48886	0.67165	48.88637	0.02046	32.83469	0.03046	596.85606	18.17761	40

复利系数表（$i=2\%$）

n	一次支付		等额序列				等差序列		n
	$(F/P,i,n)$	$(P/F,i,n)$	$(F/A,i,n)$	$(A/F,i,n)$	$(P/A,i,n)$	$(A/P,i,n)$	$(P/G,i,n)$	$(A/G,i,n)$	
1	1.02000	0.98039	1.00000	1.00000	0.98039	1.02000	0.00000	0.00000	1
2	1.04040	0.96117	2.02000	0.49505	1.94156	0.51505	0.96117	0.49505	2
3	1.06121	0.94232	3.06040	0.32675	2.88388	0.34675	2.84581	0.98680	3
4	1.08243	0.92385	4.12161	0.24262	3.80773	0.26262	5.61735	1.47525	4
5	1.10408	0.90573	5.20404	0.19216	4.71346	0.21216	9.24027	1.96040	5
6	1.12616	0.88797	6.30812	0.15853	5.60143	0.17853	13.68013	2.44226	6
7	1.14869	0.87056	7.43428	0.13451	6.47199	0.15451	18.90349	2.92082	7
8	1.17166	0.85349	8.58297	0.11651	7.32548	0.13651	24.87792	3.39608	8
9	1.19509	0.83676	9.75463	0.10252	8.16224	0.12252	31.57197	3.86805	9
10	1.21899	0.82035	10.94972	0.09133	8.98259	0.11133	38.95510	4.33674	10
11	1.24337	0.80426	12.16872	0.08218	9.78685	0.10218	46.99773	4.80213	11
12	1.26824	0.78849	13.41209	0.07456	10.57534	0.09456	55.67116	5.26424	12
13	1.29361	0.77303	14.68033	0.06812	11.34837	0.08812	64.94755	5.72307	13
14	1.31948	0.75788	15.97394	0.06260	12.10625	0.08260	74.79992	6.17862	14
15	1.34587	0.74301	17.29342	0.05783	12.84926	0.07783	85.20213	6.63090	15
16	1.37279	0.72845	18.63929	0.05365	13.57771	0.07365	96.12881	7.07990	16
17	1.40024	0.71416	20.01207	0.04997	14.29187	0.06997	107.55542	7.52564	17
18	1.42825	0.70016	21.41231	0.04670	14.99203	0.06670	119.45813	7.96811	18
19	1.45681	0.68643	22.84056	0.04378	15.67846	0.06378	131.81388	8.40732	19
20	1.48595	0.67297	24.29737	0.04116	16.35143	0.06116	144.60033	8.84328	20
21	1.51567	0.65978	25.78332	0.03878	17.01121	0.05878	157.79585	9.27599	21
22	1.54598	0.64684	27.29898	0.03663	17.65805	0.05663	171.37947	9.70546	22
23	1.57690	0.63416	28.84496	0.03467	18.29220	0.05467	185.33090	10.13169	23
24	1.60844	0.62172	30.42186	0.03287	18.91393	0.05287	199.63049	10.55468	24
25	1.64061	0.60953	32.03030	0.03122	19.52346	0.05122	214.25924	10.97445	25
26	1.67342	0.59758	33.67091	0.02970	20.12104	0.04970	229.19872	11.39100	26
27	1.70689	0.58586	35.34432	0.02829	20.70690	0.04829	244.43113	11.80433	27
28	1.74102	0.57437	37.05121	0.02699	21.28127	0.04699	259.93924	12.21446	28
29	1.77584	0.56311	38.79223	0.02578	21.84438	0.04578	275.70639	12.62138	29
30	1.81136	0.55207	40.56808	0.02465	22.39646	0.04465	291.71644	13.02512	30
31	1.84759	0.54125	42.37944	0.02360	22.93770	0.04360	307.95382	13.42566	31
32	1.88454	0.53063	44.22703	0.02261	23.46833	0.04261	324.40346	13.82303	32
33	1.92223	0.52023	46.11157	0.02169	23.98856	0.04169	341.05077	14.21722	33
34	1.96068	0.51003	48.03380	0.02082	24.49859	0.04082	357.88170	14.60826	34
35	1.99989	0.50003	49.99448	0.02000	24.99862	0.04000	374.88264	14.99613	35
36	2.03989	0.49022	51.99437	0.01923	25.48884	0.03923	392.04045	15.38087	36
37	2.08069	0.48061	54.03425	0.01851	25.96945	0.03851	409.34245	15.76246	37
38	2.12230	0.47119	56.11494	0.01782	26.44064	0.03782	426.77637	16.14092	38
39	2.16474	0.46195	58.23724	0.01717	26.90259	0.03717	444.33041	16.51627	39
40	2.20804	0.45289	60.40198	0.01656	27.35548	0.03656	461.99313	16.88850	40

复利系数表 ($i=3\%$)

n	一次支付		等额序列				等差序列		n
	$(F/P,i,n)$	$(P/F,i,n)$	$(F/A,i,n)$	$(A/F,i,n)$	$(P/A,i,n)$	$(A/P,i,n)$	$(P/G,i,n)$	$(A/G,i,n)$	
1	1.03000	0.97087	1.00000	1.00000	0.97087	1.03000	0.00000	0.00000	1
2	1.06090	0.94260	2.03000	0.49261	1.91347	0.52261	0.94260	0.49261	2
3	1.09273	0.91514	3.09090	0.32353	2.82861	0.35353	2.77288	0.98030	3
4	1.12551	0.88849	4.18363	0.23903	3.71710	0.26903	5.43834	1.46306	4
5	1.15927	0.86261	5.30914	0.18835	4.57971	0.21835	8.88878	1.94090	5
6	1.19405	0.83748	6.46841	0.15460	5.41719	0.18460	13.07620	2.41383	6
7	1.22987	0.81309	7.66246	0.13051	6.23028	0.16051	17.95475	2.88185	7
8	1.26677	0.78941	8.89234	0.11246	7.01969	0.14246	23.48061	3.34496	8
9	1.30477	0.76642	10.15911	0.09843	7.78611	0.12843	29.61194	3.80318	9
10	1.34392	0.74409	11.46388	0.08723	8.53020	0.11723	36.30879	4.25650	10
11	1.38423	0.72242	12.80780	0.07808	9.25262	0.10808	43.53300	4.70494	11
12	1.42576	0.70138	14.19203	0.07046	9.95400	0.10046	51.24818	5.14850	12
13	1.46853	0.68095	15.61779	0.06403	10.63496	0.09403	59.41960	5.58720	13
14	1.51259	0.66112	17.08632	0.05853	11.29607	0.08853	68.01413	6.02104	14
15	1.55797	0.64186	18.59891	0.05377	11.93794	0.08377	77.00020	6.45004	15
16	1.60471	0.62317	20.15688	0.04961	12.56110	0.07961	86.34770	6.87421	16
17	1.65285	0.60502	21.76159	0.04595	13.16612	0.07595	96.02796	7.29357	17
18	1.70243	0.58739	23.41444	0.04271	13.75351	0.07271	106.01367	7.70812	18
19	1.75351	0.57029	25.11687	0.03981	14.32380	0.06981	116.27882	8.11788	19
20	1.80611	0.55368	26.87037	0.03722	14.87747	0.06722	126.79866	8.52286	20
21	1.86029	0.53755	28.67649	0.03487	15.41502	0.06487	137.54964	8.92309	21
22	1.91610	0.52189	30.53678	0.03275	15.93692	0.06275	148.50939	9.31858	22
23	1.97359	0.50669	32.45288	0.03081	16.44361	0.06081	159.65661	9.70934	23
24	2.03279	0.49193	34.42647	0.02905	16.93554	0.05905	170.97108	10.09540	24
25	2.09378	0.47761	36.45926	0.02743	17.41315	0.05743	182.43362	10.47677	25
26	2.15659	0.46369	38.55304	0.02594	17.87684	0.05594	194.02598	10.85348	26
27	2.22129	0.45019	40.70963	0.02456	18.32703	0.05456	205.73090	11.22554	27
28	2.28793	0.43708	42.93092	0.02329	18.76411	0.05329	217.53197	11.59298	28
29	2.35657	0.42435	45.21885	0.02211	19.18845	0.05211	229.41367	11.95582	29
30	2.42726	0.41199	47.57542	0.02102	19.60044	0.05102	241.36129	12.31407	30
31	2.50008	0.39999	50.00268	0.02000	20.00043	0.05000	253.36090	12.66777	31
32	2.57508	0.38834	52.50276	0.01905	20.38877	0.04905	265.39935	13.01694	32
33	2.65234	0.37703	55.07784	0.01816	20.76579	0.04816	277.46419	13.36160	33
34	2.73191	0.36604	57.73018	0.01732	21.13184	0.04732	289.54367	13.70177	34
35	2.81386	0.35538	60.46208	0.01654	21.48722	0.04654	301.62670	14.03749	35
36	2.89828	0.34503	63.27594	0.01580	21.83225	0.04580	313.70284	14.36878	36
37	2.98523	0.33498	66.17422	0.01511	22.16724	0.04511	325.76223	14.69566	37
38	3.07478	0.32523	69.15945	0.01446	22.49246	0.04446	337.79559	15.01817	38
39	3.16703	0.31575	72.23423	0.01384	22.80822	0.04384	349.79423	15.33633	39
40	3.26204	0.30656	75.40126	0.01326	23.11477	0.04326	361.74994	15.65016	40

复利系数表 （*i*＝4%）

n	一次支付		等额序列				等差序列		*n*
	(*F/P*,*i*,*n*)	(*P/F*,*i*,*n*)	(*F/A*,*i*,*n*)	(*A/F*,*i*,*n*)	(*P/A*,*i*,*n*)	(*A/P*,*i*,*n*)	(*P/G*,*i*,*n*)	(*A/G*,*i*,*n*)	
1	1.04000	0.96154	1.00000	1.00000	0.96154	1.04000	0.00000	0.00000	1
2	1.08160	0.92456	2.04000	0.49020	1.88609	0.53020	0.92456	0.49020	2
3	1.12486	0.88900	3.12160	0.32035	2.77509	0.36035	2.70255	0.97386	3
4	1.16986	0.85480	4.24646	0.23549	3.62990	0.27549	5.26696	1.45100	4
5	1.21665	0.82193	5.41632	0.18463	4.45182	0.22463	8.55467	1.92161	5
6	1.26532	0.79031	6.63298	0.15076	5.24214	0.19076	12.50624	2.38571	6
7	1.31593	0.75992	7.89829	0.12661	6.00205	0.16661	17.06575	2.84332	7
8	1.36857	0.73069	9.21423	0.10853	6.73274	0.14853	22.18058	3.29443	8
9	1.42331	0.70259	10.58280	0.09449	7.43533	0.13449	27.80127	3.73908	9
10	1.48024	0.67556	12.00611	0.08329	8.11090	0.12329	33.88135	4.17726	10
11	1.53945	0.64958	13.48635	0.07415	8.76048	0.11415	40.37716	4.60901	11
12	1.60103	0.62460	15.02581	0.06655	9.38507	0.10655	47.24773	5.03435	12
13	1.66507	0.60057	16.62684	0.06014	9.98565	0.10014	54.45462	5.45329	13
14	1.73168	0.57748	18.29191	0.05467	10.56312	0.09467	61.96179	5.86586	14
15	1.80094	0.55526	20.02359	0.04994	11.11839	0.08994	69.73550	6.27209	15
16	1.87298	0.53391	21.82453	0.04582	11.65230	0.08582	77.74412	6.67200	16
17	1.94790	0.51337	23.69751	0.04220	12.16567	0.08220	85.95809	7.06563	17
18	2.02582	0.49363	25.64541	0.03899	12.65930	0.07899	94.34977	7.45300	18
19	2.10685	0.47464	27.67123	0.03614	13.13394	0.07614	102.89333	7.83416	19
20	2.19112	0.45639	29.77808	0.03358	13.59033	0.07358	111.56469	8.20912	20
21	2.27877	0.43883	31.96920	0.03128	14.02916	0.07128	120.34136	8.57794	21
22	2.36992	0.42196	34.24797	0.02920	14.45112	0.06920	129.20242	8.94065	22
23	2.46472	0.40573	36.61789	0.02731	14.85684	0.06731	138.12840	9.29729	23
24	2.56330	0.39012	39.08260	0.02559	15.24696	0.06559	147.10119	9.64790	24
25	2.66584	0.37512	41.64591	0.02401	15.62208	0.06401	156.10400	9.99252	25
26	2.77247	0.36069	44.31174	0.02257	15.98277	0.06257	165.12123	10.33120	26
27	2.88337	0.34682	47.08421	0.02124	16.32959	0.06124	174.13846	10.66399	27
28	2.99870	0.33348	49.96758	0.02001	16.66306	0.06001	183.14235	10.99092	28
29	3.11865	0.32065	52.96629	0.01888	16.98371	0.05888	192.12059	11.31205	29
30	3.24340	0.30832	56.08494	0.01783	17.29203	0.05783	201.06183	11.62743	30
31	3.37313	0.29646	59.32834	0.01686	17.58849	0.05686	209.95564	11.93710	31
32	3.50806	0.28506	62.70147	0.01595	17.87355	0.05595	218.79244	12.24113	32
33	3.64838	0.27409	66.20953	0.01510	18.14765	0.05510	227.56345	12.53956	33
34	3.79432	0.26355	69.85791	0.01431	18.41120	0.05431	236.26067	12.83244	34
35	3.94609	0.25342	73.65222	0.01358	18.66461	0.05358	244.87679	13.11984	35
36	4.10393	0.24367	77.59831	0.01289	18.90828	0.05289	253.40520	13.40181	36
37	4.26809	0.23430	81.70225	0.01224	19.14258	0.05224	261.83989	13.67840	37
38	4.43881	0.22529	85.97034	0.01163	19.36786	0.05163	270.17545	13.94968	38
39	4.61637	0.21662	90.40915	0.01106	19.58448	0.05106	278.40703	14.21569	39
40	4.80102	0.20829	95.02552	0.01052	19.79277	0.05052	286.53030	14.47651	40

复利系数表　($i=5\%$)

n	一次支付		等额序列				等差序列		n
	$(F/P,i,n)$	$(P/F,i,n)$	$(F/A,i,n)$	$(A/F,i,n)$	$(P/A,i,n)$	$(A/P,i,n)$	$(P/G,i,n)$	$(A/G,i,n)$	
1	1.05000	0.95238	1.00000	1.00000	0.95238	1.05000	0.00000	0.00000	1
2	1.10250	0.90703	2.05000	0.48780	1.85941	0.53780	0.90703	0.48780	2
3	1.15763	0.86384	3.15250	0.31721	2.72325	0.36721	2.63470	0.96749	3
4	1.21551	0.82270	4.31013	0.23201	3.54595	0.28201	5.10281	1.43905	4
5	1.27628	0.78353	5.52563	0.18097	4.32948	0.23097	8.23692	1.90252	5
6	1.34010	0.74622	6.80191	0.14702	5.07569	0.19702	11.96799	2.35790	6
7	1.40710	0.71068	8.14201	0.12282	5.78637	0.17282	16.23208	2.80523	7
8	1.47746	0.67684	9.54911	0.10472	6.46321	0.15472	20.96996	3.24451	8
9	1.55133	0.64461	11.02656	0.09069	7.10782	0.14069	26.12683	3.67579	9
10	1.62889	0.61391	12.57789	0.07950	7.72173	0.12950	31.65205	4.09909	10
11	1.71034	0.58468	14.20679	0.07039	8.30641	0.12039	37.49884	4.51444	11
12	1.79586	0.55684	15.91713	0.06283	8.86325	0.11283	43.62405	4.92190	12
13	1.88565	0.53032	17.71298	0.05646	9.39357	0.10646	49.98791	5.32150	13
14	1.97993	0.50507	19.59863	0.05102	9.89864	0.10102	56.55379	5.71329	14
15	2.07893	0.48102	21.57856	0.04634	10.37966	0.09634	63.28803	6.09731	15
16	2.18287	0.45811	23.65749	0.04227	10.83777	0.09227	70.15970	6.47363	16
17	2.29202	0.43630	25.84037	0.03870	11.27407	0.08870	77.14045	6.84229	17
18	2.40662	0.41552	28.13238	0.03555	11.68959	0.08555	84.20430	7.20336	18
19	2.52695	0.39573	30.53900	0.03275	12.08532	0.08275	91.32751	7.55690	19
20	2.65330	0.37689	33.06595	0.03024	12.46221	0.08024	98.48841	7.90297	20
21	2.78596	0.35894	35.71925	0.02800	12.82115	0.07800	105.66726	8.24164	21
22	2.92526	0.34185	38.50521	0.02597	13.16300	0.07597	112.84611	8.57298	22
23	3.07152	0.32557	41.43048	0.02414	13.48857	0.07414	120.00868	8.89706	23
24	3.22510	0.31007	44.50200	0.02247	13.79864	0.07247	127.14024	9.21397	24
25	3.38635	0.29530	47.72710	0.02095	14.09394	0.07095	134.22751	9.52377	25
26	3.55567	0.28124	51.11345	0.01956	14.37519	0.06956	141.25852	9.82655	26
27	3.73346	0.26785	54.66913	0.01829	14.64303	0.06829	148.22258	10.12240	27
28	3.92013	0.25509	58.40258	0.01712	14.89813	0.06712	155.11011	10.41138	28
29	4.11614	0.24295	62.32271	0.01605	15.14107	0.06605	161.91261	10.69360	29
30	4.32194	0.23138	66.43885	0.01505	15.37245	0.06505	168.62255	10.96914	30
31	4.53804	0.22036	70.76079	0.01413	15.59281	0.06413	175.23334	11.23809	31
32	4.76494	0.20987	75.29883	0.01328	15.80268	0.06328	181.73919	11.50053	32
33	5.00319	0.19987	80.06377	0.01249	16.00255	0.06249	188.13511	11.75657	33
34	5.25335	0.19035	85.06696	0.01176	16.19290	0.06176	194.41682	12.00630	34
35	5.51602	0.18129	90.32031	0.01107	16.37419	0.06107	200.58069	12.24980	35
36	5.79182	0.17266	95.83632	0.01043	16.54685	0.06043	206.62370	12.48719	36
37	6.08141	0.16444	101.62814	0.00984	16.71129	0.05984	212.54338	12.71855	37
38	6.38548	0.15661	107.70955	0.00928	16.86789	0.05928	218.33778	12.94399	38
39	6.70475	0.14915	114.09502	0.00876	17.01704	0.05876	224.00540	13.16359	39
40	7.03999	0.14205	120.79977	0.00828	17.15909	0.05828	229.54518	13.37747	40

复利系数表（$i=6\%$）

n	一次支付		等额序列				等差序列		n
	$(F/P,i,n)$	$(P/F,i,n)$	$(F/A,i,n)$	$(A/F,i,n)$	$(P/A,i,n)$	$(A/P,i,n)$	$(P/G,i,n)$	$(A/G,i,n)$	
1	1.06000	0.94340	1.00000	1.00000	0.94340	1.06000	0.00000	0.00000	1
2	1.12360	0.89000	2.06000	0.48544	1.83339	0.54544	0.89000	0.48544	2
3	1.19102	0.83962	3.18360	0.31411	2.67301	0.37411	2.56924	0.96118	3
4	1.26248	0.79209	4.37462	0.22859	3.46511	0.28859	4.94552	1.42723	4
5	1.33823	0.74726	5.63709	0.17740	4.21236	0.23740	7.93455	1.88363	5
6	1.41852	0.70496	6.97532	0.14336	4.91732	0.20336	11.45935	2.33040	6
7	1.50363	0.66506	8.39384	0.11914	5.58238	0.17914	15.44969	2.76758	7
8	1.59385	0.62741	9.89747	0.10104	6.20979	0.16104	19.84158	3.19521	8
9	1.68948	0.59190	11.49132	0.08702	6.80169	0.14702	24.57677	3.61333	9
10	1.79085	0.55839	13.18079	0.07587	7.36009	0.13587	29.60232	4.02201	10
11	1.89830	0.52679	14.97164	0.06679	7.88687	0.12679	34.87020	4.42129	11
12	2.01220	0.49697	16.86994	0.05928	8.38384	0.11928	40.33686	4.81126	12
13	2.13293	0.46884	18.88214	0.05296	8.85268	0.11296	45.96293	5.19198	13
14	2.26090	0.44230	21.01507	0.04758	9.29498	0.10758	51.71284	5.56352	14
15	2.39656	0.41727	23.27597	0.04296	9.71225	0.10296	57.55455	5.92598	15
16	2.54035	0.39365	25.67253	0.03895	10.10590	0.09895	63.45925	6.27943	16
17	2.69277	0.37136	28.21288	0.03544	10.47726	0.09544	69.40108	6.62397	17
18	2.85434	0.35034	30.90565	0.03236	10.82760	0.09236	75.35692	6.95970	18
19	3.02560	0.33051	33.75999	0.02962	11.15812	0.08962	81.30615	7.28673	19
20	3.20714	0.31180	36.78559	0.02718	11.46992	0.08718	87.23044	7.60515	20
21	3.39956	0.29416	39.99273	0.02500	11.76408	0.08500	93.11355	7.91508	21
22	3.60354	0.27751	43.39229	0.02305	12.04158	0.08305	98.94116	8.21662	22
23	3.81975	0.26180	46.99583	0.02128	12.30338	0.08128	104.70070	8.50991	23
24	4.04893	0.24698	50.81558	0.01968	12.55036	0.07968	110.38121	8.79506	24
25	4.29187	0.23300	54.86451	0.01823	12.78336	0.07823	115.97317	9.07220	25
26	4.54938	0.21981	59.15638	0.01690	13.00317	0.07690	121.46842	9.34145	26
27	4.82235	0.20737	63.70577	0.01570	13.21053	0.07570	126.85999	9.60294	27
28	5.11169	0.19563	68.52811	0.01459	13.40616	0.07459	132.14200	9.85681	28
29	5.41839	0.18456	73.63980	0.01358	13.59072	0.07358	137.30959	10.10319	29
30	5.74349	0.17411	79.05819	0.01265	13.76483	0.07265	142.35879	10.34221	30
31	6.08810	0.16425	84.80168	0.01179	13.92909	0.07179	147.28643	10.57402	31
32	6.45339	0.15496	90.88978	0.01100	14.08404	0.07100	152.09011	10.79875	32
33	6.84059	0.14619	97.34316	0.01027	14.23023	0.07027	156.76807	11.01655	33
34	7.25103	0.13791	104.18375	0.00960	14.36814	0.06960	161.31915	11.22756	34
35	7.68609	0.13011	111.43478	0.00897	14.49825	0.06897	165.74273	11.43192	35
36	8.14725	0.12274	119.12087	0.00839	14.62099	0.06839	170.03866	11.62977	36
37	8.63609	0.11579	127.26812	0.00786	14.73678	0.06786	174.20721	11.82125	37
38	9.15425	0.10924	135.90421	0.00736	14.84602	0.06736	178.24905	12.00652	38
39	9.70351	0.10306	145.05846	0.00689	14.94907	0.06689	182.16516	12.18571	39
40	10.28572	0.09722	154.76197	0.00646	15.04630	0.06646	185.95682	12.35898	40

复利系数表 （i＝7%）

n	一次支付		等额序列				等差序列		n
	$(F/P,i,n)$	$(P/F,i,n)$	$(F/A,i,n)$	$(A/F,i,n)$	$(P/A,i,n)$	$(A/P,i,n)$	$(P/G,i,n)$	$(A/G,i,n)$	
1	1.07000	0.93458	1.00000	1.00000	0.93458	1.07000	0.00000	0.00000	1
2	1.14490	0.87344	2.07000	0.48309	1.80802	0.55309	0.87344	0.48309	2
3	1.22504	0.81630	3.21490	0.31105	2.62432	0.38105	2.50603	0.95493	3
4	1.31080	0.76290	4.43994	0.22523	3.38721	0.29523	4.79472	1.41554	4
5	1.40255	0.71299	5.75074	0.17389	4.10020	0.24389	7.64666	1.86495	5
6	1.50073	0.66634	7.15329	0.13980	4.76654	0.20980	10.97838	2.30322	6
7	1.60578	0.62275	8.65402	0.11555	5.38929	0.18555	14.71487	2.73039	7
8	1.71819	0.58201	10.25980	0.09747	5.97130	0.16747	18.78894	3.14654	8
9	1.83846	0.54393	11.97799	0.08349	6.51523	0.15349	23.14041	3.55174	9
10	1.96715	0.50835	13.81645	0.07238	7.02358	0.14238	27.71555	3.94607	10
11	2.10485	0.47509	15.78360	0.06336	7.49867	0.13336	32.46648	4.32963	11
12	2.25219	0.44401	17.88845	0.05590	7.94269	0.12590	37.35061	4.70252	12
13	2.40985	0.41496	20.14064	0.04965	8.35765	0.11965	42.33018	5.06484	13
14	2.57853	0.38782	22.55049	0.04434	8.74547	0.11434	47.37181	5.41673	14
15	2.75903	0.36245	25.12902	0.03979	9.10791	0.10979	52.44605	5.75829	15
16	2.95216	0.33873	27.88805	0.03586	9.44665	0.10586	57.52707	6.08968	16
17	3.15882	0.31657	30.84022	0.03243	9.76322	0.10243	62.59226	6.41102	17
18	3.37993	0.29586	33.99903	0.02941	10.05909	0.09941	67.62195	6.72247	18
19	3.61653	0.27651	37.37896	0.02675	10.33560	0.09675	72.59910	7.02418	19
20	3.86968	0.25842	40.99549	0.02439	10.59401	0.09439	77.50906	7.31631	20
21	4.14056	0.24151	44.86518	0.02229	10.83553	0.09229	82.33932	7.59901	21
22	4.43040	0.22571	49.00574	0.02041	11.06124	0.09041	87.07930	7.87247	22
23	4.74053	0.21095	53.43614	0.01871	11.27219	0.08871	91.72013	8.13685	23
24	5.07237	0.19715	58.17667	0.01719	11.46933	0.08719	96.25450	8.39234	24
25	5.42743	0.18425	63.24904	0.01581	11.65358	0.08581	100.67648	8.63910	25
26	5.80735	0.17220	68.67647	0.01456	11.82578	0.08456	104.98137	8.87733	26
27	6.21387	0.16093	74.48382	0.01343	11.98671	0.08343	109.16556	9.10722	27
28	6.64884	0.15040	80.69769	0.01239	12.13711	0.08239	113.22642	9.32894	28
29	7.11426	0.14056	87.34653	0.01145	12.27767	0.08145	117.16218	9.54270	29
30	7.61226	0.13137	94.46079	0.01059	12.40904	0.08059	120.97182	9.74868	30
31	8.14511	0.12277	102.07304	0.00980	12.53181	0.07980	124.65501	9.94708	31
32	8.71527	0.11474	110.21815	0.00907	12.64656	0.07907	128.21199	10.13810	32
33	9.32534	0.10723	118.93343	0.00841	12.75379	0.07841	131.64350	10.32191	33
34	9.97811	0.10022	128.25876	0.00780	12.85401	0.07780	134.95074	10.49873	34
35	10.67658	0.09366	138.23688	0.00723	12.94767	0.07723	138.13528	10.66873	35
36	11.42394	0.08754	148.91346	0.00672	13.03521	0.07672	141.19902	10.83213	36
37	12.22362	0.08181	160.33740	0.00624	13.11702	0.07624	144.14414	10.98909	37
38	13.07927	0.07646	172.56102	0.00580	13.19347	0.07580	146.97304	11.13983	38
39	13.99482	0.07146	185.64029	0.00539	13.26493	0.07539	149.68833	11.28452	39
40	14.97446	0.06678	199.63511	0.00501	13.33171	0.07501	152.29277	11.42335	40

复利系数表（$i=8\%$）

n	一次支付		等额序列				等差序列		n
	$(F/P,i,n)$	$(P/F,i,n)$	$(F/A,i,n)$	$(A/F,i,n)$	$(P/A,i,n)$	$(A/P,i,n)$	$(P/G,i,n)$	$(A/G,i,n)$	
1	1.08000	0.92593	1.00000	1.00000	0.92593	1.08000	0.00000	0.00000	1
2	1.16640	0.85734	2.08000	0.48077	1.78326	0.56077	0.85734	0.48077	2
3	1.25971	0.79383	3.24640	0.30803	2.57710	0.38803	2.44500	0.94874	3
4	1.36049	0.73503	4.50611	0.22192	3.31213	0.30192	4.65009	1.40396	4
5	1.46933	0.68058	5.86660	0.17046	3.99271	0.25046	7.37243	1.84647	5
6	1.58687	0.63017	7.33593	0.13632	4.62288	0.21632	10.52327	2.27635	6
7	1.71382	0.58349	8.92280	0.11207	5.20637	0.19207	14.02422	2.69366	7
8	1.85093	0.54027	10.63663	0.09401	5.74664	0.17401	17.80610	3.09852	8
9	1.99900	0.50025	12.48756	0.08008	6.24689	0.16008	21.80809	3.49103	9
10	2.15892	0.46319	14.48656	0.06903	6.71008	0.14903	25.97683	3.87131	10
11	2.33164	0.42888	16.64549	0.06008	7.13896	0.14008	30.26566	4.23950	11
12	2.51817	0.39711	18.97713	0.05270	7.53608	0.13270	34.63391	4.59575	12
13	2.71962	0.36770	21.49530	0.04652	7.90378	0.12652	39.04629	4.94021	13
14	2.93719	0.34046	24.21492	0.04130	8.24424	0.12130	43.47228	5.27305	14
15	3.17217	0.31524	27.15211	0.03683	8.55948	0.11683	47.88566	5.59446	15
16	3.42594	0.29189	30.32428	0.03298	8.85137	0.11298	52.26402	5.90463	16
17	3.70002	0.27027	33.75023	0.02963	9.12164	0.10963	56.58832	6.20375	17
18	3.99602	0.25025	37.45024	0.02670	9.37189	0.10670	60.84256	6.49203	18
19	4.31570	0.23171	41.44626	0.02413	9.60360	0.10413	65.01337	6.76969	19
20	4.66096	0.21455	45.76196	0.02185	9.81815	0.10185	69.08979	7.03695	20
21	5.03383	0.19866	50.42292	0.01983	10.01680	0.09983	73.06291	7.29403	21
22	5.43654	0.18394	55.45676	0.01803	10.20074	0.09803	76.92566	7.54118	22
23	5.87146	0.17032	60.89330	0.01642	10.37106	0.09642	80.67259	7.77863	23
24	6.34118	0.15770	66.76476	0.01498	10.52876	0.09498	84.29968	8.00661	24
25	6.84848	0.14602	73.10594	0.01368	10.67478	0.09368	87.80411	8.22538	25
26	7.39635	0.13520	79.95442	0.01251	10.80998	0.09251	91.18415	8.43518	26
27	7.98806	0.12519	87.35077	0.01145	10.93516	0.09145	94.43901	8.63627	27
28	8.62711	0.11591	95.33883	0.01049	11.05108	0.09049	97.56868	8.82888	28
29	9.31727	0.10733	103.96594	0.00962	11.15841	0.08962	100.57385	9.01328	29
30	10.06266	0.09938	113.28321	0.00883	11.25778	0.08883	103.45579	9.18971	30
31	10.86767	0.09202	123.34587	0.00811	11.34980	0.08811	106.21627	9.35843	31
32	11.73708	0.08520	134.21354	0.00745	11.43500	0.08745	108.85747	9.51967	32
33	12.67605	0.07889	145.95062	0.00685	11.51389	0.08685	111.38192	9.67370	33
34	13.69013	0.07305	158.62667	0.00630	11.58693	0.08630	113.79242	9.82075	34
35	14.78534	0.06763	172.31680	0.00580	11.65457	0.08580	116.09199	9.96107	35
36	15.96817	0.06262	187.10215	0.00534	11.71719	0.08534	118.28385	10.09490	36
37	17.24563	0.05799	203.07032	0.00492	11.77518	0.08492	120.37134	10.22246	37
38	18.62528	0.05369	220.31595	0.00454	11.82887	0.08454	122.35788	10.34401	38
39	20.11530	0.04971	238.94122	0.00419	11.87858	0.08419	124.24699	10.45975	39
40	21.72452	0.04603	259.05652	0.00386	11.92461	0.08386	126.04220	10.56992	40

复利系数表 (i=9%)

n	一次支付		等额序列				等差序列		n
	$(F/P,i,n)$	$(P/F,i,n)$	$(F/A,i,n)$	$(A/F,i,n)$	$(P/A,i,n)$	$(A/P,i,n)$	$(P/G,i,n)$	$(A/G,i,n)$	
1	1.09000	0.91743	1.00000	1.00000	0.91743	1.09000	0.00000	0.00000	1
2	1.18810	0.84168	2.09000	0.47847	1.75911	0.56847	0.84168	0.47847	2
3	1.29503	0.77218	3.27810	0.30505	2.53129	0.39505	2.38605	0.94262	3
4	1.41158	0.70843	4.57313	0.21867	3.23972	0.30867	4.51132	1.39250	4
5	1.53862	0.64993	5.98471	0.16709	3.88965	0.25709	7.11105	1.82820	5
6	1.67710	0.59627	7.52333	0.13292	4.48592	0.22292	10.09238	2.24979	6
7	1.82804	0.54703	9.20043	0.10869	5.03295	0.19869	13.37459	2.65740	7
8	1.99256	0.50187	11.02847	0.09067	5.53482	0.18067	16.88765	3.05117	8
9	2.17189	0.46043	13.02104	0.07680	5.99525	0.16680	20.57108	3.43123	9
10	2.36736	0.42241	15.19293	0.06582	6.41766	0.15582	24.37277	3.79777	10
11	2.58043	0.38753	17.56029	0.05695	6.80519	0.14695	28.24810	4.15096	11
12	2.81266	0.35553	20.14072	0.04965	7.16073	0.13965	32.15898	4.49102	12
13	3.06580	0.32618	22.95338	0.04357	7.48690	0.13357	36.07313	4.81816	13
14	3.34173	0.29925	26.01919	0.03843	7.78615	0.12843	39.96333	5.13262	14
15	3.64248	0.27454	29.36092	0.03406	8.06069	0.12406	43.80686	5.43463	15
16	3.97031	0.25187	33.00340	0.03030	8.31256	0.12030	47.58491	5.72446	16
17	4.32763	0.23107	36.97370	0.02705	8.54363	0.11705	51.28208	6.00238	17
18	4.71712	0.21199	41.30134	0.02421	8.75563	0.11421	54.88598	6.26865	18
19	5.14166	0.19449	46.01846	0.02173	8.95011	0.11173	58.38679	6.52358	19
20	5.60441	0.17843	51.16012	0.01955	9.12855	0.10955	61.77698	6.76745	20
21	6.10881	0.16370	56.76453	0.01762	9.29224	0.10762	65.05094	7.00056	21
22	6.65860	0.15018	62.87334	0.01590	9.44243	0.10590	68.20475	7.22322	22
23	7.25787	0.13778	69.53194	0.01438	9.58021	0.10438	71.23594	7.43574	23
24	7.91108	0.12640	76.78981	0.01302	9.70661	0.10302	74.14326	7.63843	24
25	8.62308	0.11597	84.70090	0.01181	9.82258	0.10181	76.92649	7.83160	25
26	9.39916	0.10639	93.32398	0.01072	9.92897	0.10072	79.58630	8.01556	26
27	10.24508	0.09761	102.72313	0.00973	10.02658	0.09973	82.12410	8.19064	27
28	11.16714	0.08955	112.96822	0.00885	10.11613	0.09885	84.54191	8.35714	28
29	12.17218	0.08215	124.13536	0.00806	10.19828	0.09806	86.84224	8.51538	29
30	13.26768	0.07537	136.30754	0.00734	10.27365	0.09734	89.02800	8.66566	30
31	14.46177	0.06915	149.57522	0.00669	10.34280	0.09669	91.10243	8.80829	31
32	15.76333	0.06344	164.03699	0.00610	10.40624	0.09610	93.06902	8.94358	32
33	17.18203	0.05820	179.80032	0.00556	10.46444	0.09556	94.93144	9.07181	33
34	18.72841	0.05339	196.98234	0.00508	10.51784	0.09508	96.69346	9.19329	34
35	20.41397	0.04899	215.71075	0.00464	10.56682	0.09464	98.35899	9.30829	35
36	22.25123	0.04494	236.12472	0.00424	10.61176	0.09424	99.93194	9.41709	36
37	24.25384	0.04123	258.37595	0.00387	10.65299	0.09387	101.41624	9.51998	37
38	26.43668	0.03783	282.62978	0.00354	10.69082	0.09354	102.81581	9.61721	38
39	28.81598	0.03470	309.06646	0.00324	10.72552	0.09324	104.13452	9.70904	39
40	31.40942	0.03184	337.88245	0.00296	10.75736	0.09296	105.37619	9.79573	40

复利系数表（$i=10\%$）

n	一次支付		等额序列				等差序列		n
	$(F/P,i,n)$	$(P/F,i,n)$	$(F/A,i,n)$	$(A/F,i,n)$	$(P/A,i,n)$	$(A/P,i,n)$	$(P/G,i,n)$	$(A/G,i,n)$	
1	1.10000	0.90909	1.00000	1.00000	0.90909	1.10000	0.00000	0.00000	1
2	1.21000	0.82645	2.10000	0.47619	1.73554	0.57619	0.82645	0.47619	2
3	1.33100	0.75131	3.31000	0.30211	2.48685	0.40211	2.32908	0.93656	3
4	1.46410	0.68301	4.64100	0.21547	3.16987	0.31547	4.37812	1.38117	4
5	1.61051	0.62092	6.10510	0.16380	3.79079	0.26380	6.86180	1.81013	5
6	1.77156	0.56447	7.71561	0.12961	4.35526	0.22961	9.68417	2.22356	6
7	1.94872	0.51316	9.48717	0.10541	4.86842	0.20541	12.76312	2.62162	7
8	2.14359	0.46651	11.43589	0.08744	5.33493	0.18744	16.02867	3.00448	8
9	2.35795	0.42410	13.57948	0.07364	5.75902	0.17364	19.42145	3.37235	9
10	2.59374	0.38554	15.93742	0.06275	6.14457	0.16275	22.89134	3.72546	10
11	2.85312	0.35049	18.53117	0.05396	6.49506	0.15396	26.39628	4.06405	11
12	3.13843	0.31863	21.38428	0.04676	6.81369	0.14676	29.90122	4.38840	12
13	3.45227	0.28966	24.52271	0.04078	7.10336	0.14078	33.37719	4.69879	13
14	3.79750	0.26333	27.97498	0.03575	7.36669	0.13575	36.80050	4.99553	14
15	4.17725	0.23939	31.77248	0.03147	7.60608	0.13147	40.15199	5.27893	15
16	4.59497	0.21763	35.94973	0.02782	7.82371	0.12782	43.41642	5.54934	16
17	5.05447	0.19784	40.54470	0.02466	8.02155	0.12466	46.58194	5.80710	17
18	5.55992	0.17986	45.59917	0.02193	8.20141	0.12193	49.63954	6.05256	18
19	6.11591	0.16351	51.15909	0.01955	8.36492	0.11955	52.58268	6.28610	19
20	6.72750	0.14864	57.27500	0.01746	8.51356	0.11746	55.40691	6.50808	20
21	7.40025	0.13513	64.00250	0.01562	8.64869	0.11562	58.10952	6.71888	21
22	8.14027	0.12285	71.40275	0.01401	8.77154	0.11401	60.68929	6.91889	22
23	8.95430	0.11168	79.54302	0.01257	8.88322	0.11257	63.14621	7.10848	23
24	9.84973	0.10153	88.49733	0.01130	8.98474	0.11130	65.48130	7.28805	24
25	10.83471	0.09230	98.34706	0.01017	9.07704	0.11017	67.69640	7.45798	25
26	11.91818	0.08391	109.18177	0.00916	9.16095	0.10916	69.79404	7.61865	26
27	13.10999	0.07628	121.09994	0.00826	9.23722	0.10826	71.77726	7.77044	27
28	14.42099	0.06934	134.20994	0.00745	9.30657	0.10745	73.64953	7.91372	28
29	15.86309	0.06304	148.63093	0.00673	9.36961	0.10673	75.41463	8.04886	29
30	17.44940	0.05731	164.49402	0.00608	9.42691	0.10608	77.07658	8.17623	30
31	19.19434	0.05210	181.94342	0.00550	9.47901	0.10550	78.63954	8.29617	31
32	21.11378	0.04736	201.13777	0.00497	9.52638	0.10497	80.10777	8.40905	32
33	23.22515	0.04306	222.25154	0.00450	9.56943	0.10450	81.48559	8.51520	33
34	25.54767	0.03914	245.47670	0.00407	9.60857	0.10407	82.77729	8.61494	34
35	28.10244	0.03558	271.02437	0.00369	9.64416	0.10369	83.98715	8.70860	35
36	30.91268	0.03235	299.12681	0.00334	9.67651	0.10334	85.11938	8.79650	36
37	34.00395	0.02941	330.03949	0.00303	9.70592	0.10303	86.17808	8.87892	37
38	37.40434	0.02673	364.04343	0.00275	9.73265	0.10275	87.16727	8.95617	38
39	41.14478	0.02430	401.44778	0.00249	9.75696	0.10249	88.09083	9.02852	39
40	45.25926	0.02209	442.59256	0.00226	9.77905	0.10226	88.95254	9.09623	40

复利系数表 （$i=11\%$）

n	一次支付		等额序列				等差序列		n
	$(F/P,i,n)$	$(P/F,i,n)$	$(F/A,i,n)$	$(A/F,i,n)$	$(P/A,i,n)$	$(A/P,i,n)$	$(P/G,i,n)$	$(A/G,i,n)$	
1	1.11000	0.90090	1.00000	1.00000	0.90090	1.11000	0.00000	0.00000	1
2	1.23210	0.81162	2.11000	0.47393	1.71252	0.58393	0.81162	0.47393	2
3	1.36763	0.73119	3.34210	0.29921	2.44371	0.40921	2.27401	0.93055	3
4	1.51807	0.65873	4.70973	0.21233	3.10245	0.32233	4.25020	1.36995	4
5	1.68506	0.59345	6.22780	0.16057	3.69590	0.27057	6.62400	1.79226	5
6	1.87041	0.53464	7.91286	0.12638	4.23054	0.23638	9.29721	2.19764	6
7	2.07616	0.48166	9.78327	0.10222	4.71220	0.21222	12.18716	2.58630	7
8	2.30454	0.43393	11.85943	0.08432	5.14612	0.19432	15.22464	2.95847	8
9	2.55804	0.39092	14.16397	0.07060	5.53705	0.18060	18.35204	3.31441	9
10	2.83942	0.35218	16.72201	0.05980	5.88923	0.16980	21.52170	3.65442	10
11	3.15176	0.31728	19.56143	0.05112	6.20652	0.16112	24.69454	3.97881	11
12	3.49845	0.28584	22.71319	0.04403	6.49236	0.15403	27.83878	4.28793	12
13	3.88328	0.25751	26.21164	0.03815	6.74987	0.14815	30.92896	4.58216	13
14	4.31044	0.23199	30.09492	0.03323	6.98187	0.14323	33.94489	4.86187	14
15	4.78459	0.20900	34.40536	0.02907	7.19087	0.13907	36.87095	5.12747	15
16	5.31089	0.18829	39.18995	0.02552	7.37916	0.13552	39.69533	5.37938	16
17	5.89509	0.16963	44.50084	0.02247	7.54879	0.13247	42.40945	5.61804	17
18	6.54355	0.15282	50.39594	0.01984	7.70162	0.12984	45.00743	5.84389	18
19	7.26334	0.13768	56.93949	0.01756	7.83929	0.12756	47.48563	6.05739	19
20	8.06231	0.12403	64.20283	0.01558	7.96333	0.12558	49.84227	6.25898	20
21	8.94917	0.11174	72.26514	0.01384	8.07507	0.12384	52.07712	6.44912	21
22	9.93357	0.10067	81.21431	0.01231	8.17574	0.12231	54.19116	6.62829	22
23	11.02627	0.09069	91.14788	0.01097	8.26643	0.12097	56.18640	6.79693	23
24	12.23916	0.08170	102.17415	0.00979	8.34814	0.11979	58.06561	6.95552	24
25	13.58546	0.07361	114.41331	0.00874	8.42174	0.11874	59.83220	7.10449	25
26	15.07986	0.06631	127.99877	0.00781	8.48806	0.11781	61.49004	7.24430	26
27	16.73865	0.05974	143.07864	0.00699	8.54780	0.11699	63.04334	7.37539	27
28	18.57990	0.05382	159.81729	0.00626	8.60162	0.11626	64.49652	7.49818	28
29	20.62369	0.04849	178.39719	0.00561	8.65011	0.11561	65.85418	7.61310	29
30	22.89230	0.04368	199.02088	0.00502	8.69379	0.11502	67.12098	7.72056	30
31	25.41045	0.03935	221.91317	0.00451	8.73315	0.11451	68.30160	7.82096	31
32	28.20560	0.03545	247.32362	0.00404	8.76860	0.11404	69.40067	7.91468	32
33	31.30821	0.03194	275.52922	0.00363	8.80054	0.11363	70.42277	8.00210	33
34	34.75212	0.02878	306.83744	0.00326	8.82932	0.11326	71.37235	8.08356	34
35	38.57485	0.02592	341.58955	0.00293	8.85524	0.11293	72.25375	8.15944	35
36	42.81808	0.02335	380.16441	0.00263	8.87859	0.11263	73.07116	8.23004	36
37	47.52807	0.02104	422.98249	0.00236	8.89963	0.11236	73.82861	8.29569	37
38	52.75616	0.01896	470.51056	0.00213	8.91859	0.11213	74.52995	8.35670	38
39	58.55934	0.01708	523.26673	0.00191	8.93567	0.11191	75.17887	8.41335	39
40	65.00087	0.01538	581.82607	0.00172	8.95105	0.11172	75.77886	8.46592	40

复利系数表（$i=12\%$）

n	一次支付		等额序列				等差序列		n
	$(F/P,i,n)$	$(P/F,i,n)$	$(F/A,i,n)$	$(A/F,i,n)$	$(P/A,i,n)$	$(A/P,i,n)$	$(P/G,i,n)$	$(A/G,i,n)$	
1	1.12000	0.89286	1.00000	1.00000	0.89286	1.12000	0.00000	0.00000	1
2	1.25440	0.79719	2.12000	0.47170	1.69005	0.59170	0.79719	0.47170	2
3	1.40493	0.71178	3.37440	0.29635	2.40183	0.41635	2.22075	0.92461	3
4	1.57352	0.63552	4.77933	0.20923	3.03735	0.32923	4.12731	1.35885	4
5	1.76234	0.56743	6.35285	0.15741	3.60478	0.27741	6.39702	1.77459	5
6	1.97382	0.50663	8.11519	0.12323	4.11141	0.24323	8.93017	2.17205	6
7	2.21068	0.45235	10.08901	0.09912	4.56376	0.21912	11.64427	2.55147	7
8	2.47596	0.40388	12.29969	0.08130	4.96764	0.20130	14.47145	2.91314	8
9	2.77308	0.36061	14.77566	0.06768	5.32825	0.18768	17.35633	3.25742	9
10	3.10585	0.32197	17.54874	0.05698	5.65022	0.17698	20.25409	3.58465	10
11	3.47855	0.28748	20.65458	0.04842	5.93770	0.16842	23.12885	3.89525	11
12	3.89598	0.25668	24.13313	0.04144	6.19437	0.16144	25.95228	4.18965	12
13	4.36349	0.22917	28.02911	0.03568	6.42355	0.15568	28.70237	4.46830	13
14	4.88711	0.20462	32.39260	0.03087	6.62817	0.15087	31.36242	4.73169	14
15	5.47357	0.18270	37.27971	0.02682	6.81086	0.14682	33.92017	4.98030	15
16	6.13039	0.16312	42.75328	0.02339	6.97399	0.14339	36.36700	5.21466	16
17	6.86604	0.14564	48.88367	0.02046	7.11963	0.14046	38.69731	5.43530	17
18	7.68997	0.13004	55.74971	0.01794	7.24967	0.13794	40.90798	5.64274	18
19	8.61276	0.11611	63.43968	0.01576	7.36578	0.13576	42.99790	5.83752	19
20	9.64629	0.10367	72.05244	0.01388	7.46944	0.13388	44.96757	6.02020	20
21	10.80385	0.09256	81.69874	0.01224	7.56200	0.13224	46.81876	6.19132	21
22	12.10031	0.08264	92.50258	0.01081	7.64465	0.13081	48.55425	6.35141	22
23	13.55235	0.07379	104.60289	0.00956	7.71843	0.12956	50.17759	6.50101	23
24	15.17863	0.06588	118.15524	0.00846	7.78432	0.12846	51.69288	6.64064	24
25	17.00006	0.05882	133.33387	0.00750	7.84314	0.12750	53.10464	6.77084	25
26	19.04007	0.05252	150.33393	0.00665	7.89566	0.12665	54.41766	6.89210	26
27	21.32488	0.04689	169.37401	0.00590	7.94255	0.12590	55.63689	7.00491	27
28	23.88387	0.04187	190.69889	0.00524	7.98442	0.12524	56.76736	7.10976	28
29	26.74993	0.03738	214.58275	0.00466	8.02181	0.12466	57.81409	7.20712	29
30	29.95992	0.03338	241.33268	0.00414	8.05518	0.12414	58.78205	7.29742	30
31	33.55511	0.02980	271.29261	0.00369	8.08499	0.12369	59.67610	7.38110	31
32	37.58173	0.02661	304.84772	0.00328	8.11159	0.12328	60.50097	7.45858	32
33	42.09153	0.02376	342.42945	0.00292	8.13535	0.12292	61.26122	7.53025	33
34	47.14252	0.02121	384.52098	0.00260	8.15656	0.12260	61.96123	7.59649	34
35	52.79962	0.01894	431.66350	0.00232	8.17550	0.12232	62.60517	7.65765	35
36	59.13557	0.01691	484.46312	0.00206	8.19241	0.12206	63.19703	7.71409	36
37	66.23184	0.01510	543.59869	0.00184	8.20751	0.12184	63.74058	7.76613	37
38	74.17966	0.01348	609.83053	0.00164	8.22099	0.12164	64.23936	7.81406	38
39	83.08122	0.01204	684.01020	0.00146	8.23303	0.12146	64.69675	7.85819	39
40	93.05097	0.01075	767.09142	0.00130	8.24378	0.12130	65.11587	7.89879	40

复利系数表（$i＝15\%$）

n	一次支付		等额序列				等差序列		n
	$(F/P,i,n)$	$(P/F,i,n)$	$(F/A,i,n)$	$(A/F,i,n)$	$(P/A,i,n)$	$(A/P,i,n)$	$(P/G,i,n)$	$(A/G,i,n)$	
1	1.15000	0.86957	1.00000	1.00000	0.86957	1.15000	0.00000	0.00000	1
2	1.32250	0.75614	2.15000	0.46512	1.62571	0.61512	0.75614	0.46512	2
3	1.52088	0.65752	3.47250	0.28798	2.28323	0.43798	2.07118	0.90713	3
4	1.74901	0.57175	4.99338	0.20027	2.85498	0.35027	3.78644	1.32626	4
5	2.01136	0.49718	6.74238	0.14832	3.35216	0.29832	5.77514	1.72281	5
6	2.31306	0.43233	8.75374	0.11424	3.78448	0.26424	7.93678	2.09719	6
7	2.66002	0.37594	11.06680	0.09036	4.16042	0.24036	10.19240	2.44985	7
8	3.05902	0.32690	13.72682	0.07285	4.48732	0.22285	12.48072	2.78133	8
9	3.51788	0.28426	16.78584	0.05957	4.77158	0.20957	14.75481	3.09223	9
10	4.04556	0.24718	20.30372	0.04925	5.01877	0.19925	16.97948	3.38320	10
11	4.65239	0.21494	24.34928	0.04107	5.23371	0.19107	19.12891	3.65494	11
12	5.35025	0.18691	29.00167	0.03448	5.42062	0.18448	21.18489	3.90820	12
13	6.15279	0.16253	34.35192	0.02911	5.58315	0.17911	23.13522	4.14376	13
14	7.07571	0.14133	40.50471	0.02469	5.72448	0.17469	24.97250	4.36241	14
15	8.13706	0.12289	47.58041	0.02102	5.84737	0.17102	26.69302	4.56496	15
16	9.35762	0.10686	55.71747	0.01795	5.95423	0.16795	28.29599	4.75225	16
17	10.76126	0.09293	65.07509	0.01537	6.04716	0.16537	29.78280	4.92509	17
18	12.37545	0.08081	75.83636	0.01319	6.12797	0.16319	31.15649	5.08431	18
19	14.23177	0.07027	88.21181	0.01134	6.19823	0.16134	32.42127	5.23073	19
20	16.36654	0.06110	102.44358	0.00976	6.25933	0.15976	33.58217	5.36514	20
21	18.82152	0.05313	118.81012	0.00842	6.31246	0.15842	34.64479	5.48832	21
22	21.64475	0.04620	137.63164	0.00727	6.35866	0.15727	35.61500	5.60102	22
23	24.89146	0.04017	159.27638	0.00628	6.39884	0.15628	36.49884	5.70398	23
24	28.62518	0.03493	184.16784	0.00543	6.43377	0.15543	37.30232	5.79789	24
25	32.91895	0.03038	212.79302	0.00470	6.46415	0.15470	38.03139	5.88343	25
26	37.85680	0.02642	245.71197	0.00407	6.49056	0.15407	38.69177	5.96123	26
27	43.53531	0.02297	283.56877	0.00353	6.51353	0.15353	39.28899	6.03190	27
28	50.06561	0.01997	327.10408	0.00306	6.53351	0.15306	39.82828	6.09600	28
29	57.57545	0.01737	377.16969	0.00265	6.55088	0.15265	40.31460	6.15408	29
30	66.21177	0.01510	434.74515	0.00230	6.56598	0.15230	40.75259	6.20663	30
31	76.14354	0.01313	500.95692	0.00200	6.57911	0.15200	41.14658	6.25412	31
32	87.56507	0.01142	577.10046	0.00173	6.59053	0.15173	41.50060	6.29700	32
33	100.69983	0.00993	664.66552	0.00150	6.60046	0.15150	41.81838	6.33567	33
34	115.80480	0.00864	765.36535	0.00131	6.60910	0.15131	42.10334	6.37051	34
35	133.17552	0.00751	881.17016	0.00113	6.61661	0.15113	42.35864	6.40187	35
36	153.15185	0.00653	1014.34568	0.00099	6.62314	0.15099	42.58717	6.43006	36
37	176.12463	0.00568	1167.49753	0.00086	6.62881	0.15086	42.79157	6.45539	37
38	202.54332	0.00494	1343.62216	0.00074	6.63375	0.15074	42.97425	6.47812	38
39	232.92482	0.00429	1546.16549	0.00065	6.63805	0.15065	43.13739	6.49851	39
40	267.86355	0.00373	1779.09031	0.00056	6.64178	0.15056	43.28299	6.51678	40

复利系数表（$i=18\%$）

n	一次支付		等额序列				等差序列		n
	$(F/P,i,n)$	$(P/F,i,n)$	$(F/A,i,n)$	$(A/F,i,n)$	$(P/A,i,n)$	$(A/P,i,n)$	$(P/G,i,n)$	$(A/G,i,n)$	
1	1.18000	0.84746	1.00000	1.00000	0.84746	1.18000	0.00000	0.00000	1
2	1.39240	0.71818	2.18000	0.45872	1.56564	0.63872	0.71818	0.45872	2
3	1.64303	0.60863	3.57240	0.27992	2.17427	0.45992	1.93545	0.89016	3
4	1.93878	0.51579	5.21543	0.19174	2.69006	0.37174	3.48281	1.29470	4
5	2.28776	0.43711	7.15421	0.13978	3.12717	0.31978	5.23125	1.67284	5
6	2.69955	0.37043	9.44197	0.10591	3.49760	0.28591	7.08341	2.02522	6
7	3.18547	0.31393	12.14152	0.08236	3.81153	0.26236	8.96696	2.35259	7
8	3.75886	0.26604	15.32700	0.06524	4.07757	0.24524	10.82922	2.65581	8
9	4.43545	0.22546	19.08585	0.05239	4.30302	0.23239	12.63287	2.93581	9
10	5.23384	0.19106	23.52131	0.04251	4.49409	0.22251	14.35245	3.19363	10
11	6.17593	0.16192	28.75514	0.03478	4.65601	0.21478	15.97164	3.43033	11
12	7.28759	0.13722	34.93107	0.02863	4.79322	0.20863	17.48106	3.64703	12
13	8.59936	0.11629	42.21866	0.02369	4.90951	0.20369	18.87651	3.84489	13
14	10.14724	0.09855	50.81802	0.01968	5.00806	0.19968	20.15765	4.02504	14
15	11.97375	0.08352	60.96527	0.01640	5.09158	0.19640	21.32687	4.18866	15
16	14.12902	0.07078	72.93901	0.01371	5.16235	0.19371	22.38852	4.33688	16
17	16.67225	0.05998	87.06804	0.01149	5.22233	0.19149	23.34820	4.47084	17
18	19.67325	0.05083	103.74028	0.00964	5.27316	0.18964	24.21231	4.59161	18
19	23.21444	0.04308	123.41353	0.00810	5.31624	0.18810	24.98769	4.70026	19
20	27.39303	0.03651	146.62797	0.00682	5.35275	0.18682	25.68130	4.79778	20
21	32.32378	0.03094	174.02100	0.00575	5.38368	0.18575	26.30004	4.88514	21
22	38.14206	0.02622	206.34479	0.00485	5.40990	0.18485	26.85061	4.96324	22
23	45.00763	0.02222	244.48685	0.00409	5.43212	0.18409	27.33942	5.03292	23
24	53.10901	0.01883	289.49448	0.00345	5.45095	0.18345	27.77249	5.09498	24
25	62.66863	0.01596	342.60349	0.00292	5.46691	0.18292	28.15546	5.15016	25
26	73.94898	0.01352	405.27211	0.00247	5.48043	0.18247	28.49353	5.19914	26
27	87.25980	0.01146	479.22109	0.00209	5.49189	0.18209	28.79149	5.24255	27
28	102.96656	0.00971	566.48089	0.00177	5.50160	0.18177	29.05371	5.28096	28
29	121.50054	0.00823	669.44745	0.00149	5.50983	0.18149	29.28416	5.31489	29
30	143.37064	0.00697	790.94799	0.00126	5.51681	0.18126	29.48643	5.34484	30
31	169.17735	0.00591	934.31863	0.00107	5.52272	0.18107	29.66376	5.37123	31
32	199.62928	0.00501	1103.49598	0.00091	5.52773	0.18091	29.81905	5.39445	32
33	235.56255	0.00425	1303.12526	0.00077	5.53197	0.18077	29.95490	5.41487	33
34	277.96381	0.00360	1538.68781	0.00065	5.53557	0.18065	30.07362	5.43280	34
35	327.99729	0.00305	1816.65161	0.00055	5.53862	0.18055	30.17728	5.44852	35
36	387.03680	0.00258	2144.64890	0.00047	5.54120	0.18047	30.26771	5.46230	36
37	456.70343	0.00219	2531.68570	0.00039	5.54339	0.18039	30.34653	5.47436	37
38	538.91004	0.00186	2988.38913	0.00033	5.54525	0.18033	30.41519	5.48491	38
39	635.91385	0.00157	3527.29918	0.00028	5.54682	0.18028	30.47495	5.49413	39
40	750.37834	0.00133	4163.21303	0.00024	5.54815	0.18024	30.52692	5.50218	40

复利系数表 ($i=20\%$)

n	一次支付		等额序列				等差序列		n
	$(F/P,i,n)$	$(P/F,i,n)$	$(F/A,i,n)$	$(A/F,i,n)$	$(P/A,i,n)$	$(A/P,i,n)$	$(P/G,i,n)$	$(A/G,i,n)$	
1	1.20000	0.83333	1.00000	1.00000	0.83333	1.20000	0.00000	0.00000	1
2	1.44000	0.69444	2.20000	0.45455	1.52778	0.65455	0.69444	0.45455	2
3	1.72800	0.57870	3.64000	0.27473	2.10648	0.47473	1.85185	0.87912	3
4	2.07360	0.48225	5.36800	0.18629	2.58873	0.38629	3.29861	1.27422	4
5	2.48832	0.40188	7.44160	0.13438	2.99061	0.33438	4.90612	1.64051	5
6	2.98598	0.33490	9.92992	0.10071	3.32551	0.30071	6.58061	1.97883	6
7	3.58318	0.27908	12.91590	0.07742	3.60459	0.27742	8.25510	2.29016	7
8	4.29982	0.23257	16.49208	0.06061	3.83716	0.26061	9.88308	2.57562	8
9	5.15978	0.19381	20.79890	0.04808	4.03097	0.24808	11.43353	2.83642	9
10	6.19174	0.16151	25.95868	0.03852	4.19247	0.23852	12.88708	3.07386	10
11	7.43008	0.13459	32.15042	0.03110	4.32706	0.23110	14.23296	3.28929	11
12	8.91610	0.11216	39.58050	0.02526	4.43922	0.22526	15.46668	3.48410	12
13	10.69932	0.09346	48.49660	0.02062	4.53268	0.22062	16.58825	3.65970	13
14	12.83918	0.07789	59.19592	0.01689	4.61057	0.21689	17.60078	3.81749	14
15	15.40702	0.06491	72.03511	0.01388	4.67547	0.21388	18.50945	3.95884	15
16	18.48843	0.05409	87.44213	0.01144	4.72956	0.21144	19.32077	4.08511	16
17	22.18611	0.04507	105.93056	0.00944	4.77463	0.20944	20.04194	4.19759	17
18	26.62333	0.03756	128.11667	0.00781	4.81219	0.20781	20.68048	4.29752	18
19	31.94800	0.03130	154.74000	0.00646	4.84350	0.20646	21.24390	4.38607	19
20	38.33760	0.02608	186.68800	0.00536	4.86958	0.20536	21.73949	4.46435	20
21	46.00512	0.02174	225.02560	0.00444	4.89132	0.20444	22.17423	4.53339	21
22	55.20614	0.01811	271.03072	0.00369	4.90943	0.20369	22.55462	4.59414	22
23	66.24737	0.01509	326.23686	0.00307	4.92453	0.20307	22.88671	4.64750	23
24	79.49685	0.01258	392.48424	0.00255	4.93710	0.20255	23.17603	4.69426	24
25	95.39622	0.01048	471.98108	0.00212	4.94759	0.20212	23.42761	4.73516	25
26	114.47546	0.00874	567.37730	0.00176	4.95632	0.20176	23.64600	4.77088	26
27	137.37055	0.00728	681.85276	0.00147	4.96360	0.20147	23.83527	4.80201	27
28	164.84466	0.00607	819.22331	0.00122	4.96967	0.20122	23.99906	4.82911	28
29	197.81359	0.00506	984.06797	0.00102	4.97472	0.20102	24.14061	4.85265	29
30	237.37631	0.00421	1181.88157	0.00085	4.97894	0.20085	24.26277	4.87308	30
31	284.85158	0.00351	1419.25788	0.00070	4.98245	0.20070	24.36809	4.89079	31
32	341.82189	0.00293	1704.10946	0.00059	4.98537	0.20059	24.45878	4.90611	32
33	410.18627	0.00244	2045.93135	0.00049	4.98781	0.20049	24.53680	4.91935	33
34	492.22352	0.00203	2456.11762	0.00041	4.98984	0.20041	24.60384	4.93079	34
35	590.66823	0.00169	2948.34115	0.00034	4.99154	0.20034	24.66140	4.94064	35
36	708.80187	0.00141	3539.00937	0.00028	4.99295	0.20028	24.71078	4.94914	36
37	850.56225	0.00118	4247.81125	0.00024	4.99412	0.20024	24.75310	4.95645	37
38	1020.67470	0.00098	5098.37350	0.00020	4.99510	0.20020	24.78936	4.96273	38
39	1224.80964	0.00082	6119.04820	0.00016	4.99592	0.20016	24.82038	4.96813	39
40	1469.77157	0.00068	7343.85784	0.00014	4.99660	0.20014	24.84691	4.97277	40

复利系数表（$i=25\%$）

n	一次支付		等额序列				等差序列		n
	$(F/P,i,n)$	$(P/F,i,n)$	$(F/A,i,n)$	$(A/F,i,n)$	$(P/A,i,n)$	$(A/P,i,n)$	$(P/G,i,n)$	$(A/G,i,n)$	
1	1.25000	0.80000	1.00000	1.00000	0.80000	1.25000	0.00000	0.00000	1
2	1.56250	0.64000	2.25000	0.44444	1.44000	0.69444	0.64000	0.44444	2
3	1.95313	0.51200	3.81250	0.26230	1.95200	0.51230	1.66400	0.85246	3
4	2.44141	0.40960	5.76563	0.17344	2.36160	0.42344	2.89280	1.22493	4
5	3.05176	0.32768	8.20703	0.12185	2.68928	0.37185	4.20352	1.56307	5
6	3.81470	0.26214	11.25879	0.08882	2.95142	0.33882	5.51424	1.86833	6
7	4.76837	0.20972	15.07349	0.06634	3.16114	0.31634	6.77253	2.14243	7
8	5.96046	0.16777	19.84186	0.05040	3.32891	0.30040	7.94694	2.38725	8
9	7.45058	0.13422	25.80232	0.03876	3.46313	0.28876	9.02068	2.60478	9
10	9.31323	0.10737	33.25290	0.03007	3.57050	0.28007	9.98705	2.79710	10
11	11.64153	0.08590	42.56613	0.02349	3.65640	0.27349	10.84604	2.96631	11
12	14.55192	0.06872	54.20766	0.01845	3.72512	0.26845	11.60195	3.11452	12
13	18.18989	0.05498	68.75958	0.01454	3.78010	0.26454	12.26166	3.24374	13
14	22.73737	0.04398	86.94947	0.01150	3.82408	0.26150	12.83341	3.35595	14
15	28.42171	0.03518	109.68684	0.00912	3.85926	0.25912	13.32599	3.45299	15
16	35.52714	0.02815	138.10855	0.00724	3.88741	0.25724	13.74820	3.53660	16
17	44.40892	0.02252	173.63568	0.00576	3.90993	0.25576	14.10849	3.60838	17
18	55.51115	0.01801	218.04460	0.00459	3.92794	0.25459	14.41473	3.66979	18
19	69.38894	0.01441	273.55576	0.00366	3.94235	0.25366	14.67414	3.72218	19
20	86.73617	0.01153	342.94470	0.00292	3.95388	0.25292	14.89320	3.76673	20
21	108.42022	0.00922	429.68087	0.00233	3.96311	0.25233	15.07766	3.80451	21
22	135.52527	0.00738	538.10109	0.00186	3.97049	0.25186	15.23262	3.83646	22
23	169.40659	0.00590	673.62636	0.00148	3.97639	0.25148	15.36248	3.86343	23
24	211.75824	0.00472	843.03295	0.00119	3.98111	0.25119	15.47109	3.88613	24
25	264.69780	0.00378	1054.79118	0.00095	3.98489	0.25095	15.56176	3.90519	25
26	330.87225	0.00302	1319.48898	0.00076	3.98791	0.25076	15.63732	3.92118	26
27	413.59031	0.00242	1650.36123	0.00061	3.99033	0.25061	15.70019	3.93456	27
28	516.98788	0.00193	2063.95153	0.00048	3.99226	0.25048	15.75241	3.94574	28
29	646.23485	0.00155	2580.93941	0.00039	3.99381	0.25039	15.79574	3.95506	29
30	807.79357	0.00124	3227.17427	0.00031	3.99505	0.25031	15.83164	3.96282	30
31	1009.74196	0.00099	4034.96783	0.00025	3.99604	0.25025	15.86135	3.96927	31
32	1262.17745	0.00079	5044.70979	0.00020	3.99683	0.25020	15.88591	3.97463	32
33	1577.72181	0.00063	6306.88724	0.00016	3.99746	0.25016	15.90619	3.97907	33
34	1972.15226	0.00051	7884.60905	0.00013	3.99797	0.25013	15.92293	3.98275	34
35	2465.19033	0.00041	9856.76132	0.00010	3.99838	0.25010	15.93672	3.98580	35
36	3081.48791	0.00032	12321.95164	0.00008	3.99870	0.25008	15.94808	3.98831	36
37	3851.85989	0.00026	15403.43956	0.00006	3.99896	0.25006	15.95742	3.99039	37
38	4814.82486	0.00021	19255.29944	0.00005	3.99917	0.25005	15.96511	3.99211	38
39	6018.53108	0.00017	24070.12430	0.00004	3.99934	0.25004	15.97142	3.99352	39
40	7523.16385	0.00013	30088.65538	0.00003	3.99947	0.25003	15.97661	3.99468	40

复利系数表（$i=30\%$）

n	一次支付		等额序列				等差序列		n
	$(F/P,i,n)$	$(P/F,i,n)$	$(F/A,i,n)$	$(A/F,i,n)$	$(P/A,i,n)$	$(A/P,i,n)$	$(P/G,i,n)$	$(A/G,i,n)$	
1	1.30000	0.76923	1.00000	1.00000	0.76923	1.30000	0.00000	0.00000	1
2	1.69000	0.59172	2.30000	0.43478	1.36095	0.73478	0.59172	0.43478	2
3	2.19700	0.45517	3.99000	0.25063	1.81611	0.55063	1.50205	0.82707	3
4	2.85610	0.35013	6.18700	0.16163	2.16624	0.46163	2.55243	1.17828	4
5	3.71293	0.26933	9.04310	0.11058	2.43557	0.41058	3.62975	1.49031	5
6	4.82681	0.20718	12.75603	0.07839	2.64275	0.37839	4.66563	1.76545	6
7	6.27485	0.15937	17.58284	0.05687	2.80211	0.35687	5.62183	2.00628	7
8	8.15731	0.12259	23.85769	0.04192	2.92470	0.34192	6.47995	2.21559	8
9	10.60450	0.09430	32.01500	0.03124	3.01900	0.33124	7.23435	2.39627	9
10	13.78585	0.07254	42.61950	0.02346	3.09154	0.32346	7.88719	2.55122	10
11	17.92160	0.05580	56.40535	0.01773	3.14734	0.31773	8.44518	2.68328	11
12	23.29809	0.04292	74.32695	0.01345	3.19026	0.31345	8.91732	2.79517	12
13	30.28751	0.03302	97.62504	0.01024	3.22328	0.31024	9.31352	2.88946	13
14	39.37376	0.02540	127.91255	0.00782	3.24867	0.30782	9.64369	2.96850	14
15	51.18589	0.01954	167.28631	0.00598	3.26821	0.30598	9.91721	3.03444	15
16	66.54166	0.01503	218.47220	0.00458	3.28324	0.30458	10.14263	3.08921	16
17	86.50416	0.01156	285.01386	0.00351	3.29480	0.30351	10.32759	3.13451	17
18	112.45541	0.00889	371.51802	0.00269	3.30369	0.30269	10.47876	3.17183	18
19	146.19203	0.00684	483.97343	0.00207	3.31053	0.30207	10.60189	3.20247	19
20	190.04964	0.00526	630.16546	0.00159	3.31579	0.30159	10.70186	3.22754	20
21	247.06453	0.00405	820.21510	0.00122	3.31984	0.30122	10.78281	3.24799	21
22	321.18389	0.00311	1067.2796	0.00094	3.32296	0.30094	10.84819	3.26462	22
23	417.53905	0.00239	1388.4635	0.00072	3.32535	0.30072	10.90088	3.27812	23
24	542.80077	0.00184	1806.0026	0.00055	3.32719	0.30055	10.94326	3.28904	24
25	705.64100	0.00142	2348.8033	0.00043	3.32861	0.30043	10.97727	3.29785	25
26	917.33330	0.00109	3054.4443	0.00033	3.32970	0.30033	11.00452	3.30496	26
27	1192.5333	0.00084	3971.7776	0.00025	3.33054	0.30025	11.02632	3.31067	27
28	1550.2933	0.00065	5164.3109	0.00019	3.33118	0.30019	11.04374	3.31526	28
29	2015.3813	0.00050	6714.6042	0.00015	3.33168	0.30015	11.05763	3.31894	29
30	2619.9956	0.00038	8729.9855	0.00011	3.33206	0.30011	11.06870	3.32188	30
31	3405.9943	0.00029	11349.9811	0.00009	3.33235	0.30009	11.07751	3.32423	31
32	4427.7926	0.00023	14755.9755	0.00007	3.33258	0.30007	11.08451	3.32610	32
33	5756.1304	0.00017	19183.768	0.00005	3.33275	0.30005	11.09007	3.32760	33
34	7482.9696	0.00013	24939.899	0.00004	3.33289	0.30004	11.09448	3.32879	34
35	9727.8604	0.00010	32422.868	0.00003	3.33299	0.30003	11.09798	3.32974	35
36	12646.219	0.00008	42150.729	0.00002	3.33307	0.30002	11.10074	3.33049	36
37	16440.084	0.00006	54796.947	0.00002	3.33313	0.30002	11.10293	3.33108	37
38	21372.109	0.00005	71237.031	0.00001	3.33318	0.30001	11.10466	3.33156	38
39	27783.742	0.00004	92609.141	0.00001	3.33321	0.30001	11.10603	3.33193	39
40	36118.865	0.00003	120392.88	0.00001	3.33324	0.30001	11.10711	3.33223	40

复利系数表 （$i=35\%$）

n	一次支付		等额序列				等差序列		n
	$(F/P,i,n)$	$(P/F,i,n)$	$(F/A,i,n)$	$(A/F,i,n)$	$(P/A,i,n)$	$(A/P,i,n)$	$(P/G,i,n)$	$(A/G,i,n)$	
1	1.35000	0.74074	1.00000	1.00000	0.74074	1.35000	0.00000	0.00000	1
2	1.82250	0.54870	2.35000	0.42553	1.28944	0.77553	0.54870	0.42553	2
3	2.46038	0.40644	4.17250	0.23966	1.69588	0.58966	1.36158	0.80288	3
4	3.32151	0.30107	6.63288	0.15076	1.99695	0.50076	2.26479	1.13412	4
5	4.48403	0.22301	9.95438	0.10046	2.21996	0.45046	3.15684	1.42202	5
6	6.05345	0.16520	14.43841	0.06926	2.38516	0.41926	3.98282	1.66983	6
7	8.17215	0.12237	20.49186	0.04880	2.50752	0.39880	4.71702	1.88115	7
8	11.03240	0.09064	28.66401	0.03489	2.59817	0.38489	5.35151	2.05973	8
9	14.89375	0.06714	39.69641	0.02519	2.66531	0.37519	5.88865	2.20937	9
10	20.10656	0.04974	54.59016	0.01832	2.71504	0.36832	6.33626	2.33376	10
11	27.14385	0.03684	74.69672	0.01339	2.75188	0.36339	6.70467	2.43639	11
12	36.64420	0.02729	101.84057	0.00982	2.77917	0.35982	7.00486	2.52048	12
13	49.46967	0.02021	138.48476	0.00722	2.79939	0.35722	7.24743	2.58893	13
14	66.78405	0.01497	187.95443	0.00532	2.81436	0.35532	7.44209	2.64433	14
15	90.15847	0.01109	254.73848	0.00393	2.82545	0.35393	7.59737	2.68890	15
16	121.71393	0.00822	344.89695	0.00290	2.83367	0.35290	7.72061	2.72460	16
17	164.31381	0.00609	466.61088	0.00214	2.83975	0.35214	7.81798	2.75305	17
18	221.82364	0.00451	630.92469	0.00158	2.84426	0.35158	7.89462	2.77563	18
19	299.46192	0.00334	852.74834	0.00117	2.84760	0.35117	7.95473	2.79348	19
20	404.27359	0.00247	1152.21025	0.00087	2.85008	0.35087	8.00173	2.80755	20
21	545.76935	0.00183	1556.4838	0.00064	2.85191	0.35064	8.03837	2.81859	21
22	736.78862	0.00136	2102.2532	0.00048	2.85327	0.35048	8.06687	2.82724	22
23	994.66463	0.00101	2839.0418	0.00035	2.85427	0.35035	8.08899	2.83400	23
24	1342.79725	0.00074	3833.7064	0.00026	2.85502	0.35026	8.10612	2.83926	24
25	1812.77629	0.00055	5176.5037	0.00019	2.85557	0.35019	8.11936	2.84334	25
26	2447.24799	0.00041	6989.2800	0.00014	2.85598	0.35014	8.12957	2.84651	26
27	3303.78479	0.00030	9436.5280	0.00011	2.85628	0.35011	8.13744	2.84897	27
28	4460.10947	0.00022	12740.313	0.00008	2.85650	0.35008	8.14350	2.85086	28
29	6021.14778	0.00017	17200.422	0.00006	2.85667	0.35006	8.14815	2.85233	29
30	8128.54950	0.00012	23221.570	0.00004	2.85679	0.35004	8.15172	2.85345	30
31	10973.542	0.00009	31350.120	0.00003	2.85688	0.35003	8.15445	2.85432	31
32	14814.281	0.00007	42323.661	0.00002	2.85695	0.35002	8.15654	2.85498	32
33	19999.280	0.00005	57137.943	0.00002	2.85700	0.35002	8.15814	2.85549	33
34	26999.028	0.00004	77137.223	0.00001	2.85704	0.35001	8.15936	2.85588	34
35	36448.688	0.00003	104136.25	0.00001	2.85706	0.35001	8.16030	2.85618	35
36	49205.728	0.00002	140584.94	0.00001	2.85708	0.35001	8.16101	2.85641	36
37	66427.733	0.00002	189790.67	0.00001	2.85710	0.35001	8.16155	2.85659	37
38	89677.440	0.00001	256218.40	0.00000	2.85711	0.35000	8.16196	2.85672	38
39	121064.544	0.00001	345895.84	0.00000	2.85712	0.35000	8.16228	2.85682	39
40	163437.13	0.00001	466960.38	0.00000	2.85713	0.35000	8.16252	2.85690	40

复利系数表（$i=40\%$）

n	一次支付		等额序列				等差序列		n
	$(F/P,i,n)$	$(P/F,i,n)$	$(F/A,i,n)$	$(A/F,i,n)$	$(P/A,i,n)$	$(A/P,i,n)$	$(P/G,i,n)$	$(A/G,i,n)$	
1	1.40000	0.71429	1.00000	1.00000	0.71429	1.40000	0.00000	0.00000	1
2	1.96000	0.51020	2.40000	0.41667	1.22449	0.81667	0.51020	0.41667	2
3	2.74400	0.36443	4.36000	0.22936	1.58892	0.62936	1.23907	0.77982	3
4	3.84160	0.26031	7.10400	0.14077	1.84923	0.54077	2.01999	1.09234	4
5	5.37824	0.18593	10.94560	0.09136	2.03516	0.49136	2.76373	1.35799	5
6	7.52954	0.13281	16.32384	0.06126	2.16797	0.46126	3.42778	1.58110	6
7	10.54135	0.09486	23.85338	0.04192	2.26284	0.44192	3.99697	1.76635	7
8	14.75789	0.06776	34.39473	0.02907	2.33060	0.42907	4.47129	1.91852	8
9	20.66105	0.04840	49.15262	0.02034	2.37900	0.42034	4.85849	2.04224	9
10	28.92547	0.03457	69.81366	0.01432	2.41357	0.41432	5.16964	2.14190	10
11	40.49565	0.02469	98.73913	0.01013	2.43826	0.41013	5.41658	2.22149	11
12	56.69391	0.01764	139.23478	0.00718	2.45590	0.40718	5.61060	2.28454	12
13	79.37148	0.01260	195.92869	0.00510	2.46850	0.40510	5.76179	2.33412	13
14	111.12007	0.00900	275.30017	0.00363	2.47750	0.40363	5.87878	2.37287	14
15	155.56810	0.00643	386.42024	0.00259	2.48393	0.40259	5.96877	2.40296	15
16	217.79533	0.00459	541.98833	0.00185	2.48852	0.40185	6.03764	2.42620	16
17	304.91347	0.00328	759.78367	0.00132	2.49180	0.40132	6.09012	2.44406	17
18	426.87885	0.00234	1064.6971	0.00094	2.49414	0.40094	6.12994	2.45773	18
19	597.63040	0.00167	1491.5760	0.00067	2.49582	0.40067	6.16006	2.46815	19
20	836.68255	0.00120	2089.2064	0.00048	2.49701	0.40048	6.18277	2.47607	20
21	1171.3556	0.00085	2925.8889	0.00034	2.49787	0.40034	6.19984	2.48206	21
22	1639.8978	0.00061	4097.2445	0.00024	2.49848	0.40024	6.21265	2.48658	22
23	2295.8569	0.00044	5737.1423	0.00017	2.49891	0.40017	6.22223	2.48998	23
24	3214.1997	0.00031	8032.9993	0.00012	2.49922	0.40012	6.22939	2.49253	24
25	4499.8796	0.00022	11247.199	0.00009	2.49944	0.40009	6.23472	2.49444	25
26	6299.8314	0.00016	15747.079	0.00006	2.49960	0.40006	6.23869	2.49587	26
27	8819.7640	0.00011	22046.910	0.00005	2.49972	0.40005	6.24164	2.49694	27
28	12347.670	0.00008	30866.674	0.00003	2.49980	0.40003	6.24382	2.49773	28
29	17286.737	0.00006	43214.343	0.00002	2.49986	0.40002	6.24544	2.49832	29
30	24201.432	0.00004	60501.081	0.00002	2.49990	0.40002	6.24664	2.49876	30
31	33882.005	0.00003	84702.513	0.00001	2.49993	0.40001	6.24753	2.49909	31
32	47434.807	0.00002	118584.52	0.00001	2.49995	0.40001	6.24818	2.49933	32
33	66408.730	0.00002	166019.33	0.00001	2.49996	0.40001	6.24866	2.49950	33
34	92972.223	0.00001	232428.06	0.00000	2.49997	0.40000	6.24902	2.49963	34
35	130161.11	0.00001	325400.28	0.00000	2.49998	0.40000	6.24928	2.49973	35
36	182225.56	0.00001	455561.39	0.00000	2.49999	0.40000	6.24947	2.49980	36
37	255115.78	0.00000	637786.95	0.00000	2.49999	0.40000	6.24961	2.49985	37
38	357162.09	0.00000	892902.73	0.00000	2.49999	0.40000	6.24972	2.49989	38
39	500026.93	0.00000	1250064.8	0.00000	2.50000	0.40000	6.24979	2.49992	39
40	700037.70	0.00000	1750091.7	0.00000	2.50000	0.40000	6.24985	2.49994	40

附表二 等比序列复利现值系数表

等比序列复利现值系数表 (5%)

n	h=4%	h=6%	h=7%	h=10%	h=15%	h=20%	n
1	0.952381	0.952381	0.952381	0.952381	0.952381	0.952381	1
2	1.895692	1.913832	1.931973	1.950113	1.995465	2.040816	2
3	2.830018	2.884440	2.939553	2.995357	3.137890	3.284742	3
4	3.755447	3.864292	3.975921	4.090374	4.389118	4.706372	4
5	4.672062	4.853476	5.041900	5.237535	5.759510	6.331092	5
6	5.579947	5.852080	6.138335	6.439322	7.260416	8.187915	6
7	6.479185	6.860195	7.266097	7.698337	8.904265	10.309998	7
8	7.369860	7.877911	8.426081	9.017306	10.704671	12.735236	8
9	8.252052	8.905320	9.619207	10.399082	12.676544	15.506936	9
10	9.125842	9.942514	10.846422	11.846657	14.836215	18.674594	10
11	9.991310	10.989585	12.108701	13.363165	17.201569	22.294774	11
12	10.848535	12.046629	13.407045	14.951887	19.792195	26.432122	12
13	11.697597	13.113740	14.742484	16.616263	22.629546	31.160521	13
14	12.538572	14.191013	16.116079	18.359894	25.737122	36.564405	14
15	13.371538	15.278547	17.528919	20.186556	29.140658	42.740272	15
16	14.196571	16.376438	18.982127	22.100201	32.868339	49.798406	16
17	15.013747	17.484785	20.476854	24.104973	36.951038	57.864845	17
18	15.823139	18.603687	22.014288	26.205210	41.422566	67.083633	18
19	16.624824	19.733246	23.595649	28.405458	46.319953	77.619390	19
20	17.418873	20.873563	25.222191	30.710480	51.683758	89.660255	20

等比序列复利现值系数表 (8%)

n	h=4%	h=6%	h=7%	h=10%	h=15%	h=20%	n
1	0.925926	0.925926	0.925926	0.925926	0.925926	0.925926	1
2	1.817558	1.834705	1.851852	1.868999	1.911866	1.954733	2
3	2.676167	2.726655	2.777778	2.829536	2.961709	3.097851	3
4	3.502976	3.602087	3.703704	3.807860	4.079597	4.367983	4
5	4.299162	4.461308	4.629630	4.804302	5.269942	5.779240	5
6	5.065860	5.304617	5.555556	5.819197	6.537438	7.347304	6
7	5.804161	6.132309	6.481481	6.852886	7.887086	9.089597	7
8	6.515118	6.944674	7.407407	7.905717	9.324212	11.025478	8
9	7.199743	7.741995	8.333333	8.978045	10.854485	13.176457	9
10	7.859012	8.524550	9.259259	10.070231	12.483943	15.566433	10
11	8.493864	9.292614	10.185185	11.182643	14.219013	18.221963	11
12	9.105202	10.046455	11.111111	12.315654	16.066542	21.172551	12
13	9.693898	10.786335	12.037037	13.469648	18.033818	24.450983	13
14	10.260791	11.512514	12.962963	14.645012	20.128602	28.093685	14
15	10.806687	12.225245	13.888889	15.842142	22.359160	32.141131	15
16	11.332366	12.924778	14.814815	17.061441	24.734290	36.638294	16
17	11.838574	13.611356	15.740741	18.303319	27.263365	41.635141	17
18	12.326035	14.285220	16.666667	19.568195	29.956361	47.187194	18
19	12.795441	14.946605	17.592593	20.856495	32.823903	53.356142	19
20	13.247461	15.595742	18.518519	22.168653	35.877304	60.210528	20

等比序列复利现值系数表 （10%）

n	h＝4%	h＝6%	h＝7%	h＝10%	h＝15%	h＝20%	n
1	0.909091	0.909091	0.909091	0.909091	0.909091	0.909091	1
2	1.768595	1.785124	1.801653	1.818182	1.859504	1.900826	2
3	2.581217	2.629301	2.677986	2.727273	2.853118	2.982720	3
4	3.349514	3.442781	3.538387	3.636364	3.891896	4.162967	4
5	4.075905	4.226680	4.383143	4.545455	4.977891	5.450509	5
6	4.762673	4.982074	5.212541	5.454545	6.113250	6.855101	6
7	5.411982	5.709998	6.026858	6.363636	7.300216	8.387383	7
8	6.025874	6.411453	6.826370	7.272727	8.541135	10.058963	8
9	6.606281	7.087400	7.611345	8.181818	9.838459	11.882506	9
10	7.155029	7.738767	8.382048	9.090909	11.194753	13.871824	10
11	7.673846	8.366448	9.138738	10.000000	12.612696	16.041990	11
12	8.164363	8.971305	9.881670	10.909091	14.095091	18.409444	12
13	8.628125	9.554166	10.611094	11.818182	15.644868	20.992120	13
14	9.066591	10.115833	11.327256	12.727273	17.265089	23.809586	14
15	9.481141	10.657076	12.030397	13.636364	18.958957	26.883185	15
16	9.873079	11.178636	12.720753	14.545455	20.729819	30.236201	16
17	10.243638	11.681231	13.398558	15.454545	22.581174	33.894038	17
18	10.593985	12.165550	14.064038	16.363636	24.516682	37.884405	18
19	10.925222	12.632258	14.717420	17.272727	26.540168	42.237533	19
20	11.238392	13.081994	15.358921	18.181818	28.655630	46.986399	20

等比序列复利现值系数表 （15%）

n	h＝4%	h＝6%	h＝7%	h＝10%	h＝15%	h＝20%	n
1	0.869565	0.869565	0.869565	0.869565	0.869565	0.869565	1
2	1.655955	1.671078	1.686200	1.701323	1.739130	1.776938	2
3	2.367124	2.409863	2.453127	2.496918	2.608696	2.723761	3
4	3.010269	3.090830	3.173372	3.257921	3.478261	3.711751	4
5	3.591895	3.718504	3.849775	3.985838	4.347826	4.742696	5
6	4.117888	4.297056	4.485006	4.682106	5.217391	5.818466	6
7	4.593568	4.830330	5.081571	5.348101	6.086957	6.941008	7
8	5.023749	5.321869	5.641823	5.985140	6.956522	8.112356	8
9	5.412781	5.774940	6.167973	6.594482	7.826087	9.334632	9
10	5.764602	6.192554	6.662097	7.177331	8.695652	10.610051	10
11	6.082771	6.577484	7.126143	7.734838	9.565217	11.940923	11
12	6.370506	6.932290	7.561943	8.268106	10.434783	13.329659	12
13	6.630718	7.259328	7.971216	8.778188	11.304348	14.778774	13
14	6.866041	7.560772	8.355577	9.266093	12.173913	16.290895	14
15	7.078854	7.838625	8.716542	9.732785	13.043478	17.868760	15
16	7.271312	8.094732	9.055535	10.179185	13.913043	19.515228	16
17	7.445360	8.330797	9.373893	10.606177	14.782609	21.233281	17
18	7.602761	8.548387	9.672874	11.014604	15.652174	23.026032	18
19	7.745105	8.748948	9.953655	11.405274	16.521739	24.896729	19
20	7.873834	8.933813	10.217346	11.778958	17.391304	26.848761	20

等比序列复利现值系数表（20%）

n	$h=4\%$	$h=6\%$	$h=7\%$	$h=10\%$	$h=15\%$	$h=20\%$	n
1	0.833333	0.833333	0.833333	0.833333	0.833333	0.833333	1
2	1.555556	1.569444	1.583333	1.597222	1.631944	1.666667	2
3	2.181481	2.219676	2.258333	2.297454	2.397280	2.500000	3
4	2.723951	2.794047	2.865833	2.939333	3.130727	3.333333	4
5	3.194091	3.301408	3.412583	3.527722	3.833613	4.166667	5
6	3.601545	3.749577	3.904658	4.067078	4.507213	5.000000	6
7	3.954672	4.145460	4.347526	4.561488	5.152745	5.833333	7
8	4.260716	4.495156	4.746107	5.014698	5.771381	6.666667	8
9	4.525954	4.804055	5.104829	5.430139	6.364240	7.500000	9
10	4.755827	5.076915	5.427680	5.810961	6.932397	8.333333	10
11	4.955050	5.317942	5.718245	6.160048	7.476880	9.166667	11
12	5.127710	5.530848	5.979754	6.480044	7.998677	10.000000	12
13	5.277349	5.718916	6.215112	6.773373	8.498732	10.833333	13
14	5.407035	5.885043	6.426934	7.042259	8.977952	11.666667	14
15	5.519431	6.031788	6.617574	7.288737	9.437204	12.500000	15
16	5.616840	6.161412	6.789150	7.514676	9.877320	13.333333	16
17	5.701261	6.275914	6.943568	7.721786	10.299098	14.166667	17
18	5.774426	6.377058	7.082545	7.911637	10.703303	15.000000	18
19	5.837836	6.466401	7.207624	8.085668	11.090665	15.833333	19
20	5.892791	6.545321	7.320195	8.245195	11.461887	16.666667	20

附表三 等比序列复利终值系数表

等比序列复利终值系数表（5%）

n	h=4%	h=6%	h=7%	h=10%	h=15%	h=20%	n
1	1.000000	1.000000	1.000000	1.000000	1.000000	1.000000	1
2	2.090000	2.110000	2.130000	2.150000	2.200000	2.250000	2
3	3.276100	3.339100	3.402900	3.467500	3.632500	3.802500	3
4	4.564769	4.697071	4.832757	4.971875	5.335000	5.720625	4
5	5.962866	6.194402	6.434884	6.684569	7.350756	8.080256	5
6	7.477662	7.842347	8.225956	8.629307	9.729651	10.972589	6
7	9.116864	9.652984	10.224128	10.832334	12.529195	14.507203	7
8	10.888639	11.639263	12.449159	13.322667	15.815674	18.815743	8
9	12.801640	13.815074	14.922547	16.132390	19.665481	24.056348	9
10	14.865034	16.195307	17.667679	19.296957	24.166631	30.418945	10
11	17.088530	18.795920	20.709988	22.855547	29.420520	38.131629	11
12	19.482411	21.634015	24.077126	26.851441	35.543938	47.468294	12
13	22.057564	24.727912	27.799153	31.332441	42.671385	58.757809	13
14	24.825515	28.097236	31.908734	36.351335	50.957742	72.395020	14
15	27.798467	31.763001	36.441364	41.966400	60.581334	88.853956	15
16	30.989334	35.747710	41.435602	48.241968	71.747463	108.703675	16
17	34.411782	40.075447	46.933325	55.249039	84.692457	132.627285	17
18	38.080272	44.771992	52.980009	63.065962	99.688344	161.444760	18
19	42.010102	49.864931	59.625029	71.779177	117.048215	196.140332	19
20	46.217456	55.383777	66.921981	81.484045	137.132397	237.895348	20

等比序列复利终值系数表（8%）

n	h=4%	h=6%	h=7%	h=10%	h=15%	h=20%	n
1	1.000000	1.000000	1.000000	1.000000	1.000000	1.000000	1
2	2.120000	2.140000	2.160000	2.180000	2.230000	2.280000	2
3	3.371200	3.434800	3.499200	3.564400	3.730900	3.902400	3
4	4.765760	4.900600	5.038848	5.180552	5.550247	5.942592	4
5	6.316879	6.555125	6.802445	7.059096	7.743273	8.491599	5
6	8.038883	8.417761	8.815968	9.234334	10.374092	11.659247	6
7	9.947312	10.509700	11.108120	11.744642	13.517080	15.577971	7
8	12.059029	12.854107	13.710594	14.632930	17.258466	20.407390	8
9	14.392320	15.476283	16.658372	17.947153	21.698167	26.339798	9
10	16.967018	18.403865	19.990046	21.740873	26.951896	33.606762	10
11	19.804624	21.667022	23.748175	26.073885	33.153606	42.487039	11
12	22.928447	25.298682	27.979668	31.012913	40.458286	53.316086	12
13	26.363755	29.334773	32.736212	36.632374	49.045199	66.497473	13
14	30.137929	33.814483	38.074732	43.015236	59.121602	82.516592	14
15	34.280640	38.780546	44.057904	50.253953	70.927036	101.957104	15
16	38.824035	44.279548	50.754706	58.451517	84.738260	125.520694	16
17	43.802939	50.362263	58.241025	67.722612	100.874942	154.050775	17
18	49.255075	57.084017	66.600325	78.194891	119.706202	188.560948	18
19	55.221297	64.505078	75.924370	90.010399	141.658151	230.269157	19
20	61.745850	72.691084	86.314021	103.327140	167.222575	280.638690	20

等比序列复利终值系数表（10%）

n	$h=4\%$	$h=6\%$	$h=7\%$	$h=10\%$	$h=15\%$	$h=20\%$	n
1	1.000000	1.000000	1.000000	1.000000	1.000000	1.000000	1
2	2.140000	2.160000	2.180000	2.200000	2.250000	2.300000	2
3	3.435600	3.499600	3.564400	3.630000	3.797500	3.970000	3
4	4.904024	5.040576	5.180552	5.324000	5.698125	6.095000	4
5	6.564285	6.807111	7.059096	7.320500	8.016944	8.778100	5
6	8.437366	8.826047	9.234334	9.663060	10.829995	12.144230	6
7	10.546422	11.127171	11.744642	12.400927	14.226056	16.344637	7
8	12.916996	13.743518	14.632930	15.589737	18.308681	21.562282	8
9	15.577265	16.711718	17.947153	19.292299	23.198572	28.018327	9
10	18.558303	20.072369	21.740873	23.579477	29.036306	35.979940	10
11	21.894377	23.870454	26.073885	28.531167	35.985494	45.769670	11
12	25.623269	28.155798	31.012913	34.237400	44.236435	57.776721	12
13	29.786628	32.983574	36.632374	40.799569	54.010328	72.470493	13
14	34.430365	38.414860	43.015236	48.331797	65.564149	90.416863	14
15	39.605078	44.517249	50.253953	56.962475	79.196269	112.297734	15
16	45.366529	51.365533	58.451517	66.835971	95.252958	138.934529	16
17	51.776163	59.042437	67.722612	78.114541	114.135874	171.316408	17
18	58.901680	67.639454	78.194891	90.980465	136.310726	210.634160	18
19	66.817664	77.257739	90.010399	105.638429	162.317252	258.320909	19
20	75.606280	88.009112	103.327140	122.318181	192.780749	316.101000	20

等比序列复利终值系数表（15%）

n	$h=4\%$	$h=6\%$	$h=7\%$	$h=10\%$	$h=15\%$	$h=20\%$	n
1	1.000000	1.000000	1.000000	1.000000	1.000000	1.000000	1
2	2.190000	2.210000	2.230000	2.250000	2.300000	2.350000	2
3	3.600100	3.665100	3.730900	3.797500	3.967500	4.142500	3
4	5.264979	5.405881	5.550247	5.698125	6.083500	6.491875	4
5	7.224584	7.479240	7.743273	8.016944	8.745031	9.539256	5
6	9.524925	9.939352	10.374092	10.829995	12.068143	13.458465	6
7	12.218983	12.848774	13.517080	14.226056	16.191425	18.463218	7
8	15.367762	16.279720	17.258466	18.308681	21.280159	24.815882	8
9	19.041495	20.315526	21.698167	23.198572	27.531206	32.838081	9
10	23.321031	25.052334	26.951896	29.036306	35.178763	42.923574	10
11	28.299430	30.601032	33.153606	35.985494	44.501135	55.553846	11
12	34.083799	37.089485	40.458286	44.236435	55.828697	71.317007	12
13	40.797401	44.665104	49.045199	54.010328	69.553251	90.930658	13
14	48.582085	53.497798	59.121602	65.564149	86.139027	115.269578	14
15	57.601074	63.783372	70.927036	79.196269	106.135586	145.399199	15
16	68.042178	75.747435	84.738260	95.252958	130.192986	182.616100	16
17	80.121486	89.649902	100.874942	114.135874	159.079555	228.496941	17
18	94.087610	105.790161	119.706202	136.310726	193.702752	284.957594	18
19	110.226568	124.513024	141.658151	162.317252	235.133618	354.324566	19
20	128.867402	146.215577	167.222575	192.780749	284.635433	439.421251	20

等比序列复利终值系数表(20%)

n	h＝4%	h＝6%	h＝7%	h＝10%	h＝15%	h＝20%	n
1	1.000000	1.000000	1.000000	1.000000	1.000000	1.000000	1
2	2.240000	2.260000	2.280000	2.300000	2.350000	2.400000	2
3	3.769600	3.835600	3.902400	3.970000	4.142500	4.320000	3
4	5.648384	5.793736	5.942592	6.095000	6.491875	6.912000	4
5	7.947919	8.214960	8.491599	8.778100	9.539256	10.368000	5
6	10.754156	11.196178	11.659247	12.144230	13.458465	14.929920	6
7	14.170306	14.853932	15.577971	16.344637	18.463218	20.901888	7
8	18.320299	19.328349	20.407390	21.562282	24.815882	28.665446	8
9	23.352928	24.787867	26.339798	28.018327	32.838081	38.698353	9
10	29.446826	31.434919	33.606762	35.979940	42.923574	51.597804	10
11	36.816435	39.512751	42.487039	45.769670	55.553846	68.109101	11
12	45.719176	49.313600	53.316086	57.776721	71.317007	89.161004	12
13	56.464044	61.188516	66.497473	72.470493	90.930658	115.909306	13
14	69.421926	75.559148	82.516592	90.416863	115.269578	149.790488	14
15	85.037988	92.931881	101.957104	112.297734	145.399199	192.587770	15
16	103.846529	113.914816	125.520694	138.934529	182.616100	246.512345	16
17	126.488816	139.238131	154.050775	171.316408	228.496941	314.303240	17
18	153.734480	169.778529	188.560948	210.634160	284.957594	399.349999	18
19	186.507192	206.588575	230.269157	258.320909	354.324566	505.843332	19
20	225.915480	250.931889	280.638690	316.101000	439.421251	638.959999	20

参 考 文 献

［1］ 李南．工程经济学［M］．5版．北京：科学出版社，2018．
［2］ 施熙灿．水利工程经济学［M］．4版．北京：中国水利水电出版社，2010．
［3］ 李明孝．工程经济学［M］．2版．北京：化学工业出版社，2018．
［4］ 刘新梅．工程经济分析［M］．2版．北京：北京大学出版社，2014．
［5］ 钱·S. 帕克．工程经济学［M］．5版．邵颖红，译．北京：中国人民大学出版社，2012．
［6］ 赵国杰．工程经济与项目评价［M］．天津：天津大学出版社，1999．
［7］ 陈志华，刘勇．建筑工程经济［M］．北京：中国水利水电出版社，2009．
［8］ 亨利·马尔科姆·斯坦纳．工程经济学原理［M］．2版．张芳，译．北京：经济科学出版社，2000．
［9］ 冯为民，付晓灵．工程经济学［M］．2版．北京：北京大学出版社，2012．
［10］ 国家发展改革委，建设部．建设项目经济评价方法与参数［M］．3版．北京：中国计划出版社，2006．
［11］ 孟新田，刘建生．工程经济学［M］．北京：中国建材出版社，2013．
［12］ 张占庞．水利经济学［M］．北京：中央广播电视大学出版社，2002．
［13］ 洪军．工程经济学［M］．北京：高等教育出版社，2004．
［14］ 谭大璐，赵世强．工程经济学［M］．2版．武汉：武汉理工大学出版社，2012．
［15］ 于立君，刘长滨．工程经济学［M］．北京：机械工业出版社，2011．
［16］ 黄渝祥，邢爱芳．工程经济学［M］．上海：同济大学出版社，2004．
［17］ 王丽萍，王修贵．水利工程经济［M］．北京：中国水利水电出版社，2008．
［18］ 杜葵．工程经济学［M］．重庆：重庆大学出版社，2012．
［19］ 杨双全．工程经济学［M］．2版．武汉：武汉理工大学出版社，2012．
［20］ 赵峰，周燕．工程经济学［M］．3版．武汉：武汉理工大学出版社，2016．
［21］ 陈兴平，彭茜，王俊松，等．建筑工程经济学［M］．3版．西安：西北工业大学出版社，2018．
［22］ 方国华．水利工程经济学［M］．2版．北京：中国水利水电出版社，2017．
［23］ 李艳玲，张光科，王东，等．水利工程经济［M］．北京：中国水利水电出版社，2011．
［24］ 中华人民共和国水利部．水利建设项目经济评价规范：SL 72—2013［S］．北京：中国水利水电出版社，2013．
［25］ 都沁军．工程经济与项目管理［M］．北京：北京大学出版社，2015．
［26］ 刘晓君．工程经济学［M］．3版．北京：中国建筑工业出版社，2015．
［27］ 巫英士，郑杰珂．工程经济学［M］．北京：北京理工大学出版社，2015．
［28］ 贾仁甫．工程经济学［M］．南京：东南大学出版社，2010．
［29］ 范钦满，姜晴．工程经济学［M］．北京：国防工业出版社，2013．
［30］ 何元斌，杜永林．工程经济学［M］．成都：西南交通大学出版社，2016．
［31］ 綦振平，温国锋．工程经济学［M］．北京：机械工业出版社，2011．
［32］ 李彩会．水利建设项目经济和影响后评价方法研究［D］．郑州：华北水利水电大学，2018．
［33］ 王振坡，王丽艳．建设工程经济学［M］．4版．北京：中国水利水电出版社，2010．
［34］ 李明孝．工程经济学［M］．2版．北京：化学工业出版社，2018．
［35］ 韩凌风，陈金洪．工程经济［M］．北京：中国水利水电出版社，2013．
［36］ 李建峰，刘立国．工程经济［M］．北京：中国电力出版社，2009．
［37］ 石振武，张斌．工程经济学［M］．北京：科学出版社，2009．